Nutzfahrzeuge in der DDR

Herausgegeben von Achim Gaier

Nutzfahrzeuge in der DDR

Herausgegeben von Achim Gaier

ISBN 3-613-87193-9

Ein Unternehmen der
Paul Pietsch Verlage GmbH + Co
4. Auflage 2001

Repro:
PHG Lithos GmbH, 82152 Martinsried
Druck und Bindung:
Fotolito LONGO, I-39100 Bozen
Printed in Italy

Inhalt

Vorwort

Das erste MOTOR JAHR, das ich in den Händen hielt, war eine zerfledderte Alt-Ausgabe aus dem Jahre 1961. Und ich, in Sachen Ost -Motorisierung weitgehend unbeleckt, staunte nicht schlecht. Von wegen nur Trabant: Die Vielfalt war weit größer, als ich mir das hätte träumen lassen. Auch wenn Wortwahl und Terminologie in meinen Ohren eher fremd klangen: Die Informationen waren klasse, meilenweit entfernt vom üblichen, von der (westlichen) Motorpresse mitunter gepflegten Entertainment: Das MOTOR JAHR informierte im besten Sinn. Und das, was da drin steht, ist mitunter auch heute noch lesenswert. Daher auch diese Zusammenstellung, die die noch interessantesten Artikel zum Thema Nutzfahrzeuge in der DDR zugänglich macht.

Allerdings bitte ich um Nachsicht: Auch das MOTOR JAHR berücksichtigte nicht alle Nutzfahrzeug-Entwicklungen, wer eine lückenlose Übersicht oder gar eine Typologie erwartet, den muß ich leider enttäuschen: In dieser Auswahl konnte nur das aufgenommen werden, was seinerzeit auch im MOTOR JAHR stand.
Ich hoffe, Sie haben dennoch Ihre Freude daran.

Achim Gaier

DIPL. ING. HANS MUNDRY / DIPL. ING. GERHART SCHREIER

Statt einer Einführung

Rückblick auf mehr als drei Jahrzehnte

Die Entwicklung des Automobilbaus zu einem leistungsfähigen und zuverlässigen Wirtschafts- und Handelspartner ist untrennbar mit der sich unter Führung der Partei der Arbeiterklasse vollziehenden Entwicklung unseres Staates und unserer Gesellschaft verbunden.
Unvergessen bleiben dabei auch die Förderung und tatkräftige Unterstützung, die in den schweren Jahren des Neubeginns beim Aufbau des Industriezweiges Automobilbau die damalige sowjetische Besatzungsmacht im Rahmen der SAG AWTOWELO gewährte.
Wie die anderen Bereiche der Wirtschaft mußte nach dem Zusammenbruch des faschistischen Regimes auch die Produktion von Kraftfahrzeugen (Kraftwagen, Traktoren, Anhängern, Krafträdern) auf dem Territorium der heutigen DDR völlig neu organisiert und proportioniert werden.
Selbst für einen Optimisten wäre angesichts der materiellen und geistigen Trümmer des Krieges der tatsächlich kontinuierliche Aufbau des Industriezweiges Automobilbau unvorstellbar erschienen. Der Neubeginn bedeutete auch einen Wandel im Zweck der Produktion von Kraftfahrzeugen.
Während die Entwicklung des Kraftfahrzeugbaus vor dem zweiten Weltkrieg in Deutschland entscheidend von der Rüstungsindustrie beeinflußt wurde, galt es nun, Kraftfahrzeuge für den Wiederaufbau, für eine Friedenswirtschaft, zu entwickeln und in großer Stückzahl bereitzustellen.
Wie sah die materielle Basis für dieses anspruchsvolle Vorhaben aus?
Die auf dem Gebiet der heutigen DDR vorhandenen Automobilwerke waren vorwiegend Montagebetriebe, die ihre Zulieferungen aus allen Teilen Deutschlands erhielten. Die im Widerspruch zu den Potsdamer Beschlüssen und zu dem Willen des deutschen Volkes von den Westmächten gebilligte und geförderte politische und wirtschaftliche Abspaltung der westlichen Besatzungszonen unterbrach diese über Jahrzehnte gewachsenen Lieferbeziehungen. Somit fehlten plötzlich Produktionskapazitäten für Einspritzpumpen, Kupplungen, Stoßdämpfer, Federn, Gelenkwellen, elektrisches Zubehör und vieles andere. Eine eigene Zuliefer-und Zubehörindustrie mit den weitverzweigten – für den Automobilbau typischen – engen Kooperationsbeziehungen mußte geschaffen werden.
Das bedeutete den Aufbau solcher für uns neuer Produktionszweige wie der Fahrzeugelektrik, der Reifenindustrie und der Produktion von Glas für den Fahrzeugbau. Doch die Kraft und der Erfindergeist des von der Ausbeutung befreiten Volkes überwand diese Anfangsschwierigkeiten.
Meilensteine in der Entwicklung des Kraftfahrzeugbaus stellten vor allem die Überführung der Betriebe in Volkseigentum, die Gründung des Industrieverbandes Fahrzeugbau (IFA) im Jahre 1947 und die Unterstellung unter eine zentrale Leitung, die spätere VVB Automobilbau, 1948 dar. Erinnern wir uns doch noch einmal der Fahrzeuge, die in den letzten 3 Jahrzehnten entscheidend zur Stabilisierung des Verkehrswesens und damit zum Aufblühen unserer gesamten Volkswirtschaft beigetragen haben!

1. Erzeugnisgeneration von 1945 bis etwa 1955

Mit der 1. Erzeugnisgeneration nach Kriegsende schufen die Aktivisten der ersten Stunde ein solches Fundament für den sozialistischen Kraftfahrzeugbau in der DDR, daß dieser Industriezweig heute einer der größten unserer Republik ist. Es ist ganz selbstverständlich, daß man sich in dieser ersten Phase des wirtschaftlichen Wiederaufbaus vor allem auf vorhandene Konstruktionen und – sofern nicht im Krieg zerstört oder abhanden gekommen – Baugruppen und Materialbestände stützte.
Während unmittelbar nach der Beendigung der Kampfhandlungen die Arbeiter begonnen hatten, ihre im Kriege zerstörten Werke aufzubauen, wurde mit der Reparatur von Kraftfahrzeugen und der Herstellung damals äußerst wichtiger Gebrauchsgegenstände allmählich die Produktion wieder in Gang gebracht.
Mit der Durchsetzung des Zweijahrplanes für 1949 und 1950 gelang es dann auch, wieder Kraftfahrzeuge serienmäßig herzustellen.
Aufbauend auf eine Dreirad-Lieferwagen-Konstruktion mit Ein- und Zweizylinder-Zweitakt-Ottomotoren mit 5 bzw. 11 kW (7 bzw. 15 PS) wurde in Hainichen im damaligen Framo-Werk, den heutigen VEB Barkas-Werken, im Jahre 1949 die Serienproduktion des Vierrad-Kleintransporters Framo V 501-2 aufgenommen. Schon bald wurden von diesem Fahrzeug Varianten mit Kasten- und Kofferaufbauten der Wirtschaft zur Verfügung gestellt. Groß war die Bedeutung dieser besonders im Handelstransport und für gewerbliche Zwecke eingesetzten Fahrzeuge.
Bei Phänomen, den heutigen VEB Robur-Werken Zittau, wurde im Jahre 1950 die Serienproduktion mit dem Granit 1500 – dem späteren Granit 27 – mit 1,5 t Nutz-

1 H3-Lastkraftwagen in Frontlenkerbauweise

2 HS3-Straßenzugmaschine auf der Basis des H3A

3 Langsamer Kleintransporter mit offenem Fahrerstand (Dieselameise)

4 Multicar 21 — ein langsamer Kleintransporter, der vielseitig einsetzbar war

masse und luftgekühltem Viertakt-Ottomotor wieder aufgenommen.
Entsprechend den wachsenden Bedürfnissen der Wirtschaft nach neuen Fahrzeugen mit größerer Nutzmasse führte eine sehr schnelle Weiterentwicklung zu den Garant-Typen 30K mit luftgekühltem Ottomotor und 32 mit luftgekühltem Dieselmotor und 2-t-Nutzmasse, von denen in den Folgejahren eine größere Anzahl von Varianten, so der Robur-Garant-Omnibus für 18 Personen, gebaut wurden.
Mit geringen Stückzahlen wurde schon 1946 bei Horch, dem heutigen VEB Sachsenring Automobilwerke Zwickau, mit Maybach-Motoren aus Lagerbeständen der 3-t-Lkw H3 mit Frontlenkerfahrerhaus gebaut. Im Jahre 1948 lief dann die Serienproduktion des H3A an, eines leistungsfähigen Lkw in Haubenbauweise (auch Vorlauffahrzeug genannt, weil der Motor vor dem Fahrerhaus angeordnet war). Der H3A wurde am Anfang vorwiegend als Pritschenfahrzeug und Kipper gebaut.
Zu Beginn der fünfziger Jahre wurde unter Beibehaltung des Grundkonzeptes der H3A zum H3S, dem bewährten 3,5-t-Diesel-Lkw, weiterentwickelt. Bis Mitte der fünfziger Jahre entstanden weitere Varianten, so die ersten Kommunal- und Versorgungsfahrzeuge (z.B. Feuerlöschfahrzeug, Fäkalienfahrzeug, Kofferfahrzeug). 1958 wurde die Produktion des Lkw H3A in den VEB Kraftfahrzeugwerk «Ernst Grube» Werdau verlagert.
Die Motorisierung des Straßengütertransports wurde im wesentlichen von diesen Fahrzeugtypen getragen (Tab. 1).
Zur rascheren Lösung der sich für Entwicklung und Produktion neuer Kraftfahrzeugtypen stellenden Aufgaben wurde im Jahre 1951 das IFA-Forschungs- und Entwicklungswerk (FEW) gebildet, das eine Konzentration des vorher in den einzelnen

Tabelle 1: Technische Daten wichtiger Lkw der 1. Erzeugnisgeneration

Typ	Framo V 501-2 (V 901) Vierrad-Kleintransporter mit Frontantrieb, Karosserie in Mischbauweise, Getriebe mit Schieberädern	Phänomen Granit 1500 (Granit 27) Lastkraftwagen in Haubenbauweise in Standard- und Allradausführung, Gemischtbaufahrerhaus, konventioneller Antrieb	Phänomen Granit 30 K Lastkraftwagen in Haubenbauweise in Standard- und Allradausführung, Gemischtbaufahrerhaus, konventioneller Antrieb	Phänomen Granit 32 (Angaben wie Granit 30 K, aber mit luftgekühltem Viertakt-Dieselmotor)
Motor	Zweitakt-Ottomotor	luftgekühlter Viertakt-Ottomotor	luftgekühlter Viertakt-Ottomotor	luftgekühlter Viertakt-Dieselmotor
Zylinder	2	4	4	4
Bohrung	45 mm	85 mm	90 mm	90 mm
Hub	78 mm	118 mm	118 mm	125 mm
Hubraum	500 cm³	2 678 cm³	3 000 cm³	3 180 cm³
Leistung	11 kW (15 PS)	38,3 kW (52 PS)	40,5 kW (55 PS)	38,2 kW (52 PS)
Nenndrehzahl	4 000 U/min	2 800 U/min	2 600 U/min	2 600 U/min
v_{max}	ca. 60 km/h	ca. 80 km/h	80 km/h	80 km/h
Gangzahl	4	4	4	4
Bauzeit	1949–	1950–1953	1954–1956	1954–1956

Tabelle 1: Fortsetzung

Typ	Robur Garant 30 K Lastkraftwagen in Haubenbauweise in Standard- und Allradausführung, Gemischtbaufahrerhaus, Getriebe mit Schieberädern, Antrieb konventionell	Robur Garant 32 (Angaben wie Robur Garant 30 K, aber mit luftgekühltem Viertakt-Dieselmotor)	H 3 A Lastkraftwagen in Haubenbauweise, Ganzstahlfahrerhaus, Getriebe mit Klauenschaltung
Motor	luftgekühlter Viertakt-Ottomotor	luftgekühlter Viertakt-Dieselmotor Typ Garant 32	Viertakt-Dieselmotor
Zylinder	4	4	4
Bohrung	90 mm	90 mm	115 mm
Hub	118 mm	125 mm	145 mm
Hubraum	3 000 cm³	3 180 cm³	6 000 cm³
Leistung	44,1 kW (60 PS)	38,2 kW (52 PS)	58,8 kW (80 PS)
Nenndrehzahl	2 800 U/min	2 600 U/min	2 000 U/min
Gangzahl	4	4	5
v_{max}	80 km/h	80 km/h	80 km/h
Bauzeit	1956–1961	1956–1961	1948–1958

Betrieben zersplitterten Forschungs- und Entwicklungspotentials ermöglichte. Von 1951 bis 1954 entwickelte das IFA-FEW in intensiver Arbeit Prototypen, die später zum größten Teil in die Serienproduktion übergeleitet wurden (G 5, W 180, P 50, P 1, L 1 als Vorläufer des späteren B 1000, H 6 Z/Zugmaschine, L 8, Weiterentwicklung von Dieselmotoren usw.). Außerdem wurden umfangreiche Prüffelder und -einrichtungen für Motoren, Getriebe und Fahrwerke aufgebaut. Dadurch wurden die Entwicklung der 2. Erzeugnisgeneration und ihre Überleitung in die Serienproduktion entscheidend gefördert.

2. Erzeugnisgeneration von 1955 bis etwa 1965

Mit der Entwicklung der 1. Nachkriegserzeugnisgeneration wurden im Rahmen des Zweijahr- und 1. Fünfjahrplans unserer Volkswirtschaft bis gegen 1955 die entscheidende Phase des Neuaufbaus des volkseigenen Kraftfahrzeugbaus abgeschlossen und wesentliche Voraussetzungen für die 2. Erzeugnisgeneration geschaffen. Die fortschreitende Spezialisierung der Finalerzeugnisse und der Zulieferaggregate in den Betrieben des Industriezweiges Automobilbau charakterisiert den Zeitabschnitt des 2. Fünfjahrplans und des Siebenjahrplans.

Einem sich immer stärker herausbildenden Bedürfnis der Wirtschaft nach kleinen Fahrzeugen zur Erleichterung der innerbetrieblichen Transporte entsprechend, wurde seit dem 2. Quartal 1957 im VEB Fahrzeugwerk Waltershausen eine Dieselameise als Kleintransporter mit Eignung für den Einsatz im Nahverkehr in Serie produziert. Im Jahre 1958 wurde der offene Fahrerstand durch einen karossierten Fahrerstand ersetzt, was eine bedeutende Verbesserung der Arbeitsbedingungen für den Fahrer darstellte. Als Varianten gab es neben dem Pritschenfahrzeug noch Kofferfahrzeug, Sprengwagen, Hubplattenformwagen und Drehkran. Im Jahre 1960 wurde das Fahrzeug zum Multicar 21 weiterentwickelt. Die Ausstattung mit Fahrzeugelektrik, verbesserter Auspuffanlage und Reserverad erweiterte die Einsatzmöglichkeiten erheblich. Gefertigt wurden 7 Varianten: Pritschenfahrzeug, Kipper, Sattelauflieger mit Nachläufer, Sprengwagen, Drehleiter usw. Auf Basis dieses Typs wurde im 1. Quartal 1964 die Serienproduktion des weiter verbesserten Typs Multicar 22 aufgenommen, der mit folgenden Aufbauvarianten geliefert wurde: Pritsche, Dreiseiten- und Muldenkipper, Sprengwagenaufbau, Kehrwalze, Drehleiter, Ladebordwand und Schneepfluganbau.

Tabelle 2: Technische Daten wichtiger Lkw der 2. Erzeugnisgeneration

Typ	Dieselameise langsamer Kleintransporter mit offenem Fahrerstand ab 1958 mit karossiertem Fahrerstand, Anordnung des Motors hinter dem Fahrerstand Fertigung in 5 Varianten	Multicar 21 langsamer Kleintransporter Weiterentwicklung aus Dieselameise, Fahrzeugelektrik, verbesserte Auspuffanlage Fertigung in 7 Varianten	Multicar 22 Kleintransporter mit Einmann-Fahrerhaus in Frontlenkerbauweise, Anordnung des Motors neben dem Fahrersitz	Barkas V 901-2 Kleinlastwagen in Haubenbauweise Ganzstahlfahrerhaus, konventioneller Antrieb, (Weiterentwicklung aus Framo V 501-2)
Hersteller	VEB Fahrzeugwerk Waltershausen	VEB Fahrzeugwerk Waltershausen	VEB Fahrzeugwerk Waltershausen	VEB Barkas Hainichen
Getriebe	AGN 4 mit Schieberädern und Schneckenachsgetriebe	DK 2.65-0 (AGN 4)	vollsynchron. Getriebe mit Nebengetriebe, Vorgelegeachsgetriebe	AGN 4 mit Schieberädern
Kupplung	Einscheiben-Trockenkupplung	Einscheiben-Trockenkupplung	Einscheiben-Trockenkupplung	Einscheiben-Trockenkupplung K 10 DJ
Gangzahl	3 vorwärts, 1 rückwärts	3 vorwärts, 1 rückwärts	3 vorwärts, 1 rückwärts	3 vorwärts, 1 rückwärts
Höchstgeschwindigkeit	15 km/h	15 km/h	23 km/h	72 km/h
zul. Nutzmasse	1 850 kg	1 850 kg	2 000 kg	750 kg
zul. Anhängemasse	1 800 kg	1 800 kg	2 500 kg	–
Motortyp	Typ 601 (später 1 H 65)	1 H 65	schnellaufender Viertakt-Klein-Diesel 2 KVD 8 SVL mit Wirbelkammer	F 9-Motor
Arbeitsweise	Viertakt-Diesel	Viertakt-Diesel		Zweitakt-Ottomotor
Motordauerleistung	4,4 kW (6 PS)	4,78 kW (6,5 PS)	9,6 kW (13 PS)	20,6 kW (28 PS)
Drehzahl bei Nennleistung	1 500 U/min	1 500 U/min	3 000 U/min	3 600 U/min
Zylinderzahl	1	1	2	3
Hubvolumen	650 cm³	650 cm³	800 cm³	900 cm³
Bohrung/Hub	85/115 mm	85/115 mm	80/80 mm	70/78 mm
Kühlart	Luftkühlung	Wasserkühlung (Verdampfung)	Luftkühlung	Thermosyphon mit Windflügel
Bauzeit	1957–1960	1960–1964	1964–1974	

Tabelle 2a

Typ	S 4000 Lastkraftwagen in Haubenbauweise, Ganzstahlfahrerhaus, Rahmen, gegenüber H 3 A/S vergrößerter Radstand und vergrößerte Ladefläche	S 4000-1 Weiterentwicklung aus S 4000 verbesserte Lenkung und Innenausstattung, Fertigung in 12 Varianten	H 6 Lastkraftwagen in Haubenbauweise, Ganzstahlfahrerhaus, Rahmen, Fertigung in 5 Varianten mit Nebengetriebe und Vorgelegeachsgetriebe		G 5 dreiachsiger allradangetriebener Lastkraftwagen mit abschaltbarer Vorderachse in Haubenbauweise, Ganzstahlfahrerhaus, Nebengetriebe und Verteilergetriebe mit Planetentriebmomentenverteilung, Spill
Hersteller	VEB Sachsenring Automobilwerke Zwickau	VEB Kraftfahrzeugwerk «Ernst Grube» Werdau	VEB Kraftfahrzeugwerk «Ernst Grube» Werdau		VEB Kraftfahrzeugwerk «Ernst Grube» Werdau
Getriebe	5-Gang-Wechselgetriebe mit Klauenschaltung, normales Hinterachsgetriebe	synchron. Wechselgetriebe mit Nebengetriebe	5-Gang-Wechselgetriebe mit Klauenschaltung in Schnellgangsausführung		5-Gang-Wechselgetriebe mit Klauenschaltung
Kupplung	Einscheiben-Trockenkupplung	Einscheiben-Trockenkupplung	LA 50, Einscheiben-Trockenkupplung		LA 50 H, Einscheiben-Trockenkupplung
Gangzahl	5	5	5		5
Höchstgeschwindigkeit	85 km/h	85 km/h	70 km/h		60 km/h
zul. Nutzmasse	4 000 kg	4 000 kg	5 000 kg		5 000 kg
zul. Anhängemasse					
Motortyp	EM 4-22	4 VD 14,5/11,5 – SRW	EM 6-20, 14,5/11,5 später 12,5		EM 6-20
Arbeitsweise	Viertakt-Dieselmotor mit Wirbelkammer	Viertakt-Dieselmotor mit Wirbelkammer	Viertakt-Dieselmotor mit Wirbelkammer		Viertakt-Dieselmotor mit Wirbelkammer
Motordauerleistung	66,2 kW (90 PS)	66,2 kW (90 PS)	88,3 kW (120 PS)	110 kW (150 PS)	88,3 kW (120 PS)
Drehzahl bei Nennleistung	2 200 U/min	2 200 U/min	2 000 U/min	2 200 U/min	2 000 U/min
Zylinderzahl und Anordnung	4 in Reihe	4 in Reihe	6		6
Hubvolumen	6 024 cm³	6 024 cm³	9 036 cm³	9 840 cm³	9 036 cm³
Bohrung/Hub	115/145 mm	115/145 mm	115/145 mm	120/145 mm	115/145 mm
Kühlart	Wasserkühlung	Wasserkühlung	Wasserkühlung	Wasserkühlung	Wasserkühlung
Bauzeit	1958	1958–1965	1952–ca. 1956		1954–1957

Tabelle 2b

Typ	LO 2500 Lastkraftwagen in Frontlenkerbauweise, Ganzstahlfahrerhaus mit Rundumverglasung, dreisitzig mit klappbarem Notsitz, normales Hinterachsgetriebe	LD 2500 Variante des LO 2500 mit Dieselmotor
Hersteller	VEB Robur-Werke Zittau	
Getriebe	teilsynchron. 5-Gang-Wechselgetriebe (2.–5. Gang) mit Nebengetriebe	
Kupplung	Einscheiben-Trockenkupplung PF 20 K	
Gangzahl	5	
Höchstgeschwindigkeit	85 km/h	80 km/h
zul. Nutzmasse	2 500 kg	2 500 kg
Motortyp	L 04	4 KVD 12,5 SRL
Arbeitsweise	Viertakt-Ottomotor	Viertakt-Dieselmotor mit Wirbelkammer
Motordauerleistung	51,5 kW (70 PS)	51,5 kW (70 PS)
Drehzahl bei Nennleistung	2 800 U/min	2 600 U/min
Zylinderzahl	4	4
Hubvolumen	3 345 cm³	3 920 cm³
Bohrung/Hub	95/118 mm	100/125 mm
Kühlart	Luftkühlung	Luftkühlung
Bauzeit	1961–1973	1961–1973

5 Barkas V 901-2-Kleinlastkraftwagen in Haubenbauweise

Aber auch bei Barkas wurde zielstrebig an der Verbesserung der Gebrauchseigenschaften der Fahrzeuge gearbeitet. Als Weiterentwicklung aus dem Framo V 501-2 wurde der Klein-Lkw in Haubenbauweise Barkas V 901-2 mit den Varianten Pritschenfahrzeug, Kastenwagen, Kombiwagen, Kleinbus und Krankenwagen gebaut. Aus Rentabilitätsgründen wurden 1958 die vormals getrennten Werke VEB Motorenwerk Karl-Marx-Stadt und VEB Fahrzeugwerk Karl-Marx-Stadt mit dem VEB Barkas Hainichen zu dem VEB Barkas-Werke Hainichen vereinigt (Tab. 2). Im 1. Quartal 1958 lief im VEB Sachsenring Automobilwerke Zwickau die Serienproduktion des S 4000, eines auf der Basis des H 3 A/S weiterentwickelten Lkw in Haubenbauweise, an. Noch im Jahre 1958 wurde er zum S 4000-1 weiterentwickelt. Zu dem bereits verlängerten Radstand und der vergrößerten Ladefläche kamen als weitere wesentliche Verbesserungen das synchronisierte Wechselgetriebe EGS 5-N mit Nebengetriebe, eine verbesserte Lenkung und die modernisierte Innenausstattung hinzu. Der S 4000-1 wurde in 12 Varianten produziert. Im 4. Quartal 1959 wurde der Bau dieses Typs im VEB Kraftfahrzeugwerk «Ernst Grube» Werdau fortgesetzt, da sich der VEB Sachsenring Automobilwerke Zwickau voll auf die Produktion von Pkw konzentrierte.

Von 1952 bis 1956 lief im VEB Kraftfahrzeugwerk «Ernst Grube» Werdau außerdem die Serienproduktion des H 6, eines Lkw ebenfalls in Haubenbauweise. Der H 6 war ein sehr robustes Fahrzeug, das in der Weiterentwicklung (im RGW-Maßstab) zu einem 8-t-Lkw hätte führen können. Außer dem Pritschenfahrzeug wurden vom H 6 auch Kipper, Muldenkipper, Kofferfahrzeug und Zugmaschine gebaut. Die Produktion wurde aufgrund von RGW-Absprachen sowie von Umprofilierungen im Industriezweig eingestellt. Die Ersatzteilproduktion lief noch bis 1974, da auf der Basis des H 6 auch der Autodrehkran ADK 63 produziert worden war. Deshalb sind auch noch heute vereinzelt H 6 im Straßenverkehr zu sehen.

In Ablösung der Garant-Typen wurde bei Robur im 1. Quartal 1961 die Serienproduktion des LO 2500, eines völlig neu konzipierten 2,5-t-Lkw in Frontlenkerbauweise, aufgenommen, der wahlweise mit Otto-oder Dieselmotor ausgestattet wurde. Dieses Fahrzeug nutzte vor allem der Handelstransport. Der LO 1800 A Frontlenker stellte eine allradgetriebene Variante mit Verteilergetriebe, abschaltbarem Vorderachsenantrieb und Geländereifen dar. Mit Spezialaufbauten (kombinierter Mannschafts- und Geländetransportwagen, Drehleiterfahrzeug) lief dieser Typ bei der Feuerwehr. Er wurde auch bei den bewaffneten Organen, in der Forstwirtschaft und im Untertagebergbau (Kalibergbau) verwendet.

Das System der geschlossenen Aufbauten umfaßte die Variante Kastenwagen, Mehrzweckfahrzeug (Kombi mit 11 Sitzplätzen) und Reiseomnibus mit 6,5 m Länge und 22 Sitzplätzen. Außerdem wurde ein Kofferfahrzeug als LO- oder LD-Variante gebaut.

Die konstruktiven Erfahrungen mit den O-Bus-Typen W 601 und W 602 sowie mit dem Lkw H 6 nutzend, wurde unter Verwendung des Triebwerkes des H 6 der mittelschwere Omnibus H 6 B (10 m Länge)

6 S 4000-1-Straßenzugmaschine

als Frontlenker in selbsttragender Stahl-Leichtbauweise von 1952 bis 1957 in Werdau gefertigt.

Vom H 6 B gab es die Varianten

H 6 B/L Landomnibus für 57 Personen,

H 6 B/S Stadtomnibus für 60 Personen mit Falttür,

H 6 B/R Reiseomnibus für 32 Personen und

H 6 B/K Konferenzbus in Sonderausführung für 11 Personen.

Eine entscheidende Etappe der Weiterentwicklung war die Einführung des Motors Typ EM 6-2 (später 6 VD 14,5/12) sowie der neuen Einheitswechselgetriebe EGS 5 und EGK 5. Dadurch erhöhten sich die Höchstgeschwindigkeit von 80 bzw. 66 km/h (je nach Achsübersetzung) auf 92 bzw. 76 km/h sowie die Grenznutzungsdauer. Die Produktion des H 6 B, der wesentlich zum Aufbau des öffentlichen flächenerschließenden Personenverkehrs beigetragen hatte, wurde aufgrund der Spezialisierung mit der UVR im Rahmen des RGW eingestellt.

Für stärkste Beanspruchungen und schwierige Bodenverhältnisse wurde der G 5 als allradangetriebenes Geländefahrzeug entwickelt, das zum Zeitpunkt des Beginns der Serienproduktion (1954 bis 1957) den Ansprüchen der Landesverteidigung, der Land- und Forstwirtschaft und weiterer Bereiche voll genügte. Noch heute sieht man dieses Fahrzeug und seine Varianten (Koffer-, Kran- oder Tankwagen) im Straßenverkehr.

Wichtige Aufgaben aus dieser Entwicklungsphase waren um 1958/59 die Ablösung der Typenvielfalt im Lkw-Produktionsprogramm (H 6 B bzw. H 6-Ersatzteile, ADK 63, S 4000, G 5, V 901 und Garant 30/32) und die Schaffung der Voraussetzungen für eine wesentliche Steigerung der Produktion. In diesem Zeitraum liefen zugleich Entwicklungsarbeiten für den Frontlenker-Lastkraftwagen W 45 mit 80,9 kW (110 PS) und den LO 2500.

3. Erzeugnisgeneration von 1965 bis zur Gegenwart

Der technische Entwicklungsstand und das Erzeugnissortiment der 3. Erzeugnisgeneration bestimmen das Profil der heutigen Nutzfahrzeugproduktion. Der VIII. Bauernkongreß forderte 1962 vom Industriezweig Automobilbau die schnelle Entwicklung und Produktion eines allradangetriebenen 5-t-Lkw. Daraufhin wurde die Entwicklung des W 50 auf der Basis des W 45 im VEB Kraftfahrzeugwerk «Ernst Grube» Werdau forciert.

Der erste W 50 lief bereits am 17. Juli 1965 im VEB IFA Automobilwerk Ludwigsfelde vom Band, wozu erhebliche Erweiterungen des Werkes notwendig waren. Eine wichtige Maßnahme bei der Organisierung der Produktion von 5-t-Lkw war die Zuordnung der Betriebe

7 H 6 als Sattelzugmaschine

8 H 6 B in Reisebusausführung für die Beförderung von 32 Personen

9 G 5 – ein geländegängiger allradgetriebener Lastkraftwagen

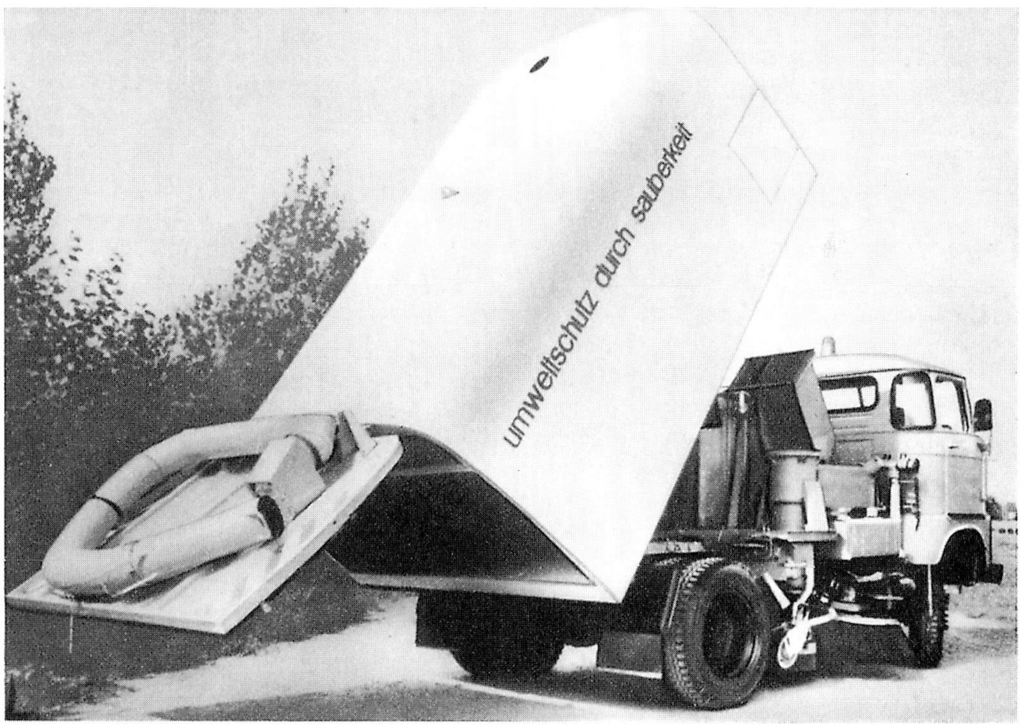

10 IFA W 50-Straßenkehrmaschine mit Rechtslenkung

– VEB Industriewerke Ludwigsfelde 1963 als späterer Finalproduzent für den Lkw W 50,
– VEB Motorenwerke Nordhausen (VEB Traktorenwerk Nordhausen) 1965 als Spezialbetrieb für Dieselmotoren und
– VEB Getriebewerk Brandenburg (VEB Traktorenwerk Brandenburg) 1964 als Spezialbetrieb für Lkw- und Traktorengetriebe zur

VVB Automobilbau.

Die Standardisierung von Baugruppen und Bauteilen auf der Grundlage des Baukastenprinzips und die Austauschbarkeit der Aufbauten boten die Möglichkeit, in Ludwigsfelde über 40 Typenvarianten mit etwa 200 Modifikationen des bewährten Fünftonners zu entwickeln. Das W 50-Programm bietet den Aufbau auf mehrere Grundfahrgestelle, die Verwendung 2 verschiedener Radstände und von 5 Rahmenüberhangen sowie die Möglichkeit des Hinterrad- oder Allradantriebs. Außerdem können die Fahrzeuge mit Hoch- oder Niederdruckbereifung versehen werden. Die bekanntesten Varianten des mit einem leistungsfähigen Vierzylinder-Viertakt-Dieselmotor ausgestatteten Fahrzeugs sind Pritschenfahrzeug, Kipper, Kofferfahrzeug und Zugmaschine. Aber auch Kommunal- und Spezialfahrzeuge für die verschiedensten Einsatzgebiete sind heute in unserer Wirtschaft unentbehrlich. Allradangetriebene Fahrzeuge haben eine Hydrolenkung. Das jüngste und wohl bekannteste Ergebnis der internationalen Zusammenarbeit unseres Fahrzeugbaus ist der gemeinsam mit der Ungarischen Volksrepublik entwickelte IFA/Ikarus-Omnibus 211, der unter Verwendung von W 50-Aggregaten gebaut wird.

An der ständigen Verbesserung der Gebrauchswerteigenschaften des W 50 wird gearbeitet. Die spezielle Weiterentwicklung von Baugruppen und Bauteilen wie Motor, Getriebe, Gelenkwellen, Sattelkupplung, Batterie, Achsschenkellagerung usw. soll eine Verringerung des Wartungs- und Pflegeaufwandes, eine Erhöhung der Verkehrssicherheit sowie die Verbesserung der Fahreigenschaften und des Bedienkomforts erbringen. Eine wesentliche Voraussetzung dafür ist u. a. die Erhöhung der Lebensdauer einzelner Baugruppen.

Ein sehr wendiger und vor allem wirtschaftlicher 3-t-Frontlenker-Lastkraftwagen ist der seit Juli 1973 in Serie produzierte Robur LO 3000, von dem es gegenwärtig 11 Typen mit etwa 50 Modifikationen gibt. Aus der Vielzahl der Varianten dieses mit dem bewährten luftgekühlten Vierzylinder-Viertakt-Ottomotor ausgerüsteten LO 3000 seien nur angeführt: Pritschen- und Kofferfahrzeug (Isotherm), Fahrzeuge mit geschlossenen Aufbauten wie Kastenwagen, Mehrzweckfahrzeug, Kombinationskraftwagen, Omnibus und

Drehleiterfahrzeug. Als LO 2002 mit Allradantrieb kommen Feuerlösch- und Armeefahrzeuge sowie Transporter im Kalibergbau zum Einsatz. Die Weiterentwicklung einzelner Baugruppen des LO 3000 zielt auf die Verbesserung der Gebrauchswerteigenschaften und die Erhöhung der Qualität ab (z. B. Motor, Getriebe, Federung des Fahrersitzes, Unterdruckverstärker).

Großer Beliebtheit erfreut sich als willkommenes Rationalisierungsmittel besonders in Industrie, Landwirtschaft und Bauwesen und als kommunales Arbeitsfahrzeug seit Serienanlauf im November 1974 der mit einem umweltfreundlichen schnellaufenden wassergekühlten Vierzylinder-Viertakt-Kleindieselmotor ausgerüstete Multicar 24.

Zur Zeit gibt es 7 Varianten mit etwa 15 Modifikationen (Transportaufbauten: Pritsche, Dreiseitenkipper, Mulden- und Hinterkipper – für Bauwesen und Landwirtschaft mit Differentialsperre und Geländereifen; An- und Aufbauvarianten: Wasch- und Sprühaufbau, Montagebühne, Drehleiter, Streugerät, Vorbauschneepflug, Vorbaukehrwalze, Ladebordwand und Container). Gegenüber dem Vorläufer Multicar 22 konnte die Lebensdauer erheblich verlängert werden. Die möglichen Transportleistungen stiegen damit um mehr als 100%, und das Ladevolumen wurde um 50% vergrößert. Gegenüber seinem Vorläufer werden die Transportkosten bei Einsatz des Multicar 24 um 33% gesenkt.

Das einsitzige Fahrerhaus wurde beim Mulіticar M 25 durch ein modernisiertes zweisitziges kippbares Fahrerhaus abgelöst. Weitere Aufgaben der technischen Weiterentwicklung sind die Ausrüstung mit einer Zweikreis-Bremsanlage, einem Schwingsitz für den Fahrer, einer Druckluftbeschaffungsanlage, einem Kriechgang-Getriebe für Kommunalfahrzeuge, einer verbesserten Hinterachsfederung und Kupplung sowie die Senkung des Innengeräuschpegels.

Man möchte es beinahe nicht glauben, daß das Grundkonzept des Schnelltransporters Barkas B 1000 mit selbsttragender Karosserie und Frontlenkerbauweise seit dem Serienanlauf im November 1961 unverändert blieb. Aufbauend auf den Kastenwagen als Grundtyp, verlassen heute 6 Typen mit etwa 40 Modifikationen die Montagebänder. Ob als Kleinbus, Kombi, Pritschenfahrzeug, Kofferfahrzeug, Kleinlöschfahrzeug, Krankenwagen, Isothermfahrzeug oder in einer anderen, dem jeweiligen Einsatzgebiet angepaßten Variante genießt der B 1000 seiner Zuverlässigkeit wegen hohe Wertschätzung. Bei Barkas sieht man Aufgaben der Weiterentwicklung des B 1000 in einer Ausrüstung mit verbesserter Bremsanlage, einer wirksameren Dachentlüftung sowie mit Sicherheitsgurtbefestigungen und neuer Instrumententafel (Tab. 3).

Während schon das bisher Erreichte nur dank großer Anstrengungen auf den Gebieten Forschung und Entwicklung, Fertigungstechnik, Produktionslenkung bis hin

11 Sattelzugmaschine W 50 L/S mit Sattelauflieger HLS 90.45/1 zum Transport von Milch

12 LO 3000 – Reiseomnibus

Tabelle 3: Technische Daten wichtiger Lkw der 3. Erzeugnisgeneration

Typ	IFA W 50 (techn. Daten des IFA W 50 L Pritschenfahrzeug), 2achsiger Lastkraftwagen mit Ganzstahlfahrerhaus in Frontantriebsbauweise, splitterfreie Rundumverglasung, Leiterrahmen aus U-Profil-Längsträgern und vernieteten Profilquerträgern	Robur LO 3000 2achsiger Lastkraftwagen mit Ganzstahlfahrerhaus in Frontantriebsbauweise, splitterfreie Rundumverglasung, Leiterrahmen aus U-förmig gepreßtem Stahlblech mit Rohrquerträgern und Profil-Endquerträger	Barkas B 1000 Schnelltransporter mit selbsttragender Frontlenker-Ganzstahlkarosserie, Frontantrieb (techn. Daten des Kastenwagens)	Multicar 24 Kleintransporter mit kippbarem Fahrerhaus, Frontlenkerbauweise (techn. Daten des Grundfahrzeuges)
Hersteller	VEB IFA-Automobilwerke Ludwigsfelde	VEB Robur-Werke Zittau	VEB Barkas-Werke K.-M.-Stadt	VEB Fahrzeugwerk Waltershausen
Kupplung	Einscheiben-Trockenkupplung	Einscheiben-Trockenkupplung	Einscheiben-Trockenkupplung	Einscheiben-Trockenkupplun
Getriebe	Mehrgang-Wechselgetriebe	Mehrgang-Wechselgetriebe	vollsynchron. Mehrgangwechselgetriebe	vollsynchron. Mehrganggetriebe
Gangzahl	5 vorwärts, 1 rückwärts	5 vorwärts, 1 rückwärts	4 vorwärts, 1 rückwärts	4 vorwärts, 1 rückwärts
Fahrgeschwindigkeit	90 km/h	85 km/h	100 km/h	50 km/h
Spurweite				
vorn	1 700 mm	1 560 mm	1 450 mm	1 200 mm
hinten	1 780 mm	1 530 mm	1 460 mm	1 068 mm
Radstand	3 200 und 3 700 mm	3 025 mm	2 400 mm	1 950 mm
Bereifung	8,20-20 hinten zwillingsbereift	6,50-20 (10 PR) hinten zwillingsbereift	6,70-13 einfach	23 × 5/8 PR hinten zwillingsbereift
Wenderadius				
links	8,2 m	6,8 m	6,0 m	4,5 m
rechts	7,8 m			
Länge	6 480 mm	6 075 mm	4 520 mm	3 935 mm
Breite	2 500 mm	2 405 mm	1 860 mm	2 080 mm
Höhe	2 600 mm	2 490 mm	1 910 mm	2 175 mm
zul. Nutzmasse	5 220 kg	3 100 kg	1 000 kg	2 000 kg
zul. Gesamtmasse	9 900 kg	5 700 kg	2 240 kg	3 720 kg
zul. Achskraft				
vorn	3 400 kp	1 800 kp	1 250 kp	1 220 kp
hinten	6 800 kp	4 100 kp	1 150 kp	2 600 kp
Bodenfreiheit	300 mm	250 mm	210 mm	168 mm
Motortyp	4 VD 14,5/12-1 SRW	LO 4/2	AWE 353	4 VD 8,8/8,5-1 SRF
Dauerleistung	92 kW (125 PS)	55 kW (75 PS)	33,8 kW (46 PS)	33,1 kW (45 PS)
Drehzahl bei Nennleistung	2 300 U/min	2 800 U/min	3 500 U/min	3 000 U/min
Arbeitsweise	Viertakt-Diesel mit Direkteinspritzung	Viertakt-Otto mit Fallstromvergaser	Zweitakt-Otto mit Flachstromvergaser	Viertakt-Wirbelkammer-Diesel
Zylinderzahl und Anordnung	4 in Reihe	4 stehend in Reihe	3	4
Hubvolumen	6 560 cm^3	3 345 cm^3	992 cm^3	1 997 cm^3
Bohrung/Hub	120/145 mm	95/118 mm	73,5/78 mm	85/88 mm
Verdichtungsverhältnis	18 : 1	6,4 : 1	7,5 : 1	21 : 1
Kühlart	Wasserkühlung	Luftkühlung	thermostatgeregelter Kühlwasserumlauf	wartungsarme Flüssigkeitsumlaufkühlung
zul. Anhängemasse	9 000 kg		500 kg	2 500 kg
Bauzeit	ab 1965	ab 1973	ab 1961	ab 1974

zum Absatz der Erzeugnisse erreicht werden konnte, werden sich auch in Zukunft auf dem Gebiete des Nutzfahrzeugbaues immer höhere Anforderungen hinsichtlich einer ständigen Gebrauchswerterhöhung und Qualitätsverbesserung der Erzeugnisse ergeben. Eine entscheidende Rolle bei der Lösung dieser Aufgaben wird die Beschleunigung des wissenschaftlich-technischen Fortschritts und seine rasche und breite Produktionswirksamkeit im Industriezweig Automobilbau spielen. Wesentliche Impulse zur Konzentration der Kräfte auf diese neuen höheren Aufgaben werden auch durch organisatorische Veränderungen im DDR-Automobilbau ausgelöst.

In seiner Rede auf der Beratung mit den 1. Sekretären der Kreisleitungen der SED am 17. Februar 1978 in Dresden sagte der Genosse Erich Honecker zu den Zielen der Kombinatsbildung u. a.:

«... Mit den Kombinaten bildet sich die moderne Form der Leitung unserer sozialistischen Industrie heraus, die den Erfordernissen der Gegenwart und der Zukunft entspricht. Sie erlaubt die bestmögliche Verbindung zwischen der Initiative der Werktätigen und der persönlichen Verantwortung des Direktors für die erfolgreiche Leitung der ihm unterstellten Wirtschaftseinheit ...»

Mit der ab 1. Januar 1978 vollzogenen Ablösung der VVB Automobilbau durch die 4 Kombinate VEB Fahrzeug- und Jagdwaffenwerk «Ernst Thälmann» Suhl – IFA-

Kombinat für Zweiradfahrzeuge; VEB Kraftfahrzeugkombinat «Ernst Grube» Werdau – IFA-Kombinat Spezialaufbauten und Anhänger; VEB IFA-Kombinat Nutzkraftwagen Ludwigsfelde und VEB IFA-Kombinat Personenkraftwagen Karl-Marx-Stadt wird sich die Arbeit auch in diesem Industriezweig in der Zukunft noch effektiver gestalten.

Bildquellen: Werkfotos

13 Multicar 2448, Ausführung des mit einem schnellaufenden Kleindieselmotor ausgerüsteten Kleintransporters mit Wasch- und Sprühaufbau

14 Der Neue aus Waltershausen: Multicar 25 mit zweisitzigem, klappbarem Fahrerhaus

Hintergründe

Ing. G. Thiele

Ökonomische Aspekte

der Kraftfahrzeugproduktion der sozialistischen Länder

Seit der Gründung des Rates für Gegenseitige Wirtschaftshilfe im Jahre 1949 wurde durch die Mitgliedsländer eine beachtliche Arbeit auf dem Gebiet der Festigung der wirtschaftlichen und wissenschaftlich-technischen Beziehungen geleistet. Damit hat der RGW wesentlich zur Entwicklung der Volkswirtschaft jedes einzelnen seiner Mitgliedsländer beigetragen. Auf dieser Grundlage wurde aufgebaut, als im Juni 1962 die Ersten Sekretäre der Zentralkomitees der Kommunistischen und Arbeiterparteien und die Regierungschefs der im RGW vereinigten Länder unter anderem „Die Grundprinzipien der internationalen sozialistischen Arbeitsteilung" entwickelten. Dabei wurde zum Ausdruck gebracht, daß es darauf ankommt, alle Möglichkeiten zur schnellen wirtschaftlichen Entwicklung der Länder auszunutzen und die Kräfte zum Vorteil aller Länder auf die Lösung folgender Fragen zu orientieren:

- schnelle Durchsetzung der Spezialisierung und Kooperation der Produktion,
- optimale Nutzung der Rohstoff- und Brennstoffressourcen,
- Entwicklung der Zusammenarbeit auf dem Gebiet von Wissenschaft und Technik und Beschleunigung des wissenschaftlich-technischen Fortschritts in der Produktion,
- Steigerung der Produktion der Landwirtschaft,
- Erhöhung des Warenaustausches zwischen den Mitgliedsländern des RGW.

Zur wirksamen Lösung der genannten Aufgaben wurden in der Vergangenheit bereits umfangreiche Arbeiten auch im Bereich der Kraftfahrzeugindustrie und des Kraftverkehrs geleistet und dabei auch die Konzeptionen der einzelnen RGW-Länder zur ökonomischen und wissenschaftlich-technischen Perspektive bis 1970 ausgearbeitet. Die Konzeptionen der Länder gehen aus von den spezifischen Entwicklungsbedingungen der Industrie, der Landwirtschaft und der übrigen Wirtschaftszweige jeden Landes. Sie orientieren auf eine maximale Entwicklung und Ausschöpfung der Produktivkräfte im Rahmen ihrer nationalen Wirtschaften.

Für den volkseigenen Kraftverkehr und die Kraftfahrzeuginstandsetzung hat die gemeinsame Arbeit der RGW-Länder in den vergangenen Jahren bereits praktische Auswirkungen gebracht. Bis zum Jahre 1945 war auf dem heutigen Territorium der DDR eine Vielzahl von Kraftfahrzeugfabrikaten und -typen im Einsatz. Die Veränderungen der gesellschaftlichen Verhältnisse, insbesondere seit der Gründung der DDR und der Bildung des Rates für Gegenseitige Wirtschaftshilfe, haben dann eine Entwicklung eingeleitet, die den grundsätzlichen Erfordernissen einer ökonomischen Politik Rechnung trägt.

Die Kraftfahrzeugindustrie der DDR produzierte nach 1949 im wesentlichen nur noch drei Lkw-Typen für Zuladungen von 2 t, 3 oder 5 t und 6 t sowie zwei Omnibustypen auf der Grundlage des 2- und 6-t-Lkw-Fahrgestells.

Die Produktionsabstimmungen im Rat für Gegenseitige Wirtschaftshilfe führten bereits 1956 zu einer weiteren Reduzierung des Fertigungsprogramms. Die Produktion des 6-t-Lkw und des daraus abgeleiteten Omnibusses H 6 B wurde zugunsten der Entwicklung der Produktionskapazität der anderen Typen eingestellt. Diese 1956 getroffenen Festlegungen führten auch in den anderen sozialistischen Ländern zu entsprechenden Veränderungen in der Produktion des Fahrzeugbaus, deren Auswirkungen u. a. auch beim volkseigenen öffentlichen Kraftverkehr in der DDR zu erkennen sind.

Die Vorteile eines typenreinen Fahrzeugparks wurden bereits in der Vergangenheit weitgehend genutzt. So orientierte sich zum Beispiel auf dem Sektor der Personenbeförderung mit Kom der volkseigene öffentliche Kraftverkehr völlig auf Omnibusse des Fabrikats Ikarus aus der Volksrepublik Ungarn. Heute, 15 Jahre nach Gründung unserer Republik, können wir feststellen, daß etwa 80 Prozent des Kom-Parks der volkseigenen öffentlichen Kraftverkehrsbetriebe aus Ungarn eingeführt wurden. Dabei sind drei Fahrzeugtypen, Ikarus 31, Ikarus 630 und Ikarus 55 bzw. 66, in verschiedenen Ausführungsformen für den Stadt-, Vorort- und Überlandlinienverkehr führend.

Auf dem Lkw-Sektor ist die Situation ähnlich. Allerdings verlangen hier die sehr unterschiedlichen Transportaufgaben nach Gut und Menge mehr Varianten in den Zuladungsstufen und Ausführungsformen der Fahrzeuge.

Im Güterverkehr wurden dem volkseigenen öffentlichen Kraftverkehr der DDR Fahrzeuge für bis zu 5 t Zuladung aus der Eigenproduktion und über 5 t Zuladung im wesentlichen aus der Produktion der ČSSR zugeführt. Diese bisherige Spezialisierung in der Kraftfahrzeugproduktion und in der Entwicklung des Fuhrparks beim volkseigenen öffentlichen Kraftverkehr erfüllt jedoch noch nicht alle Typisierungswünsche. Die Ursachen dafür sind vielseitig. Außer den Forderungen, die sich aus den Verkehrsbedürfnissen und betrieblichen Anforderungen ergeben,

sind natürlich produktionstechnische Gesichtspunkte der Kraftfahrzeugindustrie von ausschlaggebender Bedeutung. Diese Forderungen des Verkehrs und der Produktion gehen aber in verschiedenen Fällen auseinander. Spezielle Forderungen des Kraftverkehrs stehen oft im Widerspruch zu den Möglichkeiten der Großserienfertigung in der Kraftfahrzeugindustrie, während andererseits die Kraftverkehrsbetriebe mit einem Einheitstyp nicht einverstanden sein können. Deshalb ist es notwendig, die bereits begonnenen Maßnahmen zur Spezialisierung der Fahrzeugproduktion in den RGW-Mitgliedsländern unter Beachtung der verkehrlichen Anforderungen an die Fahrzeuge weiter fortzusetzen.
Die Voraussetzungen für die Vereinheitlichung der Fahrzeuge sind nirgends in der Welt besser gegeben als in den sozialistischen Ländern. Die gesellschaftlichen Verhältnisse in den Ländern des RGW gestatten die bestmögliche Ausnutzung der vorhandenen Kapazitäten des Fahrzeugbaus für eine moderne Großserienfertigung weitgehend standardisierter Lastkraftwagen und Kraftomnibusse.
Eine derartige Großserienfertigung verringert die Herstellungskosten der Fahrzeuge wesentlich und wird trotzdem die Bedürfnisse des Kraftverkehrs in allen sozialistischen Ländern befriedigen.
Völlig anders ist die Situation in den kapitalistischen Staaten. Insbesondere in Westdeutschland und im westlichen Europa besteht, verursacht durch die ausgefallenen Spezialwünsche der Besteller, ein verwirrendes Typenangebot verschiedenartigster Konstruktionen, das sich kaum mehr übersehen oder logisch gliedern läßt.
Die Transportkommission und die Kommission für Maschinenbau des RGW dagegen haben sich mit der Entwicklung einheitlicher Typenreihen für Lkw und Omnibusse in der Perspektive beschäftigt. In der Transportkommission wurden die Forderungen des Kraftverkehrs der sozialistischen Länder ausgearbeitet und dem Kraftfahrzeugbau zur Realisierung vorgetragen. Die ausgearbeiteten einheitlichen Forderungen des Kraftverkehrs der sozialistischen Länder beziehen sich nicht nur auf die gesetzlichen Zulassungsbestimmungen, sondern berücksichtigen auch technische und verkehrstechnische Probleme, so die spezifische Motorleistung je Masseneinheit, den Zuladungsfaktor, die Parameter für Ladeflächen auf der Grundlage der standardisierten Paletten- und Behältermaße, die Abmessungen der Fahrgasträume für Omnibusse und die Bestimmung des Flächenanteils je Person, die Türbreiten für Kom, die Lade- bzw. Trittstufenhöhe und die Motoranordnung.

Diese Forderungen in Verbindung mit den konstruktions- und fertigungsbedingten Merkmalen des Fahrzeugbaus sind Voraussetzung für die Typisierung des Fahrzeugsparks, wobei sich die Organe des Kraftverkehrs und der Fahrzeugindustrie aus den RGW-Mitgliedsländern nicht nur auf die Typisierung der Omnibusse oder der Lkw orientieren, sondern sich davon leiten lassen, daß die Typisierung und Standardisierung beide Fahrzeugkategorien und alle Größenordnungen erfassen muß. Durch eine solche Konzeption werden in den Betrieben des Kraftverkehrs und der Kraftfahrzeuginstandsetzung wesentliche Vereinfachungen geschaffen

- für die Wartung und Pflege der Fahrzeuge,
- für die Instandsetzung einschließlich der Ersatzteilvorhaltung,
- für die Qualifizierung des Fahr- und Instandsetzungspersonals
- und für eine zweckmäßige Gestaltung der baulichen Anlagen und technischen Ausrüstungen der Betriebe.

Insgesamt ergeben sich aus dieser Konzeption erhebliche volkswirtschaftliche Vorteile. Das veranlaßte die Kommission Maschinenbau des RGW, Beratungen über die Schaffung einer einheitlichen Lkw- und Kom-Typenreihe zu führen. Ausgehend von den Forderungen der Transportkommission des RGW und damit der Hauptbedarfsträger für Lkw und Kom wurde eine Konzeption für die Produktion von Lkw und Omnibussen erarbeitet, die eine Vereinheitlichung der Gesamtfahrzeuge sowie der Aggregate und Ausrüstungen vorsieht. Dabei erlangt die Abstimmung und Zusammenarbeit in der Produktion zwischen den einzelnen sozialistischen Ländern große Bedeutung, so daß mit hohem volkswirtschaftlichem Nutzen für jedes Mitgliedsland des RGW wie auch für die im RGW organisierten Länder insgesamt gearbeitet werden kann.
Die bereits begonnene Entwicklung in der Arbeitsteilung der sozialistischen Länder wird also auf einer neuen höheren Stufe fortgesetzt. Der Kraftverkehr der DDR wird sich unter diesen Gesichtspunkten immer weiter spezialisieren und dabei die Anzahl der für die Durchführung der Transport- und Beförderungsaufgaben verwendeten Kraftfahrzeugtypen weiter verringern.
Gegenwärtig werden die Beförderungsaufgaben im Personenverkehr zu 80 Prozent von den 5 Ikarus-Omnibustypen aus Ungarn, einer Anzahl älterer Fabrikate aus der Produktion der DDR sowie einer geringen Zahl von Omnibussen aus der Produktion anderer sozialistischer Länder, wie der ČSSR, erfüllt.

In der Perspektive werden sich in der Regel nur noch 5 Fahrzeugtypen etwa in den Größenordnungen 7,0 m, 8,5 m, 9,5 m, 11 m und 16,5 m Nennlänge im Einsatz befinden. Diese Fahrzeugtypenreihe entspricht den Verkehrsbedürfnissen in der DDR und trägt den bereits genannten technischen Vorzügen entsprechend Rechnung.

Bei den Lkw ist eine ähnliche Entwicklung vorgesehen. Die gegenwärtigen Fahrzeugtypen werden durch eine nach Zuladungsstufen gegliederte Typenreihe abgelöst, wobei die Hauptaggregate, wie Motor, Wechselgetriebe, Achsen, Lenkung, Bremsanlage, und auch andere technische Ausrüstungen, wie die elektrische Anlage, Armaturen usw., denen der Kom entsprechen. In der Perspektive wird es etwa 6 Grundmodelle in den Größenordnungen von 1 bis 12 t Nenntragfähigkeit geben, die durch weitere Varianten wie Sattelschlepper und Spezialfahrzeuge – letztere auch für den Einsatz außerhalb des allgemeinen Straßennetzes für Zuladungen bis zu 60 t – erweitert werden.

Selbstverständlich werden die Lkw-Typen in den verschiedensten Ausführungsformen, wie Normal-Lkw, Sattelschlepper und Straßenzugmaschine, produziert, und es wird auch nicht an den notwendigen Aufbautenvarianten unter Berücksichtigung der zu transportierenden Gutarten fehlen. In das Perspektivprogramm werden auch die erforderlichen Sattelauflieger und Lkw-Anhänger gestaffelt nach der Nenntragfähigkeit aufgenommen. Die weiteren Arbeiten an dieser Konzeption berücksichtigen auch die Forderungen des Kraftverkehrs und der Kraftfahrzeuginstandsetzung in bezug auf die Erhöhung der Wirtschaftlichkeit.

Abgesehen von den Vorteilen, die eine einheitliche Typenreihe generell bietet, werden auch die Probleme der Instandhaltung, der Lebensdauer und des Betriebes von Kraftfahrzeugen entsprechend beachtet.

Die wichtigsten Forderungen sind:

- die Erhöhung der Lebensdauer bei Fahrzeugen und Aggregaten bis zur ersten Grundüberholung auf durchschnittlich 200000 km bei Lastkraftwagen und 250000 km bei Kraftomnibussen,
- die Verlängerung der Wartungsintervalle, zum Beispiel beim Ölwechsel für Motoren, Wechselgetriebe und Differential.

Eine Veränderung der Ölwechselzeiten für Motoren, beispielsweise von 4000 auf 5000 km, würde für die Volkswirtschaft der DDR, bezogen auf den Nutzkraftfahrzeugpark, eine jährliche Einsparung von etwa 10 Millionen MDN ergeben.

Natürlich sind in diesem Programm gleichzeitig Forderungen an die chemische Industrie und andere Industriezweige enthalten. Die Kraftfahrzeugindustrie kann aber selbst durch entsprechende konstruktive Gestaltung sehr viel zur Erhöhung der Wirtschaftlichkeit der Fahrzeuge beitragen. Dazu gehören

- die leichte Zugänglichkeit der einzelnen Aggregate für Wartungs- und Pflegearbeiten sowie zur Demontage und Montage in der Kraftfahrzeuginstandsetzung.

  Hier kann seitens der Fahrzeugindustrie wesentlich auf die Erhöhung der technischen Einsatzkoeffizienten der Fuhrparks, auf die Einsparung von Arbeitszeit und Arbeitskräften und damit auf die Steigerung der Arbeitsproduktivität Einfluß genommen werden. Die Steigerung der technischen Einsatzkoeffizienten des volkseigenen öffentlichen Kraftverkehrs der DDR um nur 1 Prozent würde eine Erweiterung der Ladekapazität von etwa 100 t ergeben.
- die Verbesserung des Fahrkomforts der Lkw und Kom durch entsprechende Sitzgestaltung, durch Senkung der Geräusche, bessere Be- und Entlüftung, durch gute Einstiegmöglichkeiten und Sichtverhältnisse und einheitliche Anordnung der Bedienungsorgane.

  Dadurch werden wesentliche Voraussetzungen für die Verhütung von Unfällen, insbesondere wegen Ermüdung, und allgemein zur Reduzierung des Krankenstandes und Steigerung der Arbeitsproduktivität bei den Kraftfahrern geschaffen.

Diese und weitere sich aus den steigenden Anforderungen an den Verkehr ergebenden Schlußfolgerungen finden in dem Perspektivprogramm der Kraftfahrzeugproduktion der Mitgliedsländer des RGW volle Beachtung.

Damit wird nicht nur den Erfordernissen des Verkehrswesens der sozialistischen Länder Rechnung getragen, sondern die Volkswirtschaft aller Mitgliedsländer des Rates für Gegenseitige Wirtschaftshilfe positiv beeinflußt.

Die Fahrzeugindustrie der sozialistischen Länder kann sich unter den Gesichtspunkten der kooperierten Produktion einheitlicher Kraftfahrzeugtypenreihen voll entwickeln, die vorhandenen Kapazitäten wesentlich besser nutzen, ein klares Perspektivprogramm für die Fabrikationsanlagen entwickeln und ihrerseits einen wichtigen Beitrag zur weiteren technischen und ökonomischen Entwicklung des sozialistischen Lagers leisten.

M. Dessau / J. Heymann / R. Jähne

Sozialistische Kooperation auch im Automobilbau

5000 Bauteile = Kleintransporter B 1000

Unsere Aufgabe ist es, in allen Abschnitten der gesellschaftlichen Entwicklung die ökonomischen Gesetze des Sozialismus bewußt und schöpferisch anzuwenden. Vom Beginn der Volkswirtschaftsplanung bis heute, bis zur Verwirklichung und Weiterentwicklung des ökonomischen Systems des Sozialismus, haben wir gelernt, die Grundlagen des gesellschaftlichen Fortschritts und Reichtums gut zu nutzen. Große Leistungen vollbrachten die Werktätigen in allen Bereichen beim Aufbau der im zweiten Weltkrieg zerstörten Werke und bei der Errichtung neuer Produktionsstätten. Die Mitarbeit aller unter der bewährten Losung „Plane mit, arbeite mit, regiere mit" brachte mit der Steigerung der Arbeitsproduktivität den Schlüssel zur Lösung der wirtschaftlichen Probleme und zur Verbesserung der Lebenslage.

Die von den Imperialisten verursachte Spaltung Deutschlands, die organisierte Störtätigkeit, durch die bis zum 13. August 1961 offene Grenze begünstigt, erschwerten unseren wirtschaftlichen Aufstieg. Trotzdem nahm die Industrie der DDR eine stürmische Aufwärtsentwicklung.

Hauptquellen dieser positiven Entwicklung, bei fast gleichbleibender Anzahl der Berufstätigen und bei Verkürzung der Arbeitszeit, liegen in der bewußten Aktivität und in dem steigenden Qualifikationsniveau der Werktätigen, in der Nutzung der Wissenschaft als Produktivkraft und in der Erhöhung der wissenschaftlichen Führungstätigkeit.

Dazu gehört die Konzentration der Mittel und Kräfte von Forschung und Entwicklung und die Schaffung einer Wissenschafts- und Wirtschaftsorganisation entsprechend den objektiven Erfordernissen der wissenschaftlich-technischen Revolution.

Undenkbar ist die sozialistische Wirtschaft ohne enge Kooperationsbeziehungen. Die Möglichkeit und die Notwendigkeit ihrer planmäßigen Gestaltung sind bei unseren Produktionsverhältnissen gegeben. Ihre langfristige Organisierung sichert auf der Grundlage der sozialistischen Planwirtschaft das aufeinander abgestimmte Wirken der Betriebe und Einrichtungen der Volkswirtschaft, ja, macht erst die reibungslose Zusammenarbeit möglich.

Theorie und Praxis der Kooperation der Volkswirtschaft in politischer, ökonomischer, juristischer, technisch-technologischer und organisatorischer Hinsicht schaffen erst die Voraussetzung, die notwendig ist, fortgeschrittene Technologien mit optimalem Wirkungsgrad anzuwenden und damit den Prozeß der wissenschaftlich-technischen Revolution zu entwickeln.

So haben zum Beispiel die Werktätigen des Transport- und Nachrichtenwesens durch ihre Arbeit eine große Auswirkung auf zahlreiche Bereiche der sozialistischen Gesellschaft. Das aufeinander abgestimmte Handeln der verschiedenen Verkehrsträger, die Verkehrsteilung, verspüren wir alle im täglichen Leben. Kooperationsbeziehungen unter sozialistischen Eigentumsverhältnissen sind primär auch keine Fragen des Anteils eines Betriebes am volkswirtschaftlichen Geschehen. Es sind Beziehungen, deren differenzierte Bedingungen sich allein aus ihrem Einsatz in der arbeitsteiligen Wirtschaft ergeben. Es sind Verhältnisse der Zusammenarbeit, des gemeinsamen Vorgehens und der gemeinsamen Verantwortung für die Erfüllung des Planes. Das System der Kooperationsbeziehungen verlangt das ständige Neudurchdenken, seine optimale Anpassung an die sich verändernden Bedingungen.

Die vielfältigen Entwicklungsmöglichkeiten bedingen ein Umdenken, frei von Schablone und altgewohnter Bahn. Die Verantwortung des einzelnen ist größer, denn von seinem Produkt hängt es ab, ob und wie das Finalprodukt unserer Volkswirtschaft zugeführt werden kann. Die zunehmende Arbeitsteilung im Sinne der Spezialisierung, das Systemdenken, die Abstimmung in allen Bereichen ist für uns, aber auch für die internationale Kooperation von allergrößter Bedeutung.

Wenn auf der agra in Markkleeberg die moderne Landtechnik gezeigt wird, staunen besonders auch die westdeutschen Besucher. Der sowjetische Schlepper K 700 mit 220 PS, der Schönebecker ZT 300 mit der Stärke von 90 PS, die leistungsfähigen Anbaugeräte u. a. m. verdienen Anerkennung. Aber darum geht es nicht allein. Das staatsmonopolistische System in Westdeutschland ist schuld daran, daß die Durchschnittsgröße der westdeutschen Bauernwirtschaften 9,34 Hektar beträgt, daß der Kleintraktor dominieren muß, daß die Landwirtschaft verschuldet ist. Unsere LPG haben eine Durchschnittsgröße von über 500 Hektar. Sie bieten der modernen Technik, auch dem hervorragenden Mähdrescher E 512, weite Räume und Einsatzmöglichkeiten. Dank der Zusammenarbeit von LPG in Kooperationsgemeinschaften wird dieser Vorteil der genossenschaftlichen Wirtschaft im sozialistischen System noch ausgebaut. Ein Schlepper bearbeitet bei uns viermal mehr Land, nämlich durchschnittlich 41 Hektar, als der westdeutsche, damit die höhere Arbeitsproduktivität und die Überlegenheit unseres Gesellschaftssystems deutlich machend.

ZT 300 und E 512 sind auch Beispiele sozialistischer Kooperation in der Produktion, denn ihre Motoren sind Varianten ein und desselben Typs, der im VEB IFA Motorenwerke Nordhausen gefertigt wird (vgl. S. 90 ff.).

Oft sehen wir auf den Feldern, im Walde, auf den Straßen einen wendigen, schnellen, nützlichen Helfer unserer Wirtschaft. Den Eintonner Barkas B 1000. Die Barkas-Varianten geben hohe Nutzeffekte für viele Bereiche, in Stadt und Land.

1 ZT 300 – Beweis des Fortschritts
Der Übergang zur industriemäßigen Produktion in der Landwirtschaft erfordert einen verstärkten Einsatz neuer Technik. Moderne Landtechnik, das ist der ZT 300 mit seinen bewährten Anbaugeräten.
Der 90 PS starke ZT 300 gestattet große Arbeitsbreiten und hohe Arbeitsgeschwindigkeiten auch bei schwersten Böden und schwierigen Geländeverhältnissen.
Hohe Zugkraft, geringer Schlupf, minimaler Bodendruck und beste Geländegängigkeit machen ihn zum idealen Zug- und Antriebsmittel für besonders schwere landwirtschaftliche Geräte und Arbeitsmaschinen. Auch auf der Straße ist er ein schnelles und zuverlässiges Zugmittel. Der Dreipunktanbau entspricht der internationalen Norm. Dadurch ist der Anbau auch ausländischer Geräte möglich

1

Die Karte gibt einen Überblick von der kooperativen Verflechtung der Produktion, wobei hier nur die Partner erfaßt sind, die dem Finalproduzenten direkt zuliefern (Abb. 2). Betrachten wir den Motor mit seinen Bauuntergruppen, so wird die arbeitsteilige Verflechtung bereits deutlich sichtbar. Der im Barkas B 1000 verwendete Motor ist fast identisch mit dem des Pkw Wartburg 353. Der eigentliche Motorblock mit den dazugehörenden Bauuntergruppen, wie Lichtmaschine, Anlasser, Wasserpumpe, Vergaser und Kraftstofförderpumpe usw., erfordert über 500 Bauteile verschiedener Materialarten und -qualitäten. Allein der Vergaser mit seinen 76 Einzelteilen läßt erkennen, welche Arbeitsteilung selbst bei Präzisionsteilen für eine meist nur wenig beachtete Bauuntergruppe notwendig ist. Die Material- und Lieferteil-Verflechtung bei der Bremsanlage ist ein anderes deutliches Beispiel. Etwa 550 Teile tragen entscheidend zur geforderten Sicherheit für Mensch, Ladung und Fahrzeug bei. Zur Herstellung der Bremsbackenbeläge sind Faserstoffe, Füllstoffe und Bindemittel erforderlich. Dazu gehören: Asbest, Baumwolle, Torffaser, Schlackenwolle, Glaswolle, Metallwolle, Gesteinsmehl, Metalloxide, Talkum, Graphit, Kieselgur, Kohlenstoff, Kunstharze, Gummi, Buna, Bitumen, je nach geforderter Qualität des Belagmaterials. Hohe Qualitätsanforderungen werden auch an die Bremsrohr- und Schlauchleitungen gestellt. Diese Beispiele lassen sich für weitere Bauuntergruppen, die direkt aus dem Kooperationsverband im Werk des Finalproduzenten in das Fahrzeug eingehen, beliebig fortsetzen.
Wie die Vielfalt der genannten Materialarten der Bremsanlage und deren Verarbeitung erkennen läßt, ist eine weitverzweigte Kooperation, intensive Forschungs- und Entwicklungsarbeit verschiedener Industriezweige der Volkswirtschaft schon allein bei der Herstellung einer Baugruppe erforderlich.
Forderungen stellt der Automobilbau an andere Zweige der Volkswirtschaft, um moderne Konstruktionsprinzipien anwenden zu können, seinen Produktionsablauf zu sichern, der den Bedingungen der Großserienfertigung unterliegt. So werden beispielsweise an die Stahlindustrie Qualitätsforderungen über chargenreine Lieferungen hochwertiger Materialien gestellt. Die modernsten Schweißtechnologien finden in der Rahmen- und Karosserienfertigung Verwendung. Im Automobilbau werden fast alle bekannten und dem technischen Fortschritt entsprechend eine Reihe neu entwickelter Werkstoffe eingesetzt. Der technologische Prozeß für die Realisierung großer Stückzahlen erfordert höchste Leistungen, verbunden mit ständiger Qualifizierung der Werktätigen, damit alle einzelnen Arbeitsoperationen ineinander fließen. Dabei gelangen Fließstraßen, automatische Taktstraßen, Automaten und Halbautomaten und eine Vielzahl von Spezialmaschinen zum Einsatz. Hohe Anforderungen werden an die Oberflächenbehandlung und den Korrosionsschutz gestellt. Sicherheitsglas mit speziellen Eigenschaften, Plaste, Textilien, hochwertige Klebeverfahren, Qualitäts-Schmierstoffe, Gummierzeugnisse und vieles andere sind durch die Qualitätsforderungen des Fahrzeugbaus überhaupt mit geschaffen bzw. weiterentwickelt worden. Im Bereich der Qualitätssicherung in den einzelnen Produktionsstufen werden Geräte zur Leistungsmessung von Motoren und Fahr-

Ort	Zeichen	Teile
1. Karl-Marx-Stadt	*Z*	*Anhängekupplungen*
	T	*Wälzlager*
	T,A,F,I	*Normteile*
	I	*Krankengestelle*
2. Thalheim	*E*	*Lichtmaschinen*
		Nebel- und Suchscheinwerfer
3. Annaberg		*Dederon-Abschleppseile*
4. Cranzahl	*E*	*Kennzeichenleuchte*
5. Sehma	*E*	*Starterbatterien*
6. Beierfeld	*I*	*Geschwindigkeitsmesser*
	I	*Kombigeräte*
	I	*Geber für Temperaturanzeiger*
	I	*Meßgeräte*
7. Scheibenberg	*A*	*Blechkästen*
	A	*Verkleidungsblech*
	A	*Blechteile*
8. Lugau	*F*	*Blankstahl*
9. Bernsbach	*F*	*Längslenker*
	A	*Verzierungen*
	A	*Hälften*
	A	*Kotflügel*
	A	*Saugköpfe*
	A	*Stoßstangen*
	A	*Bodenschutz*
	A	*Blechteile*
10. Kirchberg	*E*	*Entfrostergebläse*
11. Reichenbach	*T*	*Kupplungen*
	F	*Bremsenteile*
12. Tannenbergstal	*I*	*Kunstleder*
13. Klingenthal	*E*	*Leuchten*
14. Schönheide	*F*	*Temperguß*
15. Zwickau	*E*	*Batterien*
	Z	*Einheitskanister*
		Normteile
16. Fraureuth	*T*	*Wälzlager*
17. Burkhardtsdorf	*I*	*Schaumstoff*
18. Treuen	*I*	*Kunstleder*
19. Plauen	*I*	*Schutzhauben und Abdeckungen*
20. Auma, Bez. Gera	*F*	*Lenkräder*
21. Triptis	*F*	*Lenkgetriebe*
22. Limbach	*E*	*Bremsen*
	E	*Bremszylinder*
23. Niederwiesa		*Verdeckplatten*
24. Hainichen	*I*	*Sitze*
	I	*Lehnen*
25. Brand-Erbisdorf	*F*	*Schmiedeteile*
26. Freiberg	*A*	*Lötzinn*
		Buchsen
27. Arnsdorf	*A*	*Profile*
28. Roßwein	*F*	*Rollenlagerachsen*
	F	*Schmiedeteile*
	F	*Aluguß*
29. Döbeln	*A*	*Türschlösser*
	I	*Sicherheitsgurte*
	I	*Beschlagteile*
30. Hartha	*F*	*Stoßdämpfer*
31. Mittweida	*A*	*Planen*
32. Colditz	*I*	*Fußmatten*
	A	*Gummiteile*
33. Altenburg	*I*	*Tragesitz*
34. Polenz	*A*	*Gummiteile*
	I	*Hartpappenteile*
35. Leipzig	*I*	*Kühler*
	A	*Wärmetauscher*
	T	*Ansauggeräuschdämpfer*
	T	*Getriebe*
	F	*Grauguß, Temperguß, Aluguß*
	A, I	*Lacke und Farben*
	A	*Blechteile*
	I	*Gummiteile*
	T, F	*Dichtungen*
36. Riesa	*F*	*Reifen*
	F	*Rohre*
	F	*Schläuche*
37. Meißen	*T*	*Axiallüfter*
38. Radebeul	*Z*	*Werkzeuge*
39. Dresden	*I*	*Waschanlagen*
	A	*Ziergitter*
	T	*Walzstahl*
	A	*Blechteile*
40. Radeberg	*A*	*Scharniere*
41. Freital	*F*	*Stabstahl*
	F	*Grauguß*
42. Dohna	*T*	*Schalldämpfer*
43. Pirna	*E*	*Leuchten*
	F	*elektrische Teile*
	A, I	*Farben*
44. Wehrsdorf	*I*	*Heizungshähne*
45. Neugersdorf	*E*	*Kabelsätze*
	E	*Leitungen*
46. Oberroderwitz	*A*	*Pritschenböden*
	A	*Pritschenwände*
	I	*Sitzkästen*
	I	*Lehnen*
	I	*Sitze*
	I	*Tragentische*
	I	*Schwenkbügel*
	I	*Sanka-Einbauten*
47. Zittau	*F*	*Federn*
	F	*Kraftstoffbehälter*
48. Gera	*A*	*Fenster*
	F	*Scheibenräder*
	I	*Sitzgarnituren*
49. Schleiz	*A*	*Spiegel*
50. Apolda	*I*	*Kunstleder*
51. Rudolstadt	*Z*	*Verbandkästen*
52. Oberweißbach	*Z*	*Glühlampenbehälter*
53. Hildburghausen	*F*	*Normteile*
54. Stadtilm	*T*	*Gelenkwellen*
55. Erfurt	*Z*	*Warnstativ*
	F	*Schmiedeteile*
	I	*Kleber*
56. Zella-Mehlis	*F*	*Kupplungsgelenke*
	F	*Kugelgelenke*
57. Steinbach-Hallenberg	*Z*	*Werkzeuge*
	T, F, A	*Normteile*
58. Schmalkalden	*Z*	*Werkzeuge*
59. Breitingen	*A*	*Scheibenwaschanlage*
60. Brotterode	*E*	*Scheinwerfer*
	E	*Signal*
	E	*elektrische Impulsgeber*
61. Gumpelstadt	*E*	*Entstörgeschirr*
	E	*Leuchten*
62. Bad Liebenstein	*A*	*Normteile*
63. Waltershausen	*F, I, A*	*Gummiformteile*
64. Ruhla	*E*	*Anlasser*
	E	*Scheinwerfer*

Ort	Zeichen	Teile
	E	elektrische Teile
	E	Lichtmaschinen
65. Eisenach	T	Motoren
	E	Regelschalter
	E	elektrische Teile
	A	Kfz-Teile
	A, I	Farben
66. Marksuhl	I	Sonnenblenden
67. Treffurt	Z	Wagenheber
	Z	Einstockheber
68. Mühlhausen	F	Drehstabfedern
	F	Spurstangen
	F	Lenkungsteile
69. Heiligenstadt	A	Normteile
70. Weißenfels	Z	Schneeketten
71. Merseburg	I	Kunstleder
72. Delitzsch	F	Blankstahl
73. Torgau	A	Glasscheiben
74. Bitterfeld	A	Alu-Profile
75. Wolfen	I	Polyamidflachband
76. Köthen	Z	Dachgitter
77. Halle	Z	Vorlegekeile
78. Hettstedt	A	Halbzeuge
79. Thale	A	Bleche
80. Halberstadt	A	Ziergitter
81. Magdeburg	A	Planen
	A, I	Lacke
82. Finsterwalde	A	Normteile
83. Spremberg	F	Preßstoffhülsen
84. Guben	I	Bezugsstoffe
85. Ludwigsfelde	F	Schmiedeteile
	A	Blechteile
86. Brandenburg	Z	Werkzeugtaschen
87. Berlin	I	Krankentragen
	T	Vergaser
	E	Batterien
	F	Messingrohre
	T	Dichtringe
	F	Wälzlager
88. Hennigsdorf	F	Stahl
89. Velten	T	Gummilager
90. Finow	A	Profile
91. Neuruppin	Z	Löscher
92. Neubrandenburg	I	Benzinheizgeräte
93. Merbelsrod	T	Wasserpumpe
94. Wittenberg (Elbe)	F	Schlauchknie

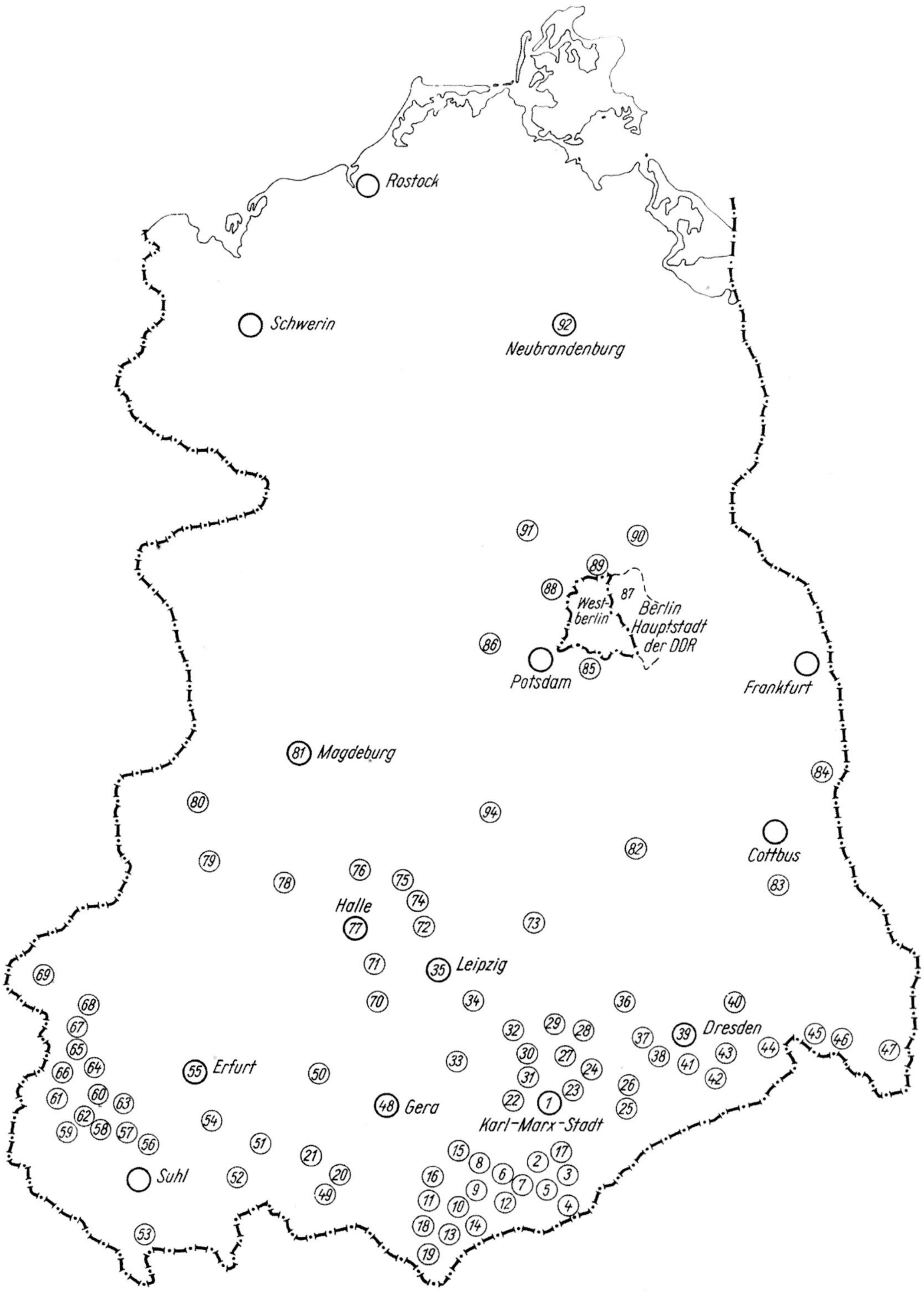

2 Übersicht der Kooperationsbeziehungen zur Herstellung des Barkas B 1000

Legende: A = Aufbau
E = Elektrische Anlage
F = Fahrgestell
I = Innenausstattung
T = Triebwerk
Z = Zubehör

zeugen, Prüfstände zur Kraftstoff- und Drehzahlmessung, Temperaturmeßgeräte, Bremsverzögerungs- und Beschleunigungsmeßgeräte, Geräuschmeßgeräte, Achslastmeßgeräte, Abgas-Tester, Oberflächenmeßgeräte und viele andere gefordert. Die erhöhten Sicherheitsforderungen der Automobilindustrie führen zur verstärkten Einflußnahme auf andere Industriezweige, wie unter anderem auf diese Meßmittelherstellung. Die Anwendung der elektronischen Meßtechnik und der Datenverarbeitung ist im Produktionsprozeß für Großserienfertigung unerläßlich. Die Weiterentwicklung der Automobilproduktion gibt den anderen Industriezweigen, die das Gesamtniveau der Produktion in der Volkswirtschaft heben, ständig vielseitige Impulse.

Dieser kurze Überblick zeigt, daß viele Industriezweige der Volkswirtschaft direkt oder indirekt an der Produktion von Kraftfahrzeugen beteiligt sind. Die dort arbeitenden Menschen, im gesamten Automobilbau der DDR sind es fast 100000 Werktätige, vertreten fast alle Berufsgruppen, zu denen noch eine Reihe von Spezialausbildungen kommt.

Jedermann weiß, daß in der industriellen Fertigung solche Berufe wie Dreher, Fräser, Bohrer, Hobler, Karosserieklempner, Kraftfahrzeugschlosser und Lackierer benötigt werden. Aber kaum ein Außenstehender vermutet, daß allein beim Fertigungsprozeß „Spanabhebende Formung" Berufe mit etwa 100 verschiedenen Spezialkenntnissen notwendig sind. Ähnliches kann für die Schlosserarbeiten, Montagearbeiten und die Oberflächenbehandlung festgestellt werden. Für leitende Tätigkeiten ist technisch und ökonomisch hochqualifiziertes Personal der verschiedenen Ausbildungsstufen und Fachrichtungen notwendig.

Die mitwirkenden Ausrüstungsbetriebe haben z. T. mit dem Automobilwerk direkte Kooperationsbeziehungen. Aber auch abnehmende Industriezweige und andere Benutzer unterhalten Ausrüstungsbetriebe, die die entsprechenden Umbauten bzw. Ausrüstungen der Transporter für die Lösung ihrer speziellen Aufgaben erledigen.

Die gutgestaltete Ganzstahlkarosse in Schalenbauweise gibt eine Garantie für Sicherheit und lange Lebensdauer des Fahrzeuges. Dabei wird auch das günstige Verhältnis der Nutzmasse zur Eigenmasse von 1:1,165 (ohne Fahrer) erreicht.

Die Montage wird nach den neuesten Gesichtspunkten und Erkenntnissen der Technik durchgeführt. Die Konstruktion der Karosserie ist so ausgelegt, daß auf der Grundausführung Kastenwagen ohne wesentliche Produktionsumstellungen eine Reihe anderer Ausführungen abgeleitet werden kann.

Als Antriebsquelle des frontgetriebenen Fahrzeuges dient der bewährte 1000-Kubikzentimeter-Dreizylinder-Zweitaktmotor mit einer Leistung von 42 PS. Innerhalb von 50 Sekunden kann der B 1000 mit Last eine Höchstgeschwindigkeit von 100 km/h erreichen. Das verleiht dem Fahrzeug im dichten Verkehrsstrom größte Anpassungsfähigkeit.

Einzelradaufhängung und Drehstabfederung wirken sich besonders vorteilhaft bei Kurvenfahrten aus und geben dem B 1000 eine gute Bodenhaftung.

Zur serienmäßigen Ausrüstung gehört weiterhin eine Einkreis- oder Zweikreisbremsanlage (vorn als Duplex- und hinten als Simplex-Gleitbacke). Die Sonderausführungen Kleinbus, Krankenwagen und Verkehrsunfall-Bereitschaftswagen besitzen eine 500-Watt-Lichtmaschine und eine 12-Volt/135-Ah-Batterie. Alle Fahrzeuge sind, entsprechend ihrem Einsatz, mit ausreichender Beleuchtung in Fahrerkabine und Lade- bzw. Fahrgastraum ausgestattet.

Die Fahrerkabine steht im Komfort dem eines Pkw nicht viel nach. Durch die große gewölbte Windschutzscheibe hat der Fahrer eine ausgezeichnete Sicht. Zwei großflächige Rückspiegel zu beiden Seiten der Windschutzscheibe gewähren gute Sicht nach hinten und Sicherheit im Straßenverkehr. Zusätzlich ist noch eine elektrische Scheibenwaschanlage eingebaut. Im engsten Blickfeld des Fahrers sind Kombinationsanzeigegerät, Geschwindigkeitsmesser, Steckdose, Zündanlaßschalter und Tastschalter für die elektrische Anlage auf der übersichtlich gestalteten Instrumententafel angebracht.

Eine gepolsterte Sonnenblende und Stahlrohrsitze mit Schaumstoffüberzug vervollständigen den Komfort der Fahrerkabine. Die Heizung läßt sich regulieren und mit einem Griff auf Frischluftzufuhr umstellen.

Der Motor, zwischen den beiden Sitzen der Fahrerkabine untergebracht, ist durch eine abnehmbare Haube leicht zugänglich und mit Moosgummi abgedichtet. Auf Wunsch kann ein Überzug mitgeliefert werden, um die Motorengeräusche noch weiter zu dämpfen.

Durch den Frontantrieb gibt es keinen Kardantunnel. Ein Grund, weshalb der Laderaum eine so tiefliegende große Ladefläche besitzt.

Alle Aufbauten auf dem Fahrerhaus-Rahmen-Chassis besitzen einen Tank mit 70 l Fassungsvermögen. Das gestattet den FR-Fahrzeugen einen Aktionsradius von etwa 650 km.

Bilder und Erläuterungen lassen die Vielfalt in der Einsatzmöglichkeit erkennen, lassen das Ansehen und die Achtung, die dieser Transporter im In- und Ausland besitzt, voll verstehen.

Technische Daten

Dreizylinder-Zweitaktmotor
Verdichtung 1:7,3; Hubraum 991 cm^3
42 PS bei 4000 U/min (48 SAE PS)
Maximales Drehmoment 9,8 kpm/h
Kühlung: Wasser (Pumpenförderung)
Schmierung: Kraftstoff-Öl-Gemisch
Kraftstoffnormverbrauch 10,5 l/100 km
Zweikreisbremssystem; Drehstabfederung
Handbremse mechanisch auf Vorderräder wirkend
Sperrbarer Freilauf
Wendekreisdurchmesser 12 m
Kleinste Bodenfreiheit 200 mm
Fahrzeuglänge 4635 mm;
Fahrzeugbreite 1910 mm
Fahrzeughöhe 1850 mm (ohne Spriegel)
Ladebodenlänge 2800 mm
Ladebodenbreite 1760 mm
Höhe der Stellbordwände 400 mm
Höhe des Ladebodens über Fahrbahn 740 mm
Leermasse 1300 kg; Nutzmasse 1050 kg
Zulässige Gesamtmasse 2350 kg

Triebsatz

Als Antriebsquelle dient der bewährte 1000-Kubikzentimeter-Dreizylinder-Zweitaktmotor, dessen Vergasereinstellung, Ansaug- und Auspuffanlage zugunsten eines bestmöglichen Drehmomentenverlaufes auf eine Maximalleistung von 42 PS und 9,8 kpm abgestimmt sind.

Gut abgestuftes vollsynchronisiertes Viergang-getriebe.

3 *Mähdrescher E 512 im Maschinensystem Getreide-Produktion*
Der Getreide- und gesamte Druschfruchtanbau bietet sich besonders für die industriemäßige Produktion in der Landwirtschaft an. Sie ist gekennzeichnet durch die Konzentration und Spezialisierung, durch kontinuierlichen Arbeitsablauf, den Ersatz der Handarbeit durch Maschinen sowie eine weitere Ertragssteigerung.
Eine wesentliche Voraussetzung dafür ist die Bereitstellung eines leistungsfähigen Maschinensystems.
Der neue Mähdrescher E 512 ist die Schlüsselmaschine im Maschinensystem der Getreideproduktion.
Vor allem beim Komplexeinsatz sind Kornabnahme während der Fahrt, schneller Korntransport und technische Betreuung der Mähdrescher auf dem Feld sicherzustellen. Damit wird die günstigste Auslastung des gesamten Maschinenparks bei hoher Leistung erreicht. Nach den Erfahrungen der laufend durchgeführten Mähdrescherprüfungen und der Komplexerprobung der Mähdrescher E 512 hat sich der Komplex von 5 Mähdreschern als besonders günstig erwiesen. Im allgemeinen reichen bei einer Transportentfernung von 10 km für 5 Mähdrescher E 512 im Komplexeinsatz 5 Transportfahrzeuge aus (Lkw mit Anhänger und einer Nutzlast von 8 bis 10 t). Die Vorteile des Komplexeinsatzes werden besonders dann wirksam, wenn die 5 Mähdrescher auf Schlägen arbeiten, die einer Tagesleistung des Komplexes von 50 bis 75 ha (10 bis 15 ha je Mähdrescher) entsprechen

4 *30 000 km in 220 Tagen durch den Orient legte der Barkas B 1000 zurück. Asphaltstraßen, Küstenpisten, Flußdurchfahrten und Sand waren die Wegstrecken. Überall, ob in Höhen von 2 200 m im Atlasgebirge oder 400 m unter dem Meeresspiegel am Toten Meer – der Barkas hat seine Leistungsfähigkeit bewiesen*

3

4

5 Kastenwagen

6 Kleinbus

7 Pritschenwagen

8 Kranken- und Rettungswagen

5 *Kastenwagen*

Der Grundtyp aller B 1000-Ausführungen ist der Kastenwagen. Charakteristisch für die technische Konzeption ist eine Vielzahl von Lösungen, die das Fahrzeug jedem Verwendungszweck seiner Größenklasse anpaßt.

Der große Öffnungswinkel der Rückwand- und Seitentür ermöglicht einen guten Zugang zum Laderaum, der sich im hohen Maße auch für den Transport sperriger Güter eignet.

Der B 1000-Kastenwagen kann auch als Wärme-Isolierfahrzeug ausgestattet werden

6 *Kleinbus*

Bequeme Sitzposition, großzügig bemessene Beinfreiheit und reichlich Platz für großes Gepäck schaffen die beste Bequemlichkeit. Die motorunabhängige Benzinheizung sorgt bei allen Witterungsverhältnissen für eine angenehme Temperatur, da sie nicht nur als wirkungsstarke Heizung, sondern auch als Belüftungsanlage genutzt werden kann.

Die moderne Gestaltung der Fahrerkabine kommt bei allen B 1000-Ausführungen gut zur Geltung: übersichtlich und klar die Instrumententafel, hervorragend die Sicht, in unmittelbarer Griffnähe alle Bedienungselemente

7 *Pritschenwagen*

Die Bodengruppe des B 1000-Pritschenwagens ist im Bereich des Pritschenaufbaues durch einen Hilfsrahmen versteift. Das unterscheidet dieses Fahrzeug von der B 1000-Grundausführung und eröffnet andererseits neben der normalen Pritschenausführung eine Reihe von Möglichkeiten für Sonderaufbauten.

Mit einem 70-l-Tank verfügt die Ausführungsart über einen Aktionsradius von etwa 650 km. Bei Komplettierung mit Spriegel und Plane verringert sich der Aktionsradius um ein Minimum. Die Höhe der Ladenfläche ist so bemessen, daß alle Ladearbeiten sowohl von einer Rampe als auch ohne diese durchgeführt werden können

8 *Kranken- und Rettungswagen*

Der B 1000-Krankenwagen weist viele Vorzüge auf, die dem Rettungsdienst sehr entgegenkommen:

Sein Krankenraum bietet Platz für 5 Personen. Die übereinanderliegenden Tragen können durch die besondere Konstruktion des in der Höhe verstellbaren Gestells in beliebiger Reihenfolge und sehr bequem belegt werden.

Der für den Transport in engen Treppenhäusern geeignete Tragesessel bleibt durch die Anordnung der Haltegriffe beim Treppensteigen waagerecht.

Der gut beheizte Krankenraum ist reichhaltig ausgestattet. Fahreigenschaften, Schnelligkeit und Ausstattung ermöglichen es, in kürzester Zeit Hilfe zu leisten.

Durch die Erweiterung der Ausstattung zur sofortigen Hilfeleistung wird diese Variante auch als Fahrzeug für „dringliche medizinische Hilfe“ eingesetzt. Eine blaue Rundumleuchte auf dem Dach und die Beschriftung auf dem Bugteil kennzeichnen dieses Fahrzeug als Rettungswagen

9 *Verkehrsunfall-Bereitschaftswagen*

Als Weiterentwicklung des Krankenwagens ist der Verkehrsunfall-Bereitschaftswagen mit allen Gerätschaften ausgerüstet, die zur Ersten Hilfe, zur technischen Hilfeleistung an Fahrzeugen sowie zur Sicherung des Unfallortes und zur Beweisaufnahme erforderlich sind.

Eine Besonderheit:

Auf dem hinteren Dachteil befindet sich eine Plattform. Sie dient als Kamerastandpunkt für Aufnahmen des Unfallortes und ist durch eine abnehmbare Leiter zu erreichen. Das Fahrzeug ist mit Fahrtenschreiber und Funksprechanlage ausgerüstet. Der B 1000-Verkehrsunfall-Bereitschaftswagen ist dem Unfalldienst der Polizei und damit auch allen Verkehrsteilnehmern ein wertvoller Helfer.

Mit einigen zusätzlichen Geräten ausgestattet, wird diese Ausführung auch als Verkehrskontrollfahrzeug eingesetzt. Sein besonderes Aufgabengebiet liegt in der Überwachung der Verkehrssicherheit von Fahrzeugen, der Verkehrskontrolle und -überwachung auf Autobahnen, Fernverkehrsstraßen und anderen Landstraßen

10 *Kleinlöschfahrzeug*

Das B 1000-Kleinlöschfahrzeug erregt im Straßenverkehr besondere Aufmerksamkeit. Auf dem Dach sind in einer Halterung 4 A-Saugschläuche befestigt. Die Schlauchhaspel ist als Nachläufer ausgebildet, und im großen Laderaum befindet sich eine reiche Ausstattung mit ausfahrbarer Tragkraftspritze. Damit entspricht dieses Fahrzeug voll und ganz dem Zweck, schnell und zuverlässig Hilfe zu bringen

11 *Drehleiterfahrzeug*

Ebenso wie der Kofferaufbau des Isothermfahrzeuges ruht der Aufbau des B 1000-Drehleiterfahrzeuges auf dem Fahrgestell des B 1000-Pritschenfahrzeuges. Zugelassen für Fahrer und Beifahrer, wird diese Ausführung in erster Linie von kommunalen Betrieben bei Arbeiten an Lichtmasten und Oberleitungen, für die Fensterreinigung oder Großdekoration verwendet.

Ausgerüstet mit einer 10-m-Drehleiter, die handmechanisch betrieben wird, schließt sich dieses Fahrzeug an die Reihe der Sonderausführungen und Spezialaufbauten an

12 *Leichtbaukoffer*

Aufbauend auf dem Fahrerhaus-Rahmen-Chassis ist der Leichtbaukoffer speziell für den Transport leichter, jedoch großräumiger Ladegüter geeignet, da keinerlei Rundungen der Karosserie das Ladevolumen schmälern. Holzleisten an den Wänden und der Holzfußboden mit PVC-Belag verhindern eine direkte Berührung mit dem Aufbau

Seinen besonderen Einsatz findet dieses Fahrzeug in den Transportaufgaben der Dienstleistungsbetriebe, bei der Deutschen Post und der Spedition

9 Verkehrsunfall-Bereitschaftswagen

10 Kleinlöschfahrzeug

11 Drehleiterfahrzeug

12 Leichtbaukoffer

; *Auslauf der Hauptschweißstraße*

Hebebühne in Hauptschweißstraße für Schweißarbeiten „Bodengruppe-Seitenwand"

Fotos: Werkfoto

Tabelle 1 **Technische Daten des Barkas B 1000**

		Kastenwagen	Wärme-isolier-fahrzeug	Kombi	Kleinbus	Krankenwagen	Verkehrs-unfall-bereit-schaftsw.	Klein-lösch-fahrzeug	Isotherm-fahrzeug	Dreh-leiter-fahrzeug	Pritsche m. Plane	Pritsche o. Plane	Leicht-baukoffer	Verkaufs-fahrzeug	Bestattungs-fahrzeug
Fahrzeuglänge	mm	4520	4520	4520	4520	4520	4520	4610	4480	5570	4650	4650	4480	4480	4520
Fahrzeugbreite	mm	1860	1860	1860	1860	1860	1860	1860	1800	1850	1870	1870	1800	1800	1860
Fahrzeughöhe	mm	1850	1910	1850	1850	2060	2060	2130	2180	2610	2300	1850	2180	2360	1850
Laderaum (lichte Maße)															
Länge	mm	2730	2670	2730	2730	–	–	–	2540	–	2800	2800	2540	2540	2140
Breite	mm	1680	1610	1680	1680	–	–	–	1620	–	1760	1760	1620	1620	1680
Höhe	mm	1400	1330	1400	1400	–	–	–	1420	–	1430	400	1420	1600 (Dachtunnel)	1065
Leermasse, (einschl. Fahrer)	kg	1240	1375	1325	1425	1610	1680	1885	1680	2215	1350	1300	1500	1600	1420
Nutzmasse	kg	1000	865	915	755 (7 Pers.)	440	420	355	700	135	1000	1050	850	750	820
Laderaum-Inhalt	m^3	6,4	5,7	6,4	–	–	–	–	5,8	–	6,65	–	5,8	5,8	–
Höhe der Ladefläche über Boden hinten (beladen)	mm	365	390	365	365	440	440	365	630	–	745	745	630	630	1030
Breite der Seitentür	mm	1000	1000	1000	1000	1000	1000	1000	820	–	–	–	820	820	1000
Breite der Hecktür	mm	1040	1040	1040	1040	1040	1040	1040	1540	–	–	–	1540	1540	1040
Höhe der Hecktür	mm	1230	1230	1230	1230	1230	1230	1230	1350	–	–	–	1350	1350	1230

Kleinste Bodenfreiheit 200 mm – Radstand 2400 mm – Spurweite vorn 1450 mm – Spurweite hinten 1460 mm

Historie

Ing. W. Sonntag (Generaldirektor der VVB Automobilbau)

Jubiläum bei IFA

25 Jahre Industriezweig Automobilbau

1

Die Grundlage der bisherigen 25jährigen Entwicklung des Industriezweiges Automobilbau war der Aufbau des Sozialismus in der DDR.

Es war eine erfolgreiche Etappe in der Geschichte unseres jungen Arbeiter-und-Bauern-Staates. Die Automobilbauer – heute 95 000 Werktätige – waren Mitgestalter dieses Vierteljahrhunderts. Die Größe der Leistungen und Erfolge der Werktätigen ist aber erst richtig einzuschätzen, wenn man sich die Ausgangsbasis im Jahre 1945 vergegenwärtigt.

Der besiegte deutsche Faschismus hatte als Erbe aus seinem räuberischen Krieg Schutt und Asche, Not und Elend, Hunger und Verzweiflung hinterlassen. Auf dieser Basis mußte neu begonnen werden. Der revolutionäre Vortrupp der Arbeiter – die Partei der Arbeiterklasse – scharte alle fortschrittlichen Kräfte um sich und wies den Weg zum friedlichen Aufbau einer sozialistischen Zukunft. Mit Fleiß und Energie schritten – wie überall in unserem Lande – auch im Industriezweig Automobilbau die Aktivisten der ersten Stunde zur Tat. In provisorisch eingerichteten Werkhallen und mit aus Schutt und Trümmern geborgenen Maschinen und Materialien wurde mit der Produktion erster Nachkriegserzeugnisse begonnen. Nicht Pkw, Motorräder oder Fahrräder waren das Gebot der Stunde, sondern dringend benötigte Erzeugnisse für den täglichen Bedarf und für die ersten Schritte des Wiederaufbaus.

1947 wurde der Industrieverband Fahrzeugbau – IFA – gebildet. Die dem Verband angehörenden Betriebe erhielten den Auftrag, die Produktion von Traktoren, Lkw, Pkw, Motorrädern und Fahrrädern vorzubereiten oder wieder in Gang zu setzen.

Die Automobilbauer widmeten sich mit Begeisterung der Erfüllung dieses Auftrages und sorgten dafür, daß schon nach kurzer Zeit die ersten Fahrzeuge die Werkhallen verließen.

Ein Rückblick in diese Zeit lohnt sich und ist für die objektive Einschätzung der in 25 Jahren erzielten Fortschritte von besonderem Wert.

Der Traktor „Aktivist" wurde im ehemaligen VEB Traktorenwerk Brandenburg produziert. Das alte Traktorenwerk ist heute nur noch ein Teil des neuentstandenen VEB IFA Getriebewerke Brandenburg.

Der unter dem Namen „Brockenhexe" bekannte 22-PS-Radschlepper lief im VEB Schlepperwerk Nordhausen an. Heute produzieren die aus diesem Werk hervorgegangenen IFA-Motorenwerke Nordhausen Dieselmotoren der Baukastenreihe KVD 14,5, u. a. für den Lkw W 50, den Mähdrescher E 512 und den Zugtraktor ZT 300.

Im früheren VEB Horch Zwickau lief der erste Lkw vom Typ H 3 vom Band und wurde der Traktor „Pionier" hergestellt. 1958 übernahm der VEB Kraftfahrzeugwerk Ernst Grube Werdau die Produktion dieses robusten Lkw als Typ H 3 A, später S 4000. Heute ist das ehemalige Werk Horch ein Teil des VEB Sachsenring Automobilwerke Zwickau, der Wiege des bewährten Pkw Trabant. Mit dem Typ „Granit" ging auch im VEB Lastwagen- und Motorenwerke „Phänomen" Zittau ein weiterer Lkw in Produktion. Die 2- und 2,5-t-Lkw des heutigen VEB Robur-Werke Zittau sind ausgereifte Konstruktionen des Lkw-Baus und international geachtete Erzeugnisse.

In den ehemaligen Framo-Werken Hainichen wurde mit der Produktion des Kleintransporters V 901 begonnen. Sein Nachfolger ist der schnelle „Barkas B 1000". Das frühere Werk Framo, der ehemalige VEB Motorenwerk Karl-Marx-Stadt und VEB Fahrzeugwerk Karl-Marx-Stadt sind 1958 in den VEB Barkas-Werke Karl-Marx-Stadt eingegangen, der heute gewichtiger Stammbetrieb des IFA Kombinats für Kraftfahrzeugteile ist.

Mit der Entwicklung des VEB Barkas-Werke ist der Name seines langjährigen Betriebsdirektors und jetzigen Kombinatsdirektors Genossen Franz Hormes eng verbunden. Er ist als Genosse und Leiter des Kombinats bei den Werktätigen geachtet. Er verkörpert die sozialistische Leiterpersönlichkeit und wurde wiederholt mit hohen Staatsauszeichnungen geehrt. Das Kollektiv des VEB Barkas-Werke wurde als „Betrieb der sozialistischen Arbeit" ausgezeichnet.

Das Sortiment an Nutzkraftwagen wird seit 1966 wesentlich vom 5-t-Lkw IFA W 50 in seinen zahlreichen Modifikationen bestimmt. Ein neues Werk – ein neuer Last-

2a

2b

kraftwagen! – so stand es in den Presse-Informationen über den Bandanlauf des ersten IFA W 50 in dem neuen sozialistischen Großbetrieb des Industriezweiges Automobilbau, dem VEB IFA-Automobilwerke Ludwigsfelde. Jung wie das Werk sind auch seine Menschen. Ludwigsfelde ist der Betrieb des Zweiges mit dem niedrigsten Durchschnittsalter seiner Werktätigen. Seine Perspektive liegt also in guten starken Händen.

Die Produktion von Personenkraftwagen begann im ehemaligen VEB Audi Zwickau, heute Teil des VEB Sachsenring Automobilwerke Zwickau, mit dem Typ F 8, und im SAG-Betrieb Awtowelo Eisenach, jetzt VEB Automobilwerk Eisenach, mit dem Typ 321. Heute ist der Pkw Wartburg ein begehrtes Erzeugnis aus der Produktion der Eisenacher Automobilbauer (vgl. S. 99 ff.).

Viele Jahre leitete der Genosse Martin Zimmermann diesen Großbetrieb des Zweiges. Sein ganzes Handeln war auf die Entwicklung des Betriebes, seiner Erzeugnisse und die Festigung des Kollektivs gerichtet. Mit hohen Staatsauszeichnungen dankte der sozialistische Staat diesem bewährten Genossen und Funktionär für sein unermüdliches Schaffen.

Die wiederaufgenommene Produktion motorisierter Zweiräder wurde im ehemaligen SAG-Betrieb Awtowelo Eisenach mit dem Motorrad R 35, im ehemaligen SAG-Betrieb Awtowelo Suhl mit dem bekannten Typ Awo und im Motorradwerk Zschopau mit dem Typ RT 125 angeführt. Auch in der Motorradproduktion ist ein Strukturwandel vor sich gegangen. Das Automobilwerk Eisenach hat sich auf die Pkw-Produktion konzentriert, Simson Suhl wandte sich der Entwicklung und dem Bau von Mopeds, einem von der Konsumtion stark gefragten und geforderten Erzeugnis zu. Die als „Vogelserie" bekannten Typen „Spatz", „Star", „Sperber" und „Schwalbe" sind von alt und jung geschätzte „Flitzer". Neben Mopeds sind Jagd- und Sportwaffen renommierte Erzeugnisse des VEB Fahrzeug- und Jagdwaffenwerk Ernst Thälmann Suhl, IFA Kombinat für Zweiräder. Suhler Jagdwaffen haben einen hervorragenden internationalen Ruf und sind aus dem Jagd- und Schießsport nicht fortzudenken. Anerkannt wurden diese Leistungsfähigkeit der Werktätigen und die Qualität dieser Erzeugnisse mit der erstmaligen Vergabe der Europameisterschaften im Sportschießen 1971 nach Suhl.

Die Motorräder der seit Jahren erfolgreich laufenden ES/ETS-Typen sind sportlich zuverlässige Modelle aus dem VEB Motorradwerk Zschopau. Als Touren-, Geländesport- und Rennmaschinen besitzen Form und Qualität der Zschopauer Motorräder hohes Ansehen in aller Welt (vgl. S. 103 ff.).

Fahrräder stellten in den ersten Jahren nach dem Kriege die traditionellen Produzenten Elite-Diamant, Mifa, Simson und Möve her. Mit fortschreitender Konzentration der Produktion und Erhöhung ihrer Effektivität sind heute der VEB Fahrradwerke Elite-Diamant Karl-Marx-Stadt und VEB Mifa-Werk Sangerhausen die fahrräderherstellenden Betriebe.

Um Kraftfahrzeuge zu produzieren, bedurfte es des Aufbaus einer Kfz-Zubehörindustrie, wovon auf dem Territorium der DDR nur sehr wenige Kapazitäten existierten. In diesem Entwicklungsprozeß wurden dem Automobilbau Betriebe zugeordnet, die vorher keinerlei Bindung zu diesem Fertigungszweig hatten. Viele Werktätige in Triptis werden sich heute noch gut erinnern, welch große Aufgabe ihnen mit der Umgestaltung einer ehemaligen Teppichfabrik zu einem Lenkgetriebewerk übertragen wurde. Mit großen Anstrengungen wurde dieser Umgestaltungsprozeß erfolgreich gelöst und eine große, kaum überbrückbar scheinende Lücke in der Kooperationskette des Automobilbaus geschlossen.

Im VEB Stoßdämpferwerk Hartha realisierte eine sozialistische Arbeitsgemeinschaft gemeinsam mit einem großen Kollektiv und

1 Zerstörte Werkhalle des heutigen VEB Sachsenring Automobilwerke Zwickau

2a Zeugen des Neubeginns waren der H 3 A . . .
2b . . . und der V 901

3

in Wissenschaftskooperation mit der Sowjetunion und der ČSSR ein Rationalisierungsvorhaben, durch das der Aufwand an lebendiger Arbeit um rund 50% gesenkt und die Arbeitsproduktivität auf 263% gesteigert wird. Der große volkswirtschaftliche Nutzen dieses Objektes zeigt sich in einer erheblichen Einsparung an Material und in der beträchtlichen Erhöhung der Grenznutzungsdauer, vor allem aber darin, durch Erhöhung der Standfestigkeit dieses Kfz-Teiles zur Lösung des Ersatzteilproblems beizutragen.
Im Rahmen des Aufbaus der Kfz-Zubehörkapazitäten wurden im Industriezweig zur Intensivierung der Produktion, zur Steigerung der Arbeitsproduktivität und Erhöhung der Effektivität 23 zentrale Fertigungen und fünf standardisierte Baureihen geschaffen, die nicht nur im eigenen, sondern auch in anderen Zweigen der Volkswirtschaft Verwendung finden.
Im VEB Sachsenring Automobilwerke Zwikkau wurde nicht nur bereits im Jahre 1952 mit sowjetischer Hilfe die erste vollautomatische Taktstraße zur Fertigung von Zylinderköpfen von den Werktätigen aufgebaut, sondern durch die Nutzung der sowjetischen Erfahrungen konnte Ende des Jahres 1970 in der Blechpresserei die automatisierte Fertigungssteuerung bei gleichzeitiger täglicher Abrechnung des sozialistischen Wettbewerbs mittels elektronischer Datenverarbeitung eingeführt werden.

Eine herausragende Neuentwicklung in der Geschichte dieses wichtigen Großbetriebes, der 1970 die hohe Staatsauszeichnung „Betrieb der sozialistischen Arbeit" erhielt, war der Werkstoff „Duroplast" und daraus die Herstellung der Trabant-Karosserie. Es war eine komplizierte Umstellung von Blech auf Plaste, wobei die Werktätigen dieses Betriebes hervorragende Leistungen vollbrachten und nicht nur im nationalen Rahmen, sondern auch international hohe Anerkennung erfuhren. Untrennbar mit der Entwicklung und Produktion der Plastkarosserie ist der Name des früheren Generaldirektors der VVB Automobilbau, Nationalpreisträger Kurt Lang, verbunden, der gemeinsam mit dem Kollektiv der Sachsenringwerker und weiteren Kollektiven innerhalb und außerhalb des Industriezweiges Automobilbau diesen Forschungsergebnissen zum Durchbruch verhalf.
Vom VEB Kraftfahrzeugwerk Ernst Grube Werdau, der seit einigen Jahren der Stammbetrieb des IFA Kombinats Anhänger ist, gingen viele Initiativen darauf aus, mit hohem Effekt zu produzieren. Wenn heute die meisten Werktätigen der DDR ihre Leistungen im Haushaltbuch abrechnen, sollten wir uns daran erinnern, daß in Werdau dieses Haushaltbuch entwickelt wurde. Der Held der Arbeit Genosse Erich Seifert zeichnete sich dabei als hervorragender Initiator aus.
Auch in der Anwendung der Gebrauchswert-Kosten-Analyse wurden die ersten Erfolge in Werdau am Beispiel des Anhängers HW 80.11 nachgewiesen.
Zur Charakterisierung der Entwicklung des Industriezweiges noch einige bemerkenswerte Vergleiche:
Heute stellt der Industriezweig Automobilbau, gemessen an der Gesamtproduktion der Industrie an hochwertigen technischen Konsumgütern, für die Bevölkerung einen Anteil von rund 30% und bei den Erzeugnissen zur Bewältigung der Transport- und Beförderungsaufgaben in unserer Volkswirtschaft einen Anteil von 47% her.
Im Zeitraum des vergangenen Planjahrfünfts stiegen die industrielle Warenpro-

4

3 Container-Plattform-Sattelauflieger HLS 200 78 P aus Werdau mit ungarischer Raba-Zugmaschine

4 Multicar – ein kleiner Transporter mit großer Einsatzpalette

5 Udo Fischer vom VEB IFA-Automobilwerke Ludwigsfelde wurde anläßlich der MMM 1970 für hervorragende Ergebnisse in der Aktion Materialökonomie vom Ministerium für Verarbeitungsmaschinen- und Fahrzeugbau ausgezeichnet

6 Endmontage des „B 1000" im Werk Hainichen

5

duktion im Industriezweig auf 162 % und die Arbeitsproduktivität auf 163 %. Damit haben die Automobilbauer 1970 in siebeneinhalb Monaten die gleiche Produktion erzeugt wie im gesamten Jahr 1965.

Sie haben auch im sozialistischen Wettbewerb des Jahres 1971 gute Ergebnisse erzielt und erfüllten die Ziele des Planes im ersten Jahr des Fünfjahrplanes 1971 bis 1975. Die wichtigsten Etappen im Wettbewerb waren der 25. Jahrestag der SED und der VIII. Parteitag der Partei der Arbeiterklasse.

Es erfüllt uns mit besonderem Stolz, daß anläßlich des VIII. Parteitages der SED zwei Betriebe des Industriezweiges mit dem Ehrenbanner des ZK der SED ausgezeichnet werden konnten – der VEB Dieselmotorenwerk Schönebeck und der VEB IFA-Motorenwerke Nordhausen. 13 Betriebe erhielten die Ehrenurkunde des ZK der SED.

Die Würdigung der beispielhaften Leistungen dieser Betriebskollektive im Wettbewerb war uns nicht nur Anerkennung, sondern zugleich Ansporn dafür, den in Vorbereitung des Parteitages entwickelten Wettbewerbselan zu erhalten und mit neuen Initiativen weiterzuführen.

Die Automobilbauer wissen, daß solche Leistungen nur mit ständiger Qualifizierung zu vollbringen sind. Sie haben das in der Vergangenheit bewiesen: denn allein im Jahre 1970 standen 31,5 % der Beschäftigten in der Qualifizierung. Im Durchschnitt der letzten sieben Jahre betrug der Zugang aus Qualifizierungsmaßnahmen pro Jahr an

- Hochschulkadern 70,
- Fachschulkadern 400,
- Meistern 250,
- Facharbeitern 2000.

Die Automobilbauer sind sich aber auch bewußt, daß mit hohen ökonomischen Leistungen entsprechende Arbeits- und Lebensbedingungen verbunden sein müssen. Es gibt hervorragende Beispiele von Eigeninitiative, die von der gut organisierten Schicht- und Arbeitsplatzversorgung, der Schaffung von Kinderkrippen- und Kindergartenplätzen, der Modernisierung von Sozialeinrichtungen und Einrichtungen für Kultur und Sport über die Arbeiterwohnungsbaugenossenschaften bis hin zum betriebseigenen Ferienheim reichen.

Der VIII. Parteitag der SED beschloß als Hauptaufgabe des Fünfjahrplanes 1971 bis 1975 „... die weitere Erhöhung des ... Lebensniveaus des Volkes auf der Grundlage eines hohen Entwicklungstempos der sozialistischen Produktion, der Erhöhung der Effektivität, des wissenschaftlich-technischen Fortschritts und des Wachstums der Arbeitsproduktivität."

6

Daraus ergibt sich für den Automobilbau der DDR, die maximal mögliche Bereitstellung hochwertiger technischer Konsumgüter zu sichern, eine bedarfsgerechte Produktion von Ersatzteilen zu gewährleisten und die Zulieferung an die Industrie und Landwirtschaft zu garantieren. Die planmäßige proportionale Entwicklung des Industriezweiges im Rahmen der Volkswirtschaft der DDR ist dafür entscheidende Voraussetzung.

Ausgehend von den Beschlüssen des VIII. Parteitages der SED ist im Bereich des Ministeriums für Verarbeitungsmaschinen- und Fahrzeugbau im Fünfjahrplan die industrielle Warenproduktion um 39 bis 41 % und die Arbeitsproduktivität um 38 bis 40 % zu steigern.

Im Rahmen dieser Wachstumsraten orientiert sich der Automobilbau schwerpunktmäßig auf die Entwicklung der im IFA Kombinat für Kraftfahrzeugteile produzierten Erzeugnisse und vorhandenen Kapazitäten.

Trotz guter Fortschritte in der Qualitätsentwicklung, die sich darin ausdrücken, daß 79 Erzeugnisse des Industriezweiges das Gütezeichen „Q" besitzen und im Leistungsvergleich mit gleichartigen internationalen Erzeugnissen auf Messen und Ausstellungen allein im Zeitraum von 1964 bis 1971 21 Goldmedaillen für Erzeugnisse des Zweiges verliehen wurden, sind die Automobilbauer mit dem erreichten Stand nicht zufrieden.

Die Erhöhung von Qualität und Lebensdauer der Erzeugnisse, insbesondere wichtiger Funktions- und Verschleißteile, ist nicht nur eine ökonomisch bedingte Forderung schlechthin, sondern wird auch positive Auswirkungen auf die weitere Entwicklung des gesamten Ersatzteilbedarfs haben.

Die Konzentration des Forschungs- und Entwicklungspotentials des Industriezweiges ist gezielt darauf zu richten, das Tempo der Neu- und Weiterentwicklung von Erzeugnissen zu beschleunigen und synchron damit Verfahrensthemen zu bearbeiten.

Die Aktivierung der Neuererbewegung, d. h. die Förderung und Nutzung der vielen schöpferischen Gedanken, Ideen und Vorschläge der Besten, steht im Mittelpunkt der Mobilisierung der Werktätigen im sozialistischen Wettbewerb. Es ist unser Ziel, mit der Erschließung dieser Potenzen allein im Jahre 1972 mindestens 50 % der ökonomischen Zielstellung des Planes der sozialistischen Rationalisierung zu realisieren.

Diese Grundsätze unserer Arbeit, wie sie im Zusammenhang mit der Verantwortung des Industriezweiges Automobilbau für eine bedarfsgerechte Versorgung der Bevölkerung mit Konsumgütern und Ersatzteilen genannt wurde, treffen natürlich für die Erfüllung unserer Verpflichtungen in der Herstellung von Produktionsmitteln für die sozialistische Landwirtschaft, das Transport- und Bauwesen in gleicher Weise zu. Wir orientieren uns im Fünfjahrplan besonders darauf, diese Bedarfsträger mit Nutzfahrzeugen, Aggregaten und Bauteilen höchster Gebrauchswerteigenschaften und mit effektivstem Anwendernutzen zu versorgen. Nicht zuletzt treffen diese Grundsätze auch auf die Exportintensität des Zweiges zu.

7 Moderne Technologie bei der Endmontage von Dieseleinspritzpumpen im VEB Barkas-Werke

8 Inzwischen hunderttausendfach bewährt: „Trabant 601", hier als Universal

7

8

Unsere besondere Aufmerksamkeit wenden wir schließlich der Vertriebsorganisation des Industriezweiges zu, die mit dem IFA-Vertrieb eine bedeutsame Verpflichtung im Rahmen der bedarfsgerechten Versorgung besitzt.

Der Überblick über die 25jährige Geschichte des Automobilbaus wäre unvollständig, würdigte er nicht im besonderen die vielen guten Taten besonders der Neuerer, Frauen und Jugendlichen. Wir besitzen in ihnen einen „goldenen Fonds" der schöpferischen Initiativen.

Im Zeitraum von 1968 bis 1971 beteiligten sich 71 085 Werktätige des Industriezweiges an der Neuererbewegung. Von den 28 000 Frauen waren 8034 und von den 23 000 Jugendlichen waren 8769 an der Neuererbewegung beteiligt.

Der eingetretene Gesamtnutzen aus der Realisierung von Neuerervorschlägen und Neuerervereinbarungen, einschließlich der

9a

9b

Ergebnisse aus Nachnutzung, beläuft sich in diesem Zeitraum auf rund 171 Mill. Mark.
Wir wenden uns besonders an die Jugend des Industriezweiges, ihren Elan und Tatendrang, ihre Rolle als „Hausherren von morgen" noch zu erhöhen.
Den Leitern obliegt die Pflicht, die Jugend richtig zu führen und ihr konkrete Aufgaben in Eigenverantwortung zu übertragen. Ihre Bereitschaft haben die jungen Automobilbauer schon mit hervorragenden Leistungen bewiesen.
So wie uns unsere sowjetischen Freunde und Klassenbrüder in den schweren Jahren des Neubeginns mit Rat und Tat zur Seite standen und proletarischen Internationalismus in Aktion bewiesen, verbindet auch heute die Automobilbauer brüderliche und unverbrüchliche Freundschaft zu den Völkern der Sowjetunion, zur KPdSU und ihrem Politbüro.
Wir lassen uns in unserer täglichen Arbeit von der längst erwiesenen Tatsache leiten, daß es im Bruderbund mit der Sowjetunion zu sein heißt, zu den Siegern der Geschichte zu gehören.
Von diesem Willen getragen, blickt der Automobilbau auf sein 25jähriges Bestehen zurück und kämpft mit der Kraft der Fähigkeit seiner 95 000 Werktätigen um die Erfüllung der vom VIII. Parteitag der SED gestellten großen und schönen Aufgaben, die er mit dem Ziel der weiteren allseitigen Stärkung der DDR erfüllen wird.

9a Sattelauflieger . . .

9b . . . und Kippanhänger HL 88.11, zwei wichtige Werdauer Erzeugnisse

10 Sozialistische Arbeitsgemeinschaft „Gebrauchswert-Kosten-Analyse" des VEB Kraftfahrzeugwerk Ernst Grube Werdau unter Leitung des Haupttechnologen Klatte (rechts)

Fotos: Werkfoto

10

Vom Dreirad zum B 1000

40 Jahre Kraftfahrzeugbau in den Barkas-Werken

Es ist für einen „einschlägig vorbelasteten" Journalisten immer wieder eine reizvolle Aufgabe, die Geschichte eines Industriebetriebs und seiner Belegschaft über Jahrzehnte hinweg zu verfolgen und zu registrieren. In diesem Falle gilt das um so mehr, als das Haupterzeugnis des Betriebes ein international anerkanntes Spitzenerzeugnis ist. Voller Hochachtung widme ich deshalb diesen Beitrag den Barkas-Werken zum Jubiläum „40 Jahre Fahrzeugbau".

*

Mit großen Vollsichtscheiben über dem nur leicht gewölbten Frontlenkerbug, dem Komfort eines Personenkraftwagens im Inneren der Fahrerkabine und dem typischen Zweitaktersingen unter der Motorhaube eilen seit nunmehr sechs Jahren Schnelltransporter B 1 000 über die Straßen der Deutschen Demokratischen Republik und vieler anderer europäischer Länder und prägen durch ihr Tempo, ihre Wandlungsfähigkeit, ihr imponierendes Leistungsvermögen und ihr zeitlos schönes Äußere das Verkehrsbild mit.

„Einen der modernsten Schnelltransporter der Welt" nennt die bekannte ungarische Fachzeitschrift „Autoközlekedés" den Barkas B 1000. Er ist gewissermaßen der Urenkel jenes Fahrzeugs, das unter der Typenbezeichnung TV 300 im Jahre 1927 im damaligen Betrieb „Metallwerke Frankenberg/Sa. GmbH" das Licht der (Verkehrs-)Welt erblickte, Ausgangspunkt einer ganzen Reihe international bewährter Fahrzeuge wurde und der eigentliche Anlaß des Jubiläums der heutigen Barkas-Werke in Karl-Marx-Stadt ist.

Allerdings wurden die Metallwerke Frankenberg/Sa. GmbH schon am 28. April 1923 von Dr. Ing. h. c. J. S. Rasmussen, dem Inhaber der „Zschopauer Motorradwerke", und den Ingenieuren Blau und Figura im Mannschaftsgebäude der ehemaligen Trainkaserne in Frankenberg „etabliert". Doch fertigten die etwa 50 Arbeiter und Angestellten ausschließlich Motorradsättel, Motorradkupplungen und Motorradvergaser für die Zschopauer Motorradwerke, die auch die Erstausrüstung an Produktionsmitteln zur Verfügung gestellt hatten. Nach und nach erweiterte sich das Produktionsprogramm, und man löste sich auch von

1 Gute Bremsen geben dem B 1000 Sicherheit

der Alleinbelieferung der Zschopauer Motorradwerke. Bekannt wurde die Firma vor allem durch eigene Neuentwicklungen von Fahrer- und Soziussätteln. Fast sämtliche bekannten Motorradfirmen Deutschlands – unter anderem BMW, NSU, Wanderer, Zündapp und Ardie – bezogen ihre Sättel aus Frankenberg. Dieses Erzeugnis der Frankenberger Metallwerke war damals nach Qualität und Preis fast konkurrenzlos.

Mit der Kraftfahrzeugproduktion begann man in dem sich schnell vergrößernden Betrieb Anfang 1927. Nach gründlichen Vorbereitungen war es im Herbst 1927 dann soweit: TV 300, der Stammvater aller Framo- und Barkas-Wagen, rollte aus dem Werk.

Es handelte sich um ein Transportdreirad mit einer Tragfähigkeit von einer halben Tonne, einem luftgekühlten DKW-Motor von 300 cm³ Hubraum und direkter sogenannter „Trapez"-Lenkung. Dieses erste Kraftfahrzeug wurde bis Ende 1930 gebaut und durch den neuen LT 200/300, ein Leichttransportdreirad mit ebenfalls luftgekühltem 200-cm³- oder wahlweise 300-cm³-DKW-Motor und Trapezlenkung abgelöst. Der folgende Typ LTH 200/300 unterschied sich von seinem Vorgänger durch eine Lenkradschneckenlenkung, eine Motorhaube sowie ein Fahrerhaus. Diese Details veränderten das Transportdreirad zum „echten" Kraftfahrzeug.

Die beiden letztgenannten Fahrzeuge waren konstruktiv gute Lösungen. Sie boten bei minimalem Kostenaufwand ein Maximum an Gebrauchswert und konnten durchaus als beispielhaft bezeichnet werden. Die Dreiradvariante wurde deshalb nach wie vor beibehalten, weil nach der Kraftfahrzeugsteuergesetzgebung von damals diese Typen mit Motorhubräumen bis 200 cm³ führerschein- und bis 300 cm³ steuerfrei blieben. Framo war mit diesen Typen seinen Konkurrenten um eine Nasenlänge voraus. Die gelungenen Dreiradfahrzeuge fanden großen Anklang. Die ständige Nachfrage ließ den Betrieb die kritische Zeit der Weltwirtschaftskrise relativ sicher überstehen und gestattete den Firmeninhabern sogar, ein fehlgeschlagenes Produktionsabenteuer zu finanzieren. In ihrem Drang nach größeren Profiten nahmen sie nämlich die Fertigung von Haushaltskühlschränken auf. Verschiedene technische Mängel – beispielsweise befand sich das dafür notwendige elektrische Schweißen noch im Entwicklungsstadium – verursachten ein finanzielles Fiasko. Nur der gute Absatz der Transportdreiräder – unter anderem nach Indien! – bewahrte die Firma vor dem wirtschaftlichen Zusammenbruch.

Nach dem Motto „Schuster bleib bei deinem Leisten" blieb der Betrieb dann auch künftig dem Fahrzeugbau treu und erzielte mit seiner nächsten Neuentwicklung wieder einen bemerkenswerten Erfolg: Mitte 1932 begann die Fertigung des Personenwagens „FP 200 cm³ – Stromer" nach Patenten von Ing. Neimann. Der Stromer – wie wir ihn der Einfachheit halber nennen wollen – besaß einen luftgekühlten 200-cm³-DKW-Motor, vorn zwei Antriebsräder und am Heck ein mitlaufendes Rad, sämtlich über Gummifedern aufgehängt. Die Stromer-Karosse war eine Spezialausführung (Sperrholz gewickelt, mit Kunstleder bezogen) und bot für zwei erwachsene Personen gut Platz. Stromer machte seinem Namen alle Ehre: Ein Fahrzeug des Typs startete am 25. 5. 1933 zu einer AVUS-Dauerfahrt, die erst am 6. 6. 1933 nach 14 000 Kilometern Fahrstrecke beendet wurde. Die internationale Fachwelt feierte den kleinen Stromer, der wie seine Vorgänger im Volksmund wegen seiner drei Räder liebevoll „Dreikantfeile" genannt wurde.

Die Berliner Zeitung vom 7. 6. 1933 schreibt: „... hat den Beweis überraschender Leistungsfähigkeit erbracht und über 14 000 Kilometer den hohen Durchschnitt von 46 km/h erreicht."

„Montag Morgen", Berlin, verlautet am 6. 6. 1933: „. . . mit chronometerhafter Pünktlichkeit erledigte Stromer sein Pensum in zehn Tagen und Nächten. Reparaturen gab's keine, alles war plombiert."

„12-Uhr Berlin" ließ sich sogar zu dem enthusiastischen Ausruf hinreißen: „. . . darf man nicht vergessen: Es sind nur 200 cm³, die dieses Wunder vollbringen."

Unmittelbar im Anschluß an die AVUS-Dauerfahrt begab sich das gleiche Fahrzeug auf einen England-Trip und kehrte mit insgesamt über 24 000 Kilometern auf dem Buckel wohlbehalten zurück.

Aus dem Stromer wurde durch den Einbau eines zweiten Hinterrades mit einer starren Achse, Blattfeder und Lieferaufbauten der Typ FPT 300 mit 370 kg Tragfähigkeit entwickelt.

Doch zunächst kam das gesunde Wachstum des Betriebes, dessen Belegschaft saisonbedingt zwischen 250 und 700 (!) schwankte, durch die Machtergreifung des Faschismus in Deutschland ins Stocken. Die Faschisten begannen aufzurüsten, ihre Kriegsmaschinerie zu erweitern und verlangten kategorisch die Räumung der vom Betrieb seit 1927 fast völlig übernommenen Kaserne. Während des gesamten Jahres 1933 siedelte deshalb der Betrieb etappenweise nach Hainichen über und erhielt dann den neuen Namen: „Framo-Werke GmbH", Hainichen/Sa.

Das Produktionsprogramm blieb fast unverändert gleich. Lediglich das Leichttransportrad LTH 200/300 wurde durch den neuen Typ LTP 200/300 mit Pendelfederung ersetzt.

Die folgenden Jahre bestätigten, wie richtig die Konzentration auf den

2

Lieferwagenbau war. Die Framo-Werke stellten eine ganze Serie von Neuentwicklungen vor, die bis auf eine Ausnahme – den Framo Piccolo – alle im Lastkraftwagensektor lagen.
Der in diesen Jahren immer stärker werdenden Nachfrage nach vollwertigen Kleinwagen („. . . in der Küche zu reparieren"), die schon den BMW-Dixi, den Opel-Laubfrosch und das Hanomag-Kommißbrot hervorgebracht hatte, verschloß sich auch Framo nicht. So entstand der Piccolo, eine für damalige Verhältnisse (Mitte 1934) sehr originelle Konstruktion. Ein 300-cm³-DKW-Motor übertrug seine Kraft mit Hilfe einer Kette auf das linke Hinterrad. Starre Hinterachse, Karosse in Holzbauweise mit Kunstleder bezogen und Allwetterverdeck waren weitere Attribute des hübschen 2/2-Sitzers. Der Piccolo machte insofern von sich reden, als ein Fahrzeug dieses Typs am 2. Juni 1934 zu einer Nonstop-Fahrt Berlin–Paris antrat. In 25 Stunden und 25 Minuten (Schnitt etwa 50 km/h) erreichte der Piccolo wohlbehalten sein Ziel, das Hotel „Modern Lafayette" in der Pariser Straße gleichen Namens. Ein noch heute existierendes „Certificat de Domicile" gibt Aufschluß über diese aufsehenerregende Langstreckenfahrt eines Kleinwagens. Aber der Piccolo war und blieb der einzige Personenwagen der Framo-Werke.
Mehr und mehr spezialisierte sich der Betrieb auf Kleintransporter und blieb dem auch bis heute treu. Wie reife Früchte fielen Neu- und Weiterentwicklungen auf ihre drei oder vier Räder. Es handelt sich im einzelnen um folgende Typen:

- HT 600, Vierrad-Lastkraftwagen, Tragfähigkeit 1 Tonne, wassergekühlter DKW-Motor (600 cm³), drei Vorwärtsgänge und ein Rückwärtsgang, Fahrerhaus und Ladepritsche

3

4

5

6

2 Erfahrene Facharbeiter sorgen für hohe Fertigungsqualität

3 TV 300, der Stammvater aller Framo- und Barkas-Wagen

4 Die gelungenen Dreiradfahrzeuge, hier der LTG 200, fanden selbst zur Zeit der Weltwirtschaftskrise immer guten Absatz

5 FP 200 – Stromer mit 200-cm³-DKW-Motor, zwei vorderen Antriebsrädern und einem mitlaufenden Rad am Heck

6 Durch den Einbau eines zweiten Hinterrades an einer blattgefederten Starrachse und die Verwendung von Lieferaufbauten entstand aus dem Stromer der FPT 300

7

7 1934 machte der Piccolo der Framo-Werke durch eine Nonstop-Fahrt Berlin–Paris von sich reden

8 Von 1934 bis 1937 wurde der HT 600 gebaut

9 Der V1200 konnte bereits mit 1,1 t Tragfähigkeit aufwarten

10 Der V 500 wurde zum Ausgangspunkt für die Entwicklung des Einheitstyps

11 V 501, der Einheitstyp, fand in vielen Ländern Europas und in Indien und Südamerika Absatz

- München HT 1200, Vierrad-Lastkraftwagen, Tragfähigkeit 1 Tonne, wassergekühlter Ford-C-Viertakt-Vierzylinder-Motor (1200 cm^3), Karosserie in Gemischtbauweise Stahlblech auf Holzgerippe, mit offener Ladepritsche und Verdeck, als Kastenwagen und in Sonderausführung
- V 1200, Weiterentwicklung des Typs München mit verbessertem Fahrgestell, Tragfähigkeit 1,1 Tonne
- Berlin LTV 500, Vierrad-Lastkraftwagen, Tragfähigkeit $^3/_4$ Tonne, luftgekühlter 500-cm^3-DKW-Motor, Karosserie in Gemischtbauweise
- Leipzig LTG 200, Leichttransport-Dreirad mit 600 kg Tragfähigkeit, luftgekühlter 200-cm^3-DKW-Motor, drei Vorwärtsgänge, ein Rückwärtsgang, Gemischtbauweise
- Hamburg LTG 500, Leichttransport-Dreirad mit $^3/_4$ Tonne Tragfähigkeit, luftgekühlter 500-cm^3-DKW-Motor, drei Vorwärtsgänge und ein Rückwärtsgang, Gemischtbauweise
- Danzig V 500, Vierrad-Kleinlastkraftwagen mit $^3/_4$ Tonne Tragfähigkeit, luftgekühlter 500-cm^3-DKW-Motor, Vierganggetriebe, Gemischtbauweise
- V 501, sogenannter Einheitstyp, ein Kleinlastkraftwagen mit $^3/_4$ Tonne Tragfähigkeit, wassergekühltem 500-cm^3-DKW-Motor und Vierganggetriebe, Gemischtbauweise (Nachfolger: V 501/1)

Speziell die beiden Einheitstypen erwiesen sich als Schlager und „Bestseller". Entsprechend umfangreich war auch der Export nach Bulgarien, Holland, Jugoslawien, Norwegen, Rumänien, der Sowjetunion, Spanien, Schweden, der Schweiz, der Tschechoslowakei, Ungarn, Indien und Südamerika.

Die Beliebtheit der Fahrzeuge im In- und Ausland und die ständig steigenden Verkaufszahlen machten im Jahre 1936 die Eröffnung einer Zweigniederlassung in Berlin nötig. Sie erhielt die Bezeichnung „Fabrik-Filiale Framo GmbH Berlin."

Die einseitig orientierte Zweckbestimmung der faschistischen Wirt-

8

9

10

11

schaft führte 1938 zu einschneidenden Maßnahmen auch auf dem Gebiet des Kraftfahrzeugbaus. Das „Standardisierung" genannte Programm der faschistischen Wehrwirtschaft begrenzte die Produktionspalette. Die Framo-Werke durften künftig nur noch den Einheitstyp V 501/2 herstellen.

Zusammen mit den Firmen Ostner, Manderbach und Standard mußte Framo sich ausschließlich Vierrad-Wagen zuwenden. Die Dreiradproduktion wurde in Norddeutschland bei den Firmen Tempo und Goliath angesiedelt.

So liefen 1939 die Typen HT 1200 und V 1200 aus. Dagegen wuchs die Produktion des V 500 stark an, so daß im gesamten Jahr etwa 5750 Fahrzeuge gefertigt wurden.

Mit Ausbruch des Krieges sollte auch der V 501/2 zunächst gänzlich aus der Herstellung verschwinden. Es gelang jedoch, mit Ausnahmegenehmigung den Typ noch bis zum September 1943 weiterzuführen.

Trotzdem stieg natürlich die Geschäftsleitung mit Kriegsbeginn sofort ins Rüstungsgeschäft ein, auf das sie sich nach Einstellung der Fahrzeugproduktion völlig konzentrierte. Für die faschistische Kriegsmaschinerie wurden Nebelwerfer, Bordwaffen und noch eine ganze Reihe anderer Rüstungserzeugnisse produziert.

Die Belegschaft mußte unter schwersten Bedingungen für den Krieg und den Profit der Unternehmer schuften. Noch weit schwieriger aber waren die Bedingungen, unter denen viele Hunderte ausländische Zwangsarbeiter und politische Häftlinge, vor allem jüdische Frauen und Mädchen, fronten.

Die Einkünfte der Unternehmer dagegen stiegen ins Unermeßliche. In diesem doch relativ kleinen Betrieb – einschließlich der Zwangsarbeiter etwa 1100 Beschäftigte – kamen bereits Summen zustande, die verständlich machen, warum die Rüstungsbeteiligung den Unternehmern und leitenden Angestellten wie gerufen kam. So kassierte zum Beispiel ein Hauptgesellschafter allein für das Jahr 1943 eine Summe von 82 000 Reichsmark!

Die im Mai 1945 auch in Hainichen einrückende siegreiche Rote Armee machte diesem Spuk ein Ende. Der Rüstungsbetrieb „Framo-Werke GmbH" wurde unter Sequester gestellt und nach Befehl 124 der SMA demontiert.

Der Betrieb stand vor einem schwierigen Neubeginn. 50 Arbeiter fanden sich anfangs zusammen, aber ihre Zahl wuchs so schnell wie das Vertrauen zur eigenen Kraft. Noch 1946 stieg sie auf 150 an. Kommissarische Geschäftsführer wurden eingesetzt, und die Arbeiter wählten zum ersten Mal in echter Demokratie ihren Betriebsrat. Ein Anfang war gemacht. Nun mußte das unselige Erbe des Faschismus überwunden werden – materiell und ideell.

Die bis zum Kriegsbeginn so erfolgreichen Fahrzeugbauer mußten sich zunächst auf eine andere artfremde Produktion umstellen. Die produzierten Handwagen, Kartoffelquetschen und Küchenöfen waren zwar notwendig, aber in den Augen von Kraftfahrzeugbauern natürlich nichts Vollwertiges. Ein wenig der gewohnten Branche näher kam man am 7. August 1946, als es der Betriebsleitung gelang, die Genehmigung zum Bau eines landwirtschaftlichen Gespannwagens zu erlangen. Wenigstens rollte jetzt wieder etwas auf vier Rädern aus dem Werk.

Die Arbeitsbedingungen waren in diesen Tagen unvorstellbar schwer und gerade deshalb an Episoden so reich. Heute schmunzelt man in den Barkas-Werken, wenn die „Alten" von damals erzählen – zum Beispiel diese Geschichte: Für die Gespannwagen wurden auch Radreifen benötigt. Woher nehmen? Schließlich kamen Tüftler auf die Idee, alte Geschoßhülsen spiralförmig aufzuschneiden. Diese Chrom-Nickel-Spiralen wanderten dann in einen Glühofen und wurden anschließend mit einer Winde heraus- und dabei geradegezogen. Radreifen aus Chrom-Nickel! Sie laufen bestimmt heute noch – falls nicht die hölzernen Gespannwagen inzwischen den Weg allen Holzes gegangen sind.

In dieser so schwierigen Aufbauphase stand dem Betrieb die sowjetische Besatzungsmacht mit Rat und Tat zur Seite, indem sie große Mengen von beschlagnahmtem Material der ersten deutschen Friedensproduktion der Framo-Werke wieder zuführte. Ohne diese Hilfe wäre es unmöglich gewesen, im Jahre 1947 die Belegschaft auf 235 Personen zu erhöhen. Die Produktion von Kfz-Ersatzteilen und die Übernahme von Kfz-Reparaturen waren neben der Herstellung von Gespann- und Handwagen der Beginn der Nachkriegsfertigung.

Der 1. Juli 1949 wurde dann zum Markstein in der Geschichte des Werkes. An diesem Tag wurde der Betrieb in Volkseigentum übergeführt, der Vereinigung „IFA" angegliedert, und er erhielt feierlich den neuen

Namen „IFA Vereinigung Volkseigener Fahrzeugwerke, Werk Framo Hainichen/Sa.". Nun zog auch wieder junges Leben in die Framo-Werke ein. Die Lehrwerkstatt, erneut ins Leben gerufen, übernahm für den Anfang 13 Lehrlinge. Vom Mut und der Tatkraft der inzwischen fast 300 Framowerker zeugte 1949 die Auszeichnung von Elektromeister Johannes Sysk, dem ersten Aktivisten des jungen volkseigenen Betriebes. Allerdings war die Fertigung von Gespannwagen noch immer die Hauptproduktion des Werkes. 5813 Stück verließen von 1946 bis 1950 das Werkgelände. 1949 wurde die Genehmigung zur Wiederaufnahme der Produktion des Klein-Lastkraftwagens V 501/2 erteilt, dessen Fertigung 1943 hatte eingestellt werden müssen. Endlich war auch der Anfang gemacht; die Framo-Werke zählten wieder zu den Herstellern von Kraftfahrzeugen. 374 Arbeiter und Angestellte bereiteten diesen für den Betrieb so bedeutsamen Schritt sorgfältig vor. Dem kollektiven Bemühen und dem brennenden Wunsch aller Framowerker, endlich wieder Kraftfahrzeuge bauen zu können, ist es zu danken, daß trotz aller Schwierigkeiten im Jahre 1949 noch 65 Stück V 501/2 ihren Weg zu den Verbrauchern nehmen konnten.
Nun wuchs die Belegschaft rasch an. 1950 waren es 540 und nach Eingliederung der „Hainicher Maschinenfabrik" und des „Stanz- und Galvanisierwerkes" Frankenberg im Jahre 1951 gar schon 710 Mitarbeiter. Johannes Sysk, 1949 noch einziger Aktivist, hatte bis 1952 bereits 66 gleichermaßen ausgezeichnete „Konkurrenten" gefunden. Der Exporthandel mit Fahrzeugen nach Holland und Belgien lebte wieder auf. Der V 501/2 erhielt statt des alten 500-cm³-Motors den Dreizylinder-F9-Motor mit 900 cm³ Hubraum und wurde dadurch wesentlich leistungsstärker. 1952 verließen 1302 Fahrzeuge das Werk, gefertigt von nunmehr insgesamt 1145 Mitarbeitern.
1953 erhöhte sich die Belegschaftsstärke abermals auf nun schon 1346. Der V 901 erhielt nach Radstandsveränderung und Verbreiterung des Fahrerhauses die Bezeichnung V 901/2. Dem Standardmodell mit Pritsche standen noch Kastenwagen, Kombiwagen, Krankenwagen, Kleinomnibus und Sonderanfertigungen zur Seite, die für viele Jahre das Produktionsprogramm des Werkes bestimmten. Durch die Aufgabe aller Nebenproduktionen – noch bis 1955 hatte man auch Bodenfräsen und Motorhacken gefertigt – wurde diese Vielfalt möglich.
Die schnelle Zunahme des Bedarfs an Kleintransportern und deren allgemeine Beliebtheit führten dann zur Änderung des Firmennamens. 1957 erhielt der Betrieb die Bezeichnung „VEB Barkas-Werke" („Barkas" entstammt der phönizischen Sprache und bedeutet „der Schnelle", „der Blitz"). Um rationellere Arbeitsmethoden einführen und die vorhandenen Produktionskapazitäten besser ausnutzen zu können, kam es schließlich mit Beginn des Jahres 1958 zum Zusammenschluß der Betriebe VEB Motorenwerk Karl-Marx-Stadt, VEB Fahrzeugwerk Karl-Marx-Stadt und VEB Barkas-Werke Hainichen zum VEB Barkas-Werke mit Sitz in Karl-Marx-Stadt.
Mit dem V 901/2 hatten die Barkas-Werke zwar Anschluß an den internationalen Stand gefunden und auch im Ausland Anerkennung und Achtung errungen, aber um die Jahreswende 1960 drängte die Entwicklung des Verkehrswesens energisch auf weitere Verbesserungen. Immer stärker orientierte sich der internationale Fahrzeugbau auf Transportfahrzeuge mit etwa 1 Tonne Tragfähigkeit und mit vielen Variationsmöglichkeiten.
Die Vorteile solcher Typen liegen auf der Hand: Beweglichkeit im dichten Straßenverkehr, rasche, zeitsparende Abwicklung des Be- und Entladevorgangs, geringer Parkraumbedarf und leichte Rangiermöglich-

12

12 Mit dem V 901/2 wurde der neue Firmenname Barkas bekannt

13 Junge Menschen sind in allen Fertigungsbereichen des Werkes mit Elan bei der Sache

14

15

16

14 Fertigungsstraße der Rohkarosserie – Blick in die Hauptschweißstraße „Bodengruppe"

15 In der Spritzkabine wird die Lackgrundbehandlung des Bodens vorgenommen

16 Pneumatisch arbeitende Spannvorrichtungen sichern eine präzise Fixierung der Blechteile für die elektronisch gesteuerten Punktschweißvorgänge – Blick in die Hauptschweißstraße „Bugpartie"

17 Die Seitenwandmontage wird durch eine hydraulische Vorrichtung erleichtert

keiten. Bei voller Auslastung eines Lkw wird zwar immer das größere Fahrzeug rentabler sein als das kleinere, aber gerade im Zubringerdienst müssen doch oft nur Kleinstmengen von einigen 100 Kilogramm befördert werden. Der volkswirtschaftliche Nutzen der mit geringen Betriebskosten arbeitenden Kleinlastwagen ergibt sich deshalb bei entsprechender Transportorganisation auch darin, daß großen Lastkraftwagen jene Warentransporte entzogen werden, bei denen sie nicht voll ausgenutzt sein würden.

In aller Stille widmeten sich seit 1954/55 die Konstrukteure von Barkas diesem Problem. Sie suchten und fanden schließlich eine international außerordentlich stark beachtete Version eines variablen Eintonners, der hohe Wirtschaftlichkeit mit harmonischer Linienführung verbindet: den Barkas-B-1000-Kastenwagen.

„Es gibt", so schreibt die Illustrierte „Zeit im Bild" in einem umfangreichen Testbericht über den Neuling im Jahre 1961, „kein ‚bestes Auto der Welt'. Denn das widerspricht nicht nur allen technischen Möglichkeiten, sondern auch der Logik. Ein Auto kann nicht gleichzeitig das längste und kürzeste oder das schnellste und sparsamste sein. Wohl kann es aber einen Typ geben, dessen Daten überdurchschnittlich hoch liegen und von dem man deshalb behaupten kann, daß er die Entwicklungsspitze mitbestimmt, ja unter Umständen sogar zeitweilig führend ist. Ein solcher Typ ist der Barkas B 1000."

Diese Worte besitzen noch heute volle Gültigkeit, wie ein Auszug aus der österreichischen „Maschinenwelt und Elektrotechnik" vom November 1964 beweist. Es heißt da: „. . . eine wohlgelungene Konstruktion mit bestechenden Vorteilen. In einigen wesentlichen Punkten ist der B 1000 ein Spitzenprodukt."

Die selbsttragende Ganzstahlkarosse des B 1000 besitzt durch den Vorderradantrieb ein besonders großes Laderaumausmaß von 6,4 m³. Dieser Raum kann 1 Tonne Ladegut aufnehmen. Die breite, sehr tief

18 Blick in den Kulturraum

liegende Ladefläche (38 cm) mit einer Größe von 4,6 m^2 ermöglicht leichtes Be- und Entladen. Das außerordentlich günstige Verhältnis von Nutzmasse zu Eigenmasse gibt dem B 1000 in Verbindung mit dem leistungsstarken Zweitaktmotor eine hohe Wirtschaftlichkeit.

Der B1000-Entwicklung gingen auf vielen Gebieten gründliche Untersuchungen voraus, um einen langlebigen Fahrzeugtyp gestalten zu können. Es sollte ein Transporter geschaffen werden, der in der Form, im Fahrverhalten und in der Wirtschaftlichkeit höchsten Anforderungen entsprechen mußte. So entstand die Grundausführung des Kastenwagens, von der sich weitere Versionen ohne Produktionsumstellung ableiten lassen. Die Rohkarosserie, am Fließband in elf Hauptgruppen gegliedert, wird in Schalenbauweise gefertigt. Elektronisch gesteuerte, pneumatisch arbeitende Spannvorrichtungen sichern eine präzise Fixierung der Bauteile für die automatischen Punktschweißvorgänge. Diese technologischen Einrichtungen wurden im Werk erdacht, erprobt und gebaut. Der Wagenhohlkörper ist außerordentlich verwindungssteif, da nicht nur die Profile des Karosseriegerippes, sondern auch die Außenhaut der Karosserie als tragende Elemente wirken.

Die besonderen Vorzüge des B 1000 liegen in seinen Variationsmöglichkeiten. 1966/67 kann der B 1000 in folgenden Versionen geliefert werden: Kastenwagen · Postmehrzweck-Fahrzeug · Paketwagen · Kleinlöschfahrzeug · Kombiwagen mit bis zu 8 Sitzen · Kleinbus mit 8 Sitzen Verkehrsunfall-Bereitschaftswagen · Krankenwagen · Pritschenwagen mit Verdeck · Fahrerhaus-Rahmen-Ausführung · Wärme-Isolierfahrzeug · Isothermfahrzeug · 10-m-Drehleiterfahrzeug.

Dazu kommen noch 9 diverse Sonderausführungen und eine Vielzahl spezieller Exportausführungen. Alle möglichen Sonderwünsche der Kunden können befriedigt werden. Die Anpassungsfähigkeit der Grundform gestattet eine Vielzahl spezieller Einbauten. So wird der B 1000 auch als Traktorenprüfdienstfahrzeug, Veterinärdienstfahrzeug, Meß-

19 Neubaukomplexe für die Betriebsangehörigen und ihre Familien entstanden

Kleinlöschfahrzeug

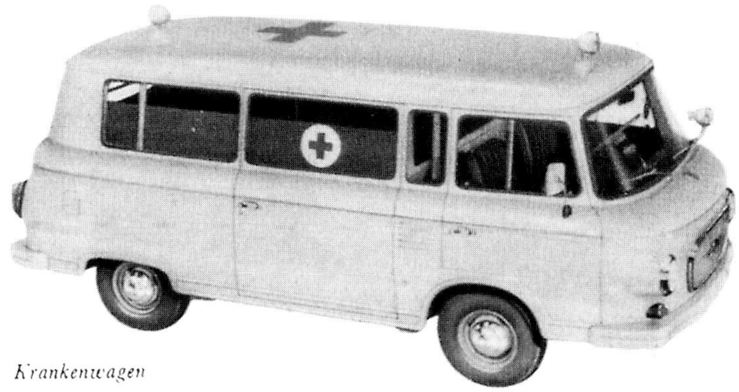

Krankenwagen

Kombiwagen

Kastenwagen

Pritschenwagen

Pritschenwagen mit Verdeck

Wärme-Isolierfahrzeug

Drehleiterfahrzeug

20 6,4 m^3 Laderaum steht im B 1000-Kastenwagen zur Verfügung

21 Das moderne Drehleiterfahrzeug wurde auf der Leipziger Messe viel beachtet

und Laborfahrzeug und schließlich auch als Übertragungswagen für Rundfunk, Fernsehen und Film eingesetzt.

Ein Beispiel der Verwandlungsfähigkeit des B 1000 soll hier für viele stehen: Zur 800-Jahr-Feier von Karl-Marx-Stadt 1965 schenkten die Barkaswerker ihrer Heimatstadt einen in sozialistischer Gemeinschaftsarbeit geschaffenen Aussichtswagen für Stadtrundfahrten. Wagen und Hänger besitzen Plattformen mit Sitzen, sind offen und nur oben mit einem schmucken Plastdach versehen. 32 Personen finden Platz. Der „Express 800" getaufte Wagen beförderte in den ersten sechs Monaten schon etwa 20 000 Personen und erfreut sich so großer Beliebtheit, daß er oft viele Tage im voraus ausverkauft ist.

Es ist in diesem Rahmen nicht möglich, alle Vorzüge und alle Typen des B 1000 erschöpfend vorzustellen. Begnügen wir uns deshalb mit einigen Pressestimmen.

In „Nationen", Oslo, heißt es über den B 1000: „. . . macht einen soliden Eindruck. Vorn sind zwei Sitze, ebenso luxuriös wie in einem guten Personenwagen. Ich hatte beinahe vergessen, daß es ein Lieferwagen war, den ich fuhr. Er ist nämlich so unkompliziert und sicher in seinem Benehmen wie ein guter Pkw. Der Frontantrieb hat vorzügliche Fahreigenschaften, auch bei glatten Schneeverhältnissen. Der B 1000 ist außerdem außergewöhnlich schnell, zeigt ein gutes Achsverhalten und gute Straßenlage, die ihn über das durchschnittliche Niveau üblicher Lieferwagen hinausheben."

Das bestätigt „Das Nutzfahrzeug", München, im Juni 1963 mit den Worten: „. . . der Barkas B 1000, der einen sehr ansprechenden Ein-

druck macht und in Ausführung und technischer Anlage durchaus internationale Linie hat."
Aus Stuttgart verlautet „Lastauto und Omnibus" vom 4. 3. 1966 über den B 1000: „Technisch eine sehr elegante Konstruktion."
Schließen wir die Berichterstattung über den Barkas B 1000 mit Worten, die der renommierten Fachzeitschrift „Kraftfahrzeugtechnik" entnommen sind: „. . . Der Wagen, der uns zur Verfügung stand, hatte schon 43 000 Versuchskilometer hinter sich. Daß dem Wagen weder Alter noch Fahrstrecke anzumerken waren, unterstreicht seinen hohen Gebrauchswert. An Kreuzungen kommt man mit dem B 1000 ebenso schnell weg wie die Überholwege kurz sind. Die von uns ermittelte Höchstgeschwindigkeit betrug 101,9 km/h, der Verbrauch 9,7 *l*/100 km. Beide Werte liegen über bzw. unter den vom Werk genannten Daten."
Ein Wagen wird nicht durch Zeitungsnotizen gut oder schlecht. Er muß sich in der Praxis bewähren, und hier hat der B 1000 gezeigt, was in ihm steckt. Er repräsentiert die reichen Erfahrungen und Traditionen von 40 Jahren erfolgreichen Fahrzeugbaus. Seine moderne Konzeption sichert ihm einen festen Platz im internationalen Kraftfahrzeugwesen, in dem er als würdiger Repräsentant der Deutschen Demokratischen Republik auftritt. Seine Schöpfer, die über 5000 Angehörigen der Barkas-Werke, fanden Anerkennung für ihre hervorragenden Leistungen in der hohen Auszeichnung mit dem Orden „Banner der Arbeit" (1965) und – erst kürzlich – der Ehrennadel der Gesellschaft für Deutsch-Sowjetische Freundschaft in Gold.
Es ist der große Wunsch der mit „ihrem" Schnelltransporter eng verwachsenen und gewachsenen Belegschaft des Werkes, die Produktion dieses im In- und Ausland beliebten Fahrzeugs in Zukunft ständig erweitern zu können und so einerseits unserer Republik den notwendigen Transportraum zur Verfügung zu stellen und andererseits die ständig zunehmende Nachfrage aus dem Ausland befriedigen zu können.

22 Der B 1000 als Verkehrsunfall-Bereitschaftswagen

23 Mühelos „schluckt" das Fahrwerk die Bodenwellen

24 Express 800 – ein Geschenk der Barkaswerker an ihre Vaterstadt Karl-Marx-Stadt

25 Auch im Ausland findet der B 1000 breites Interesse

Dipl.-Ing. Langer (Werkdirektor, VEB Robur Werke)

Fanatiker der Luftkühlung

Wird eine Betrachtung über eine technische Entwicklung angestellt und soll der heutige Stand derselben im Vergleich zum Weltniveau eingeschätzt werden, so muß untersucht werden, inwieweit es richtig ist, eine einmal in einem Werk, in einer Produktionsstätte, eingeschlagene Entwicklungsrichtung weiterzuverfolgen.

Die Erfahrungen der Arbeiter und der Ingenieure des VEB Robur Werke Zittau auf dem Gebiete der Verbrennungsmotoren als wertvollen Ausgangspunkt für die Weiterentwicklung zu nutzen, hat sich als richtiger Weg erwiesen.

Bei dem heutigen VEB Robur Werk Zittau handelte es sich in der Vergangenheit bis 1945 um ein verhältnismäßig kleines Werk, welches sich nicht an die im damaligen Deutschland bestehenden Konzerne angeschlossen hatte und deshalb auch in seiner Entwicklung sehr vorsichtige Schritte mit möglichst geringem Aufwand unternahm, um sich in jedem Falle gegen Konjunkturrückschläge sichern zu können.

Der Beginn der Tätigkeit der kapitalistischen Firma erfolgte im Jahre 1888. Das Firmenregister beim Amtsgericht in Zittau erfuhr die Firmeneintragung „Phänomen-Werke, Gustav Hiller AG".

In den ersten Jahren nach der Gründung der Firma wurden Hochräder, später in Weiterentwicklung vorhandener englischer Modelle normale Fahrräder mit Luftbereifung gebaut. Gleichzeitig liefen Versuche, ein „motorisiertes Fahrrad" zu bauen.

Nach Ablauf des Jahres 1898 verließen die ersten Muster eines Motorrades mit Ein- und Zweizylindermotoren das Werk. Es war bereits mit Magnetzündung, Kupplung, zwei Übersetzungen und federnder Vordergabel ausgerüstet. Die Motoren waren luftgekühlt.

Mit dem Motorrad trat aber auch das Bedürfnis auf, wettergeschützt zu fahren.

So entstand als Zwischending zwischen Zwei- und Vierradfahrzeug ein Dreirad-Motorwagen, der anfangs mit einem luftgekühlten Zweizylinder-, später jedoch mit einem luftgekühlten Vierzylindermotor ausgestattet war.

Dieses Fahrzeug setzte sich sehr bald unter der Bezeichnung „Phänomobil" durch und war sehr gefragt.

Eine Beteiligung an Motorwagen-Wettbewerben war in zahlreichen Fällen für das Werk erfolgreich und bewies die großen Vorteile, die ein luftgekühlter Motor in sich birgt.

1

1 Das „Phänomobil" – der erste Motorwagen mit luftgekühltem Motor

2 „4 RL" – ein 1-t-Lieferwagen mit Vierzylinder-Reihenmotor

3 „Granit 25" – der Kleinlastwagen der 30er und 40er Jahre

Noch heute – nach 55 Jahren Laufzeit – befinden sich Fahrzeuge dieser Art in verschiedenen Ländern in fahrfertigem Zustand. Dieses ab 1905 gebaute Fahrzeug war infolge seines sparsamen Verbrauchs an Kraftstoff, seiner Zuverlässigkeit und seines unkomplizierten Aufbaues in der Bedienung sehr beliebt. Die Produktion des „Phänomobil" lief mit einigen Abänderungen und Verbesserungen bis 1925.

Im Jahre 1919 erlitt das Werk einen großen Rückschlag. Die Werkstätten fielen einem in der Nacht ausgebrochenen Großbrand zum Opfer.

In den Jahren 1923/24 wurde der Wiederaufbau abgeschlossen und zunächst das „Phänomobil" weitergebaut, das vornehmlich für die Post verwendet wurde.

Nach der Zeit der wirtschaftlichen Depression, die dem 1. Weltkrieg folgte, waren um die Mitte der zwanziger Jahre die Bedürfnisse der Wirtschaft wieder angestiegen. Das Profitstreben des sich restaurierenden Monopolkapitals verlangte schnelleres Umschlagen der Güter und stellte damit auch erhöhte Ansprüche an den Verkehr und das Transportwesen. Bei Phänomen erfolgte im Zusammenhang damit eine Umstellung der Fertigung auf Nutzlastkraftwagen. Es wurden 1-Tonnen-Lieferwagen (mit 4 Rädern) mit einem 4-Zylinder-Reihenmotor von 1600 cm^3 Hubraum hergestellt (Foto 2). Selbstverständlich war auch dieser Motor luftgekühlt. Die Typenbezeichnung lautete „4 RL". Von diesem Typ befinden sich zahlreiche Fahrzeuge noch heute voll einsatzfähig in Betrieb.

2

3

4 Lastkraftwagen LO 2500 „Robur“

Aber auch diese Konstruktion war um das Jahr 1930 überholt. In der Zwischenzeit wurde an Neuentwicklungen gearbeitet, nämlich an den Typen „Granit 25“ und „Granit 30“. Diese Fahrzeugtypen konnten 1,5 bzw. 2,3 Tonnen tragen und setzten sich bis zum Beginn des zweiten Weltkrieges erfolgreich durch (Foto 3).
Die Produktion von Lastwagen war im Verhältnis zu anderen Automobilwerken des damaligen Deutschland recht niedrig, so daß neben der Lastwagenproduktion immer noch die Fahrrad- und Motorradproduktion beibehalten wurde. Die Motorradproduktion stützte sich auf zwei Typen mit 98 ccm bzw. 125 ccm Sachsmotor. Der Luftkühlung blieb man also in Zittau auch bei Einbaumotoren, die von anderen Firmen bezogen wurden, treu.
Im Zusammenhang mit der Machtübernahme des Faschismus und den Vorbereitungen zum zweiten Weltkrieg ergaben sich auch Veränderungen in der Struktur des Werkes.
Seien es die Erweiterungsbauten in den Jahren 1935 und 1936 für die mechanische Fertigung, der Verwaltungsbau im Jahre 1938 und der letzte Erweiterungsbau der Montage während des Krieges im Jahre 1942, so veränderte sich auch die Zielsetzung der Entwicklung und das Produktionsprofil.
Die Produktion der Typen „Granit 25“ und „Granit 30“ wurde durch den Einheitstyp „Granit 27“ mit 1,5 t Nutzlast abgelöst und die Fahrrad- und Motorradproduktion zu Beginn des Krieges eingestellt.
Neben der Lastwagenproduktion entwickelte sich eine umfangreiche Produktion von Stationär-Benzinmotoren, ebenfalls luftgekühlt, für die verschiedensten Zwecke, in der Hauptsache für ein 15 kWh-Elektro-Aggregat.
Während des zweiten Weltkrieges lieferte das Werk in der Hauptsache Krankenwagen, aber auch Motoren für stationäre Elektro-Aggregate.
Anstelle der Fahrradfertigung wurde eine Fertigung für die faschistische Luftwaffe aufgenommen.
Nach der Zerschlagung des Hitlerregimes wurde als Folge der während des Krieges erfüllten Aufgaben für die Rüstung die vollständige Demontage des Werkes durchgeführt.
Das Werk wurde 1946 in die Hände des Volkes überführt, und nun wuchs aus dem Zusammenbruch wie überall in der Republik das Neue, getragen von dem Willen der Arbeiter und Ingenieure, welche in diesen demontierten und zum Teil zerstörten Hallen mit dem Neuaufbau für sich, für ihr Werk begannen.
Es waren schwere Jahre. Bis 1950 wurde nur repariert. Aber alle Belegschaftsmitglieder beschäftigten sich mit dem Gedanken der Wiederaufnahme der Produktion von Lastwagen.

Der Weg ging diesmal über die Stationärmotorenproduktion zur Lastwagenfertigung, und die ersten Lastwagen verließen im Monat Februar 1950 das Werk.

Mit dieser Produktionsaufnahme der 2-t-Lastwagen – zwischenzeitlich wurde die Tragfähigkeit des „Granit 27" auf 2 t erhöht – begann der neue Weg zu dem heute bestehenden sozialistischen Großbetrieb, welcher durch seinen Export weit über die Grenzen der DDR hinaus bekannt ist.

Die Menschen, welche an ihrem Werk hingen, begeistert für die Geltung der Luftkühlung kämpften, konnten dank der Unterstützung der Regierung der Arbeiter-und-Bauern-Macht ihre Kenntnisse voll entfalten. Der luftgekühlte Dieselmotor wurde entwickelt. Damit war die Möglichkeit gegeben, wahlweise für jede erforderliche Treibstoffart und den vorgesehenen Verwendungszweck den entsprechenden Motor einzubauen.

Gleichzeitig wurde beim Ottomotor die bisherige Konstruktion der seitengesteuerten Bauart verlassen und ein obengesteuerter Motor entwickelt, wobei durch Vergrößerung der Bohrung das Hubvolumen auf 3 l erhöht wurde.

Es standen nunmehr zwei Motoren zur Verfügung, welche Anlaß zu Überlegungen für den Beginn einer Standardisierung gaben, denn bei beiden Motoren erfolgte die Kühlung durch Axialgebläse. Es ergaben sich weitere Änderungen am Fahrzeug – die Wagen aus Zittau bekamen ein neues Gesicht.

Die weitere Entwicklung stellte immer neue Aufgaben, die von den „Fanatikern der Luftkühlung" in der Produktion, in den technischen Büros begeistert gelöst wurden. Die Erkenntnis setzte sich immer mehr durch, daß im Arbeiter-und-Bauern-Staat eine ungehinderte Entfaltung der Produktivkräfte möglich ist.

Die Motorleistung wurde beim Ottomotor weiter erhöht und eine Fülle Verbesserungen sowohl an beiden Motoren als auch am Fahrzeug durchgeführt. Das Fahrzeug wurde immer vielseitiger, und im Rahmen der Standardisierung konnte das Fahrgestell mit geringen Abweichungen für die normale Pritsche, lange Pritsche, Kastenwagen, Kofferaufbau, Krankenwagen, Feuerlöschfahrzeuge, Omnibusse, Spezialfahrzeuge usw., insgesamt für etwa 28 verschiedene Aufbauten, Verwendung finden.

Besondere Aufmerksamkeit wurde auch dem Stationärmotorenbau gewidmet. Aus dem 4-Zylinder-Dieselmotor wuchs eine Baukastenreihe vom 1- bis 4-Zylinder, wobei diese Motoren für eine Fülle von Einbauzwecken zum Einsatz vorgesehen sind und bereits erprobt wurden.

Es entstand eine neue Abteilung im Werk, welche sich nur mit dem Bau dieser Baukastenmotoren von 1- bis 3-Zylinder befaßt.

Diese Motoren sind weitestgehend standardisiert. Die Verwendung baugleicher Teile liegt über 50%. Insbesondere die Verschleißteile, wie Zylinder, Zylinderkopf, Pleuelstange, Kolben, Kolbenbolzen

5 In den Robur-Werken wurde ein Baukastenmotor von 1- bis 3-Zylinder entwickelt

usw., sind baugleich, so daß die Ersatzteilhaltung wesentlich vereinfacht wird.

Die Beschlüsse der Partei der Arbeiterklasse und unserer Regierung stellten auch der Belegschaft des Werkes zur Erreichung des Weltniveaus und für die Erfüllung der ökonomischen Hauptaufgabe neue Ziele. Bei den Untersuchungen des serienmäßig gebauten Fahrzeuges mit 2 t Nutzlast erkannte man, daß trotz aller Bemühungen mit diesem Fahrzeug die Ziele, welche gestellt worden waren, nicht erreicht werden konnten.

Es wurde also im Rahmen der Produktionsabstimmung im Rat für gegenseitige Wirtschaftshilfe ein neues Fahrzeug entwickelt, der „LO 2500" bzw. „LD 2500", wobei die Grundprinzipien der Konstruktion des früheren 2-Tonners im wesentlichen auch hier beibehalten wurden.

Es handelt sich um ein Fahrgestell mit Frontlenkerfahrerhaus, wahlweise eingebautem Otto- bzw. Dieselmotor mit 70 PS; 2,5 t Nutzlast, auswechselbarer Vorderachse für Fahrzeuge für Spezialzwecke und den Spezialaufbauten, so wie sie der Bedarfsträger benötigt. Das Fahrgestell findet auch Verwendung für einen Frontlenkerbus modernster Bauart mit 18 Sitzen, der sowohl im Berufsals auch im Reiseverkehr als schnelles Fahrzeug eingesetzt wird.

Bei der Konstruktion des Fahrzeuges wurden die Möglichkeiten weitestgehender Typisierung und Standardisierung konsequent verwirklicht und damit auch auf diesem Gebiet der Anschluß an das Weltniveau erreicht.

Mit der Entwicklung dieses Fahrzeuges geht auch die Entwicklung der Baukastenreihe des luftgekühlten Dieselmotors weiter. Die Baukastenreihe wird auf den 6- und 8-Zylindermotor in V-Form erweitert.

Es steht nun eine Baukastenreihe zur Verfügung, und zwar 1 bis 8 KVD, 12,5 SRL bzw. SVL mit Leistungen von 6,5 PS bis 150 PS. Die Einzelteile weisen einen Standardisierungsgrad bis 52% auf.

Diese Baukastenreihe ist zur Standardreihe für den Automobilbau erklärt worden. Es ergibt sich ein umfangreiches Verwendungsgebiet bei Stationäranlagen, Elektro-Aggregaten, Schweißumformern, Kompressoren, Schienenfahrzeugen, Baumaschinen usw. und vor allen Dingen in immer größerem Umfang in der Landwirtschaft.

Es zeigt sich, daß der luftgekühlte Dieselmotor in seiner Robustheit und Anspruchslosigkeit nicht nur in der DDR, im sozialistischen Lager, sondern auch vor allen Dingen in den Ländern Afrikas, sowie im Nahen und Fernen Osten sich einer immer größeren Beliebtheit erfreut.

Mit der vorfristigen Einführung des Lastwagens „LO 2500" bzw. „LD 2500" in der Serie ist die Entwicklung noch nicht abgeschlossen. Vor den Arbeitern und der technischen Intelligenz des Werkes steht die Aufgabe, das Weltniveau zu überflügeln, und noch bessere Fahrzeuge mit luftgekühlten Motoren zu bauen.

Eine große Anzahl sozialistischer Arbeitsgemeinschaften befassen sich mit Aufgaben der Weiterentwicklung. Das Ziel dieser Kollektive ist, mit Abschluß des ersten Siebenjahrplanes im VEB Robur Werk Zittau nur noch Erzeugnisse erster Güte mit Weltniveau herzustellen.

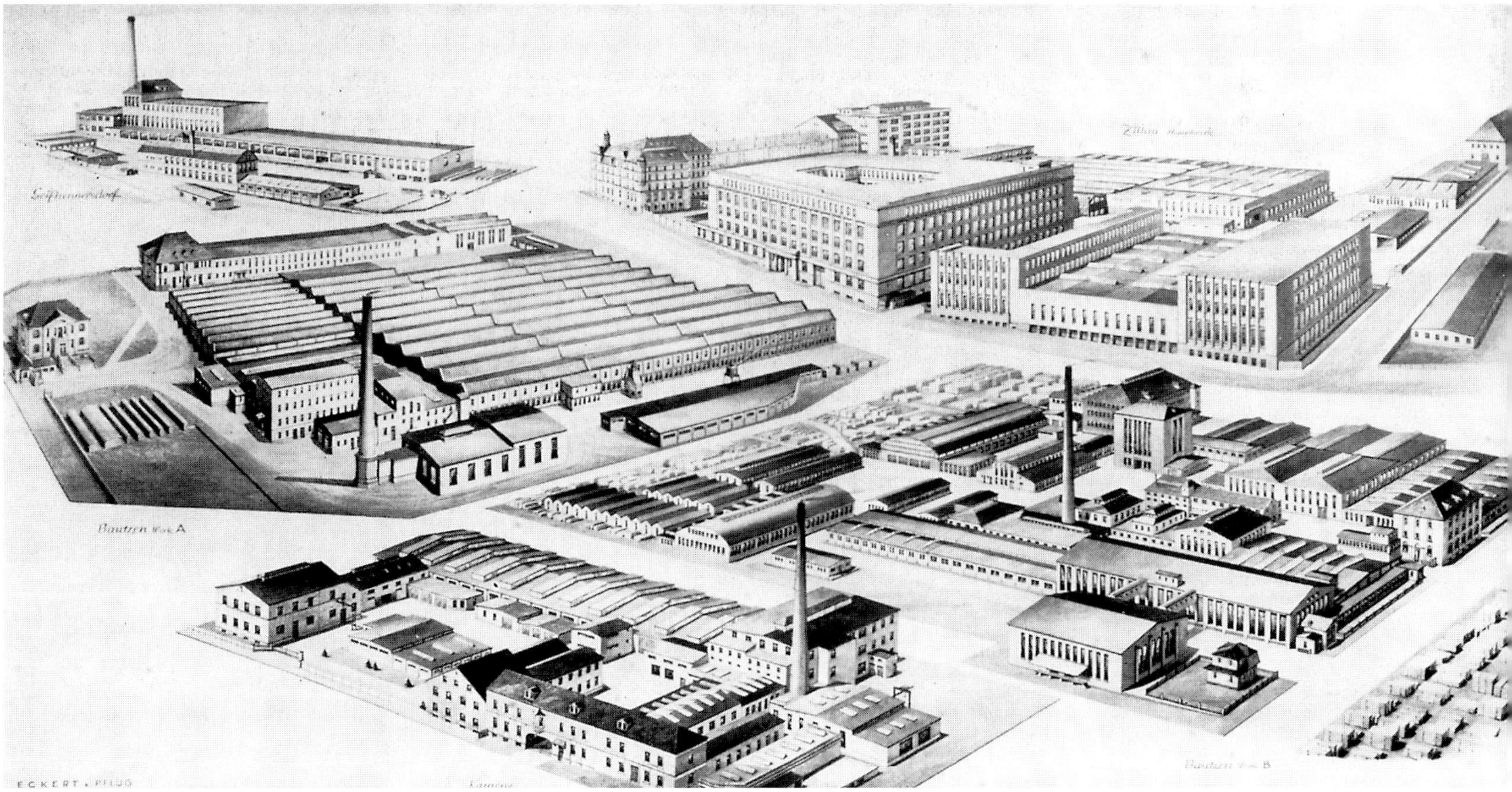

Test und Technik

E. Preusch

Test

Barkas B 1000

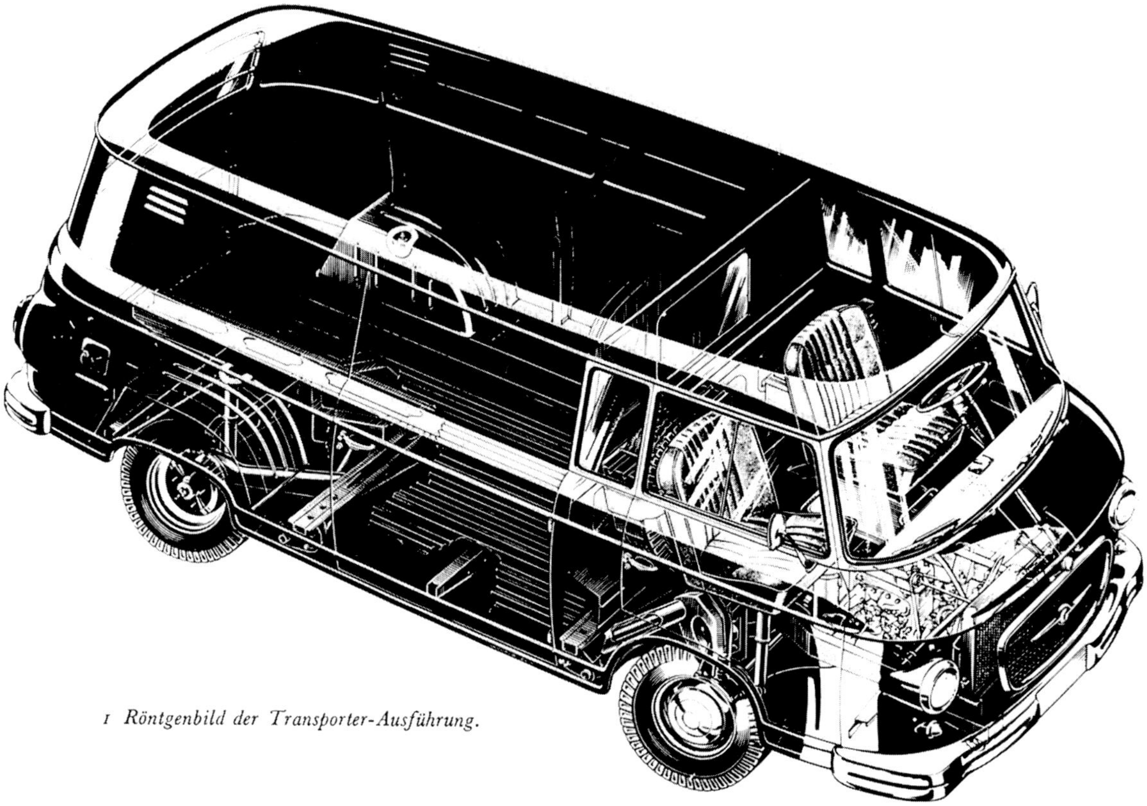

1 Röntgenbild der Transporter-Ausführung.

Als der neue Schnelltransporter B 1000 auf den Straßen der DDR auftauchte, war man zunächst überrascht und erfreut über die moderne und ansprechende Form. Gleichzeitig war aber in Kraftfahrergesprächen ein gewisses Mißtrauen nicht zu überhören. Fahrer und Beifahrer sitzen beim B 1000 unmittelbar über der Vorderachse, und bei den im Pkw- und Nutzfahrzeugbau unserer Fahrzeugindustrie bisher üblichen Federungen vermuteten viele, daß die günstige Raumausnutzung des neuen Transporters mit Konzessionen an den Fahrkomfort bezahlt worden sei. Diese anfänglichen Zweifel verstummten jedoch sofort, wenn jemand Gelegenheit hatte, den Wagen zu fahren oder auch nur mitzufahren. Uns ging es anfangs nicht anders, aber unsere Achtung vor dieser Neuentwicklung stieg schon nach der ersten Fahrt erheblich.

Verantwortlich für die hervorragenden Federungseigenschaften ist die Einzel-Radführung an Kurbelarmen, die durch je einen Torsionsstab gefedert werden. Der Torsionsstab liegt innerhalb des schrägstehenden Tragrohrs, das für den betreffenden Kurbelarm als Drehpunkt dient. Der Federweg beträgt vorn und hinten 180 mm und wird von Gummianschlägen nach oben und unten begrenzt. Außerdem kann die Torsionsfederung ohne Demontage auch unter voller Last nachgestellt werden. Doppeltwirkende hydraulische Teleskopstoßdämpfer unterdrücken vorn und hinten die Federschwingungen und sorgen für eine gute Bodenhaftung der Räder. Die schrägstehenden Tragrohre der Kurbelarme (zur Längsachse im Winkel von 70°) stellen beim Einfedern die betreffenden Räder leicht nach innen an, so daß sich bei Kurvenfahrt eine erhöhte Rutschfestigkeit ergibt.

Die Federung spricht außerordentlich weich an, gleichgültig, ob der Wagen leer oder beladen gefahren wird. Der Fahrer merkt nur wenig von den Fahrbahnunebenheiten, die die Räder zu überwinden haben. Wenn im leeren Laderaum einmal Passagiere mitgenommen werden, so nahmen diese auf den Radkästen der Hinterräder Platz und saßen dort bequem und gut gefedert. Bei jedem anderen Nutzfahrzeug unserer Produktion wären sie nach dem ersten Schlagloch in den bestgefederten Raum zwischen den Achsen geflüchtet! Harte Stöße, die bei Nutzfahrzeugen je nach Schlaglochtiefe sogar die geladenen Gegenstände hochspringen lassen, schluckt die Federung des neuen „Barkas" anstandslos. Wir fuhren einmal mit einem Kühlschrank über die verschiedenen mehr oder weniger guten Straßen. Er stand während der Fahrt im leeren Laderaum zwischen den Radkästen der Hinterräder genauso sicher wie bei stehendem Fahrzeug. Auch eine flach auf den Wagenboden über die Hinterachse gelegte Glasscheibe lag selbst bei Kopfsteinpflaster- und Schlaglochstrecken völlig ruhig und erlitt nicht die geringste Beschädigung. Diese Federungseigenschaften befähigen den B 1000 zum Transport der empfindlichsten Güter. Wir haben sie bei der Beschreibung des Fahrzeugs deshalb vorangestellt, weil sie als Voraussetzung für die gesamte Konzeption des Wagens betrachtet werden können. Mit einer solchen Federung braucht man keinerlei Konzessionen hinsichtlich der Lage der

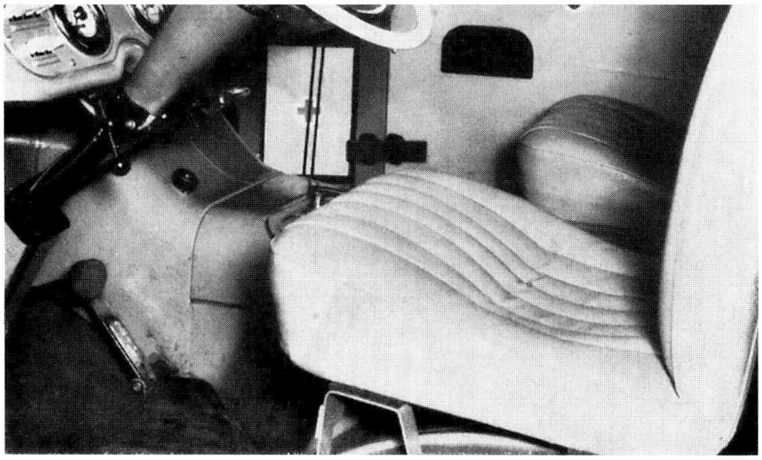

2 Fahrer und Beifahrer sitzen direkt auf den Radkästen und trotzdem bequemer als in manchem Pkw.

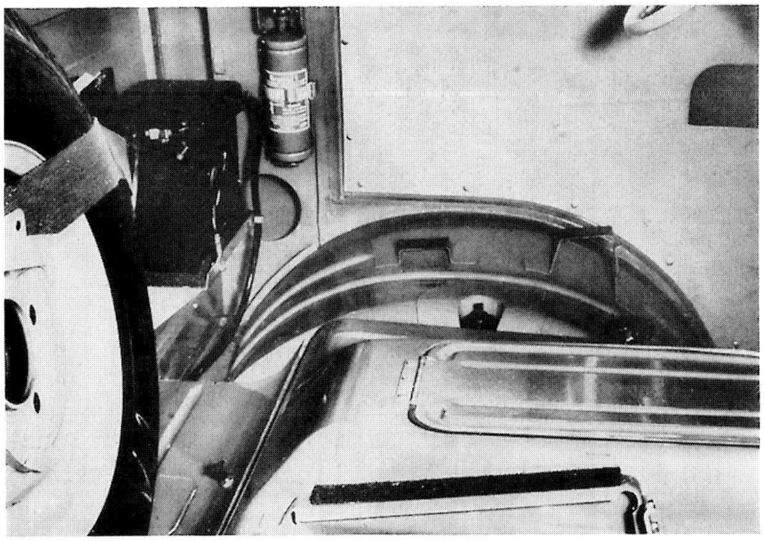

3 Reserverad und Batterie wurden an der Trennwand hinter den Sitzen untergebracht. Vorn rechts die „Motorhaube".

4 Der drehfreudige 1-Liter-Motor des „Wartburg" verleiht dem vollbeladenen B 1000 noch eine Höchstgeschwindigkeit um 90 km/h.

Sitze usw. zu machen, sondern kann den von Länge, Breite und Höhe umschlossenen Raum optimal ausnutzen.

Die selbsttragende Ganzstahlkarosserie ist in Schalenbauweise hergestellt, wobei nicht nur die Profile des Karosseriegerippes tragende Funktionen erfüllen, sondern auch die Teile der Außenhaut, das Dach, die Seitenwände, das vielfach gerippte Bodenblech, die Radkästen usw. Das Blech der Außenhaut ist auch am Wagenboden nur 0,88 mm dick. Die Bodengruppe hat deshalb zur Verstärkung Längs- und Querträger, an denen auch die Kurbelarme für die Radführung beweglich angebracht sind. Dieser Karosserie-Hohlkörper ist leicht und außerordentlich verwindungssteif. Selbst bei extrem unterschiedlicher Radstellung auf unebener Fläche im Gelände klemmte bei dem Testwagen keine Tür.

Die Ladefläche ist 2576 mm lang und liegt nur etwa 380 mm über der Fahrbahn. Große Türen, über einen Meter breit und rund 1,20 m hoch, an der rechten Seite und hinten gestatten ein bequemes Laden. Nach Aushängen der Fangbänder können diese Türen auch um 180° geöffnet werden, so daß sie nicht stören, wenn der Wagen dicht an die Ladung herangefahren wird. Beide Laderaumtüren sind von außen verschließbar, lassen sich aber von innen jederzeit entriegeln. Über jeder Tür ist eine Deckenlampe zur Beleuchtung des Laderaumes angebracht. Mit seinem Laderaumvolumen von 6 m^3 steht der „Barkas B 1000" unter den Transportern für 1000 kg Zuladung im internationalen Maßstab an der Spitze. Auch das Verhältnis Nutzmasse (1000 kg) zur Masse des leeren Fahrzeugs (1200 kg) ist mit 0,83 außerordentlich günstig.

Eine eingeschweißte Trennwand mit einem Fenster teilt den Laderaum vom Fahrerhaus ab. Durch die Frontlenkerbauart ist es sehr geräumig. Die beiden Türen haben doppelte Dichtgummileisten, die weder Regen noch Zugluft eintreten lassen, und Schiebefenster, bei denen sowohl der vordere Teil nach hinten als auch der hintere Teil nach vorn geschoben werden kann, je nachdem, ob Fahrtwind oder weitgehend zugfreie Belüftung gewünscht wird. Verschließbar ist die rechte Tür, die linke kann nur von innen verriegelt werden; umgekehrt wäre es allerdings zweckmäßiger. Die Türschlösser sind sämtlich als Sternschlösser ausgebildet und werden an den Außengriffen mit einem Druckknopf geöffnet. Sie schließen leicht und sicher, auch ohne heftiges Zuschlagen der Tür. Das Instrumentenbrett, die Instrumente und Bedienungselemente entstammen der Ausrüstung eines Pkw und sind für ein Nutzfahrzeug sehr komfortabel. Die Ausschnitte für den nachträglichen Einbau eines Radios sind wie beim Pkw-Instrumentenbrett vorhanden. Zu klein ausgefallen sind aber die Ablagemöglichkeiten. Weder im Handschuhkasten noch in den Türtaschen lassen sich das Fahrtenbuch, der Autoatlas usw. unterbringen.

Die Sitze liegen auf den Radkästen, sie sind gut der Körperform angepaßt und relativ hart gepolstert. Man sitzt auf ihnen trotzdem sehr bequem, weitgehend aufrecht und auch auf langen Strecken ermüdungsfrei. Das Lenkrad und die Bedienungshebel liegen griff- bzw. fußgerecht. Entsprechend der Körpergröße kann man die Sitze in verschiedene Aufnahmen einhängen und dadurch verstellen. Die Rückenlehnen sind nicht verstellbar. Hinter ihnen, an der Trennwand, wurden links die 12-Volt-Batterie und seitlich der Feuerlöscher, rechts das Reserverad und zwei Radvorlegekeile sowie in der Mitte das Werkzeug untergebracht. Am Lenkrad des B 1000 hat man durch die hohe Sitzposition und die großen Fensterflächen eine ausgezeichnete Sicht auf das Verkehrsgeschehen. Die

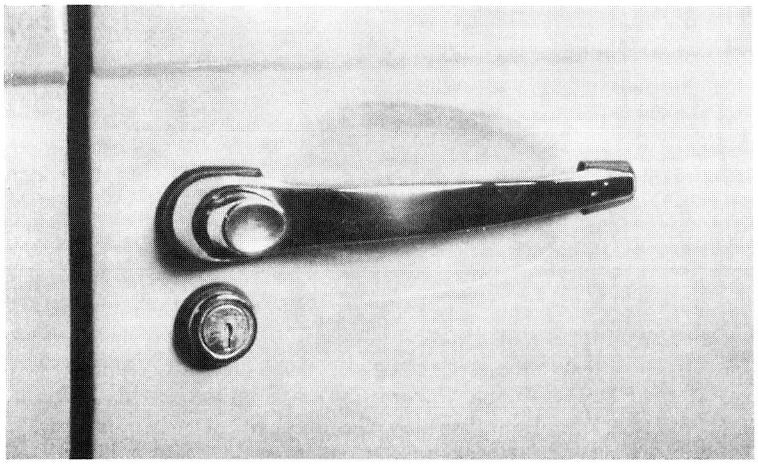

5 *Die äußeren Türgriffe mit Drucktasten sind funktionssicher und formschön.*

6 *Weniger befriedigen können Tankluke und Verschluß. Ein Nachtanken aus dem Kanister ist mit den üblichen Trichtern nicht möglich.*

7 *Die Türen sind doppelt abgedichtet. Beide Scheiben der Schiebefenster lassen sich verschieben.*

sehr schmalen Fensterholme wirken nicht störend, und die großen Außenspiegel mit etwa dem doppelten Pkw-Spiegelformat orientieren nach hinten vorzüglich über die Ausmaße des Wagens. Anfangs vermißt man die beim Wagen in normaler Bauart vorhandene mehr oder weniger lange Motorhaube mit ihren seitlichen Begrenzungen, die beim Fahren als willkommene Visierkanten dienen. Beim Frontlenker gibt es nichts dergleichen. Man sitzt wie auf vorgeschobenem Posten und hat unmittelbar vor sich die Straße bzw. das vorausfahrende Fahrzeug.

Daran gewöhnt man sich jedoch genauso schnell wie an die typischen Frontlenkereigenschaften beim Kurvenfahren. Da man weit vorn sitzt, muß man das Lenkrad später einschlagen als bei einem Fahrzeug, bei dem der Fahrersitz zwischen den Achsen liegt. Auch beim Überholen ist man an dem überholten Fahrzeug noch lange nicht vorbei, wenn man

8 *Mit 6 m³ Laderaum ist der B 1000 unter den Eintonnern international unerreicht.*

es nicht mehr rechts neben sich sieht. Für diese anfangs ungewohnten Eindrücke entschädigt aber die uneingeschränkte Übersicht über das Verkehrsgeschehen. Steigt man nach vier Wochen Frontlenkerfahren vom B 1000 wieder auf einen Pkw um, fühlt man sich zunächst wie eingesperrt. Der Motor liegt beim B 1000 zwischen den Sitzen noch vor der Vorderachse. Nach Öffnen einer Klappe kann man vom Sitz aus die Zündkerzen wechseln, und bei Herausnahme der Sitze und Abnahme der gesamten Tunnelverkleidung sind alle Teile der Maschine gut zu erreichen. Der Dreizylinder-Zweitakt-Motor mit 1000 cm³ Hubraum wurde vom „Wartburg“ übernommen. Seine Leistung wird im B 1000 mit 42 PS bei 4000 U/min angegeben. Die um 3 PS geringere Leistung gegenüber dem Pkw hängt mit dem größeren Kraftbedarf der Nebenaggregate (verlängerte und mehrfach gelagerte Ventilatorwelle durch den nach vorn verlegten Kühler, 12-Volt-Lichtmaschine) und dem für die größere zulässige Gesamtmasse entsprechend reichlicher dimensionierten Getriebe zusammen. Das maximale Drehmoment von 9,8 kpm erreicht der Motor

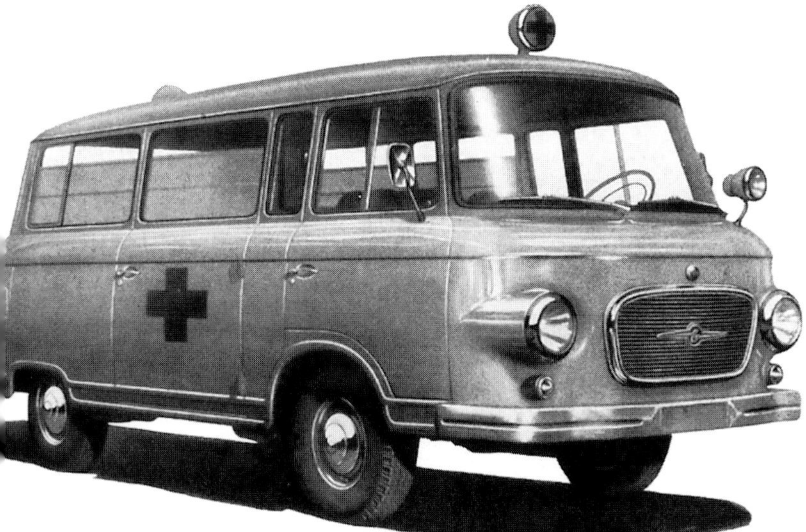

9 Beim Krankentransporter wurden die sich schon beim Kastenwagen abzeichnenden großen Fensterflächen bereits verwirklicht.

10 Durch die Seitentür ist der Tragesessel bequem zugänglich.

11 Zur Ausrüstung gehören ferner zwei Tragen, Waschgelegenheit, Zusatzheizung und Einrichtungen zur künstlichen Beatmung.

schon bei 2250 U/min. Die Ausrüstung des Kühlsystems mit Wasserpumpe und Thermostat entspricht der des „Wartburg".

Die Einscheiben-Trockenkupplung wird hydraulisch betätigt, das angeblockte, einschließlich des ersten Ganges sperrsynchronisierte Getriebe mit Lenkradschaltung bedient. Die Lenkradschaltung ist hier nicht ideal, da vom Hebel an der Lenksäule bis zum Getriebe zu viele Gelenke in den Gestängen erforderlich sind. Mit einem auf dem Mitteltunnel liegenden Schaltknüppel ergäben sich kürzere, weitgehend direkt wirkende Gestänge und damit ein wesentlich leichteres Schalten. Diese Änderung wird im VEB Barkas-Werke bereits vorbereitet.

In Anbetracht der Nutzmasse wurden die Gesamtübersetzungen reichlicher gewählt. Die Nenndrehzahl (bei der die höchste Leistung erreicht wird) liegt dadurch im ersten Gang bei 21 km/h, im zweiten bei 37 km/h, im dritten bei 57 km/h und im vierten bei 85 km/h. Der Motor verträgt aber ohne weiteres Überdrehzahlen bis 5000 U/min, so daß der Wagen die mit 95 km/h (entspricht 4500 U/min) angegebene Höchstgeschwindigkeit anstandslos erreicht und meist noch überschreitet. Unser Testwagen fuhr ohne Ladung eine gestoppte Höchstgeschwindigkeit von 102 km/h. Bei leichtem Gefälle oder Rückenwind lag die Spitzengeschwindigkeit mit und ohne Ladung bei 106 km/h. Die entsprechende Drehzahl von 5500 U/min nahm die Maschine nicht im geringsten übel.

Das maximale Drehmoment (2250 U/min) ist im vierten Gang bei 48 km/h vorhanden. Man kann daher auch in der Stadt weitgehend im vierten Gang fahren, ohne dem Motor zu schaden. Der dritte Gang reicht von unter 30 km/h bis etwa 70 km/h und ermöglicht beim Überholen eine gute Beschleunigung. 90 km/h erreichte der unbeladene Wagen aus dem Stillstand in 27 Sekunden, mit 1000 kg Zuladung brauchte er dazu 45 Sekunden. Bis etwa zur halben Belastung merkt man dem Wagen kaum an, daß man ein Nutzfahrzeug fährt. Eine Tonne Ladung ist jedoch zu spüren und erfordert sauberes Einkuppeln und exaktes Ausfahren der einzelnen Gänge. Die Strecke Berlin–Leipzig, jeweils Stadtmitte, fuhren wir bei Schneematsch und Regenwetter mit 1100 kg Zuladung (da man auch damit rechnen muß, daß sich der Fahrer beim Laden etwas nach oben verschätzt) in zwei Stunden und achtundvierzig Minuten. Die Autobahndurchschnittsgeschwindigkeit (annähernd Vollgas) betrug dabei 92 km/h, gemessen über mehrere Streckenabschnitte von jeweils 20 km Länge. Solche Fahrleistungen sind bei Nutzfahrzeugen im allgemeinen nicht die Regel.

Unter winterlichen Bedingungen, Glatteis, Schnee, Matsch und Regen, und Temperaturen bis minus 8 °C, wobei der Wagen stets im Freien übernachten mußte, ergab sich ein maximaler Kraftstoffverbrauch von 15,2 *l* je 100 km. Dabei war das Fahrzeug voll beladen und wurde bis an die Grenze seiner Leistungsfähigkeit ausgefahren. Begnügte man sich mit etwa zwei Drittel Gas und einer Geschwindigkeit von 80 bis 85 km/h, so war auch im Stadtverkehr mit 12,5 bis 13 *l*/100 km auszukommen. Ohne Last brauchte der B 1000 in der Stadt bis 13 *l*/100 km und auf Fernfahrt rund 11 *l*/100 km. Unter den geschilderten Bedingungen (tiefe Außentemperaturen und häufige Kaltstarts) ist das nicht zuviel.

Die Straßenlage sowohl des leeren als auch des vollbeladenen Transporters ist auch bei Nässe, schmieriger Fahrbahn und Glatteis hervorragend. Der Wagen gehorcht exakt der Lenkung, auch wenn mit einer Spur auf Asphalt und mit der anderen auf einem holprigen Sommerweg gefahren wird. Kurven durchfährt der B 1000 sicher und zuverlässig, und

Ein Schnelltransporter mit Weltniveau

wenn er auf Glatteis einmal seitlich rutscht, so geschieht das langsam und kontrollierbar. Mit einer geringen Lenkkorrektur läßt sich der Wagen dann sofort wieder beherrschen. An den guten Fahreigenschaften haben die tiefe Schwerpunktlage und nicht zuletzt der Frontantrieb einen wesentlichen Anteil. Von den ziehenden Vorderrädern ergibt sich über die vorderen Kurbelarme, die Bodengruppe, die hinteren Kurbellenker bis zu den Hinterrädern ein durchgehender Kraftverlauf. Auf die Vorderachse entfällt selbst bei vollbeladenem Wagen eine um 60 kp größere Achslast als auf die Hinterachse. Somit ist der B 1000 auch den Anforderungen in gebirgigen Gegenden voll gewachsen. Mit voller Belastung überwindet er Steigungen bis zu 26 Prozent.

Die hydraulische Bremsanlage (vorn Duplex-, hinten Simplexgleitbacke, Gesamtbremsfläche 900 cm²) ermöglicht auch bei vollbeladenem Wagen gute Verzögerungen. Bei leerem Wagen darf die Fußbremse nur angetippt werden, wenn man nicht riskieren will, daß ein nachfolgender Wagen auffährt. Tendenzen zum seitlichen Ausbrechen beim Bremsen wurden nicht festgestellt. Die Handbremse wirkt mechanisch auf die Vorderräder. Ihr Hebel ist als Zuggriff ausgebildet und liegt rechts neben der Lenksäule nicht allzu günstig. Wenn die Bremse angezogen ist, stößt man leicht mit dem Knie an den Hebel, der dabei entriegelt wird und mit lautem Knall in die Lösestellung zurückschnappt.

Nicht zweckmäßig sind die zu kleinen und ungünstig angeordneten Verschlüsse für Kühler und Kraftstofftank. Ohne Spezialtrichter ist ein Nachfüllen aus der Wasserkanne bzw. dem Benzinkanister unmöglich. Verbesserungsbedürftig ist auch die Heizung, sie reicht bei langsamen Geschwindigkeiten gerade aus. Bei Geschwindigkeiten über 70 km/h wird

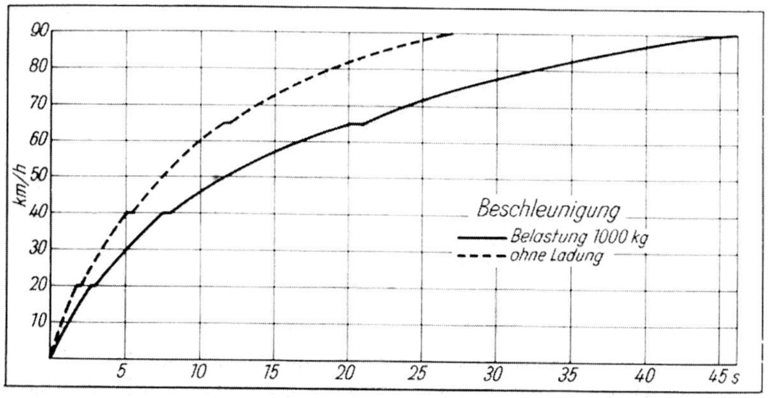

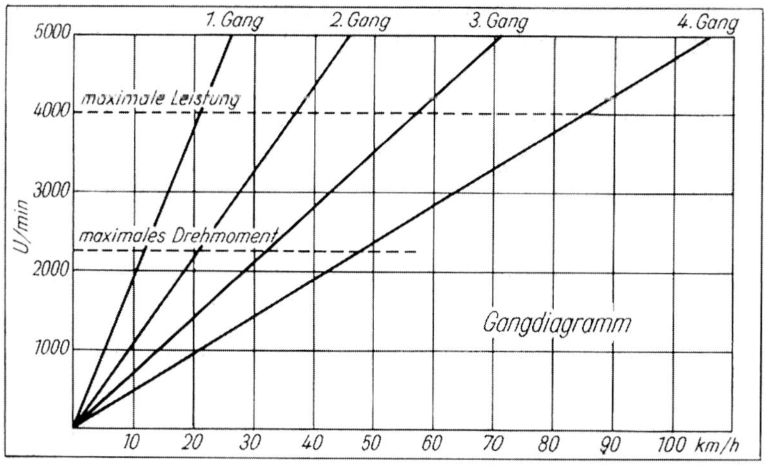

die einströmende Warmluft zunehmend kälter. Für eisfreie Front- und Seitenscheiben sorgt aber ein kräftiges Gebläse, das jedoch etwas leiser laufen könnte.
Diese sicher in absehbarer Zeit behobenen kleinen Mängel können jedoch den guten Gesamteindruck des Wagens nicht abschwächen. Gemessen an den bei uns bekannten Typen und verglichen mit anderen Fahrzeugen dieser Kategorie im internationalen Maßstab ist der B 1000 ein modernes Fahrzeug, das keine Konkurrenz zu scheuen braucht. Man fährt mit ihm nicht wie mit einem Nutzfahrzeug, sondern wie mit einem Pkw. Das betrifft sowohl seine Fahrleistungen wie auch den Fahrkomfort. Steuerlich rechnet er in der DDR zwar als Lkw, laut Ausnahmegenehmigung 15/62 gelten für ihn aber die für Pkw zulässigen Fahrgeschwindigkeiten, so daß er das mit recht verdiente Prädikat „Schnelltransporter" auch praktisch ausnutzen kann.

TECHNISCHE DATEN

Motor: AWE 312 016, Dreizylinder-Zweitakt
Hubraum: 1000 cm³
Hub: 78 mm
Bohrung: 73,5 mm
Leistung: 42 PS bei 4000 U/min
Max. Drehmoment: 9,8 kpm bei 2250 U/min
Verdichtung: 7,3
Schmierung: Gemisch 1 : 33
Kühlung: Pumpenumlauf mit Thermostat, 10 Liter Kühlwasser einschließlich Heizaggregat
Vergaser: BVF H 362-21
Zündung: Dreihebelunterbrecher, 3 Zündspulen
Zündkerzen: Isolator M 18/225

Kraftübertragung

Kupplung: Einscheiben-Trocken, hydraulisch betätigt
Getriebe: Viergang, 1. bis 4. Gang sperrsynchronisiert, Lenkradschaltung
Getriebeübersetzungen: 1. Gang 3,925
2. Gang 2,263
3. Gang 1,440
4. Gang 0,967
R.-Gang 3,636
Achsübersetzung: 5,67

Elektrische Anlage

Batterie: 12 V, 56 Ah
Lichtmaschine: 220 W, spannungsregelnd
Anlasser: 12 V, 1 PS, Zündanlaßschloß

Fahrwerk

Karosserie: Ganzstahl, Schalenbauweise, selbsttragend
Radführung: Kurbelarme an schrägstehenden Tragrohren
Federung: Drehstäbe innerhalb der Tragrohre
Stoßdämpfung: Teleskopdämpfer, hydraulisch, doppeltwirkend
Lenkung: Schneckenlenkung, 3,7 Lenkradumdrehungen von Anschlag zu Anschlag
Wendekreis: etwa 11 m
Fußbremse: hydraulisch, vorn Duplex-, hinten Simplexgleitbacke
Bremsfläche: insgesamt 900 cm²
Handbremse: mechanisch auf Vorderräder wirkend
Bereifung: 6,70-13 Extra Transport, schlauchlos

Abmessungen

Länge: 4520 mm
Breite: 1850 mm
Höhe: 1850 mm
Radstand: 2400 mm
Spurweite: vorn 1450 mm, hinten 1460 mm
Bodenfreiheit: 200 mm
Laderaum: Länge 2570 mm
Breite 1676 mm
mittl. Höhe 1430 mm
Eigenmasse: 1200 kg
Zulässige Gesamtmasse: 2200 kg
Nutzlast: 1000 kg
Tankinhalt: 42 l

G. Thiele

Ein Schritt zum Autotaxi von Morgen

Was aus dem Barkas auch werden könnte

Vor einiger Zeit wurde bei der Versuchs- und Entwicklungsstelle des Kraftverkehrs eine Standardisierungsaufgabe abgeschlossen, aus der grundlegende Forderungen an ein modernes Taxi abgeleitet wurden.
Gegenwärtig werden in den sozialistischen Ländern, so auch in der DDR, immer noch Serienpersonenkraftwagen verschiedener Fabrikate und Typen als Taxen verwendet. Die Betriebserfahrungen mit diesen Fahrzeugen in den Kraftverkehrsbetrieben waren entsprechend dem Fahrzeugtyp und den Einsatzbedingungen verständlicherweise unterschiedlich, jedoch konnten die Anforderungen im wesentlichen erfüllt werden. Gute Erfahrungen im Einsatz als Taxi wurden mit dem robusten Pkw Wolga gemacht, der auch in immer größerem Umfang eingesetzt wird. Trotzdem muß festgestellt werden, daß auch dieser Pkw als Taxi keine optimale Lösung bietet. Untersuchungen in der Sowjetunion haben das bewiesen, und bereits im Jahre 1963 wurden dort die technischen und betrieblichen Parameter der Forderungen an ein modernes Taxi untersucht, die im wesentlichen noch heute zutreffen und die auch in der erwähnten Standardisierungsarbeit entsprechend beachtet wurden.
Die wesentlichen Mängel der heute als Taxi eingesetzten Serien-Pkw sind – abgesehen von der noch nicht ausreichenden Anzahl der eingesetzten Fahrzeuge – das oft unzureichende Platzangebot je Fahrzeug, der im Verhältnis zu kleine Gepäckraum und seine schlechte Zugänglichkeit, das für den Stadtverkehr nicht immer wirtschaftliche Triebwerk, die nicht optimale Gestaltung des Fahrgastraums und seine fehlende Trennung vom Fahrerplatz, die Nichteinhaltung hygienischer Forderungen an die Ausstattung des Fahrgastraums sowie die fehlende Ausrüstung mit Taxameteruhren.
Diese Mängel waren in vielen Ländern der Ausgangspunkt dafür, daß man spezielle Taxifahrzeuge entwickelte und einsetzte. Die Herstellerbetriebe stützten sich bei der Produktion von Taxis auf die Grundaggregate bzw. Fahrgestelle herkömmlicher Pkw-Typen und veränderten den Aufbau entsprechend. So entstanden neben Kompromißlösungen auch allen Anforderungen genügende Taxis.
Welche Forderungen müssen heute an ein Taxi gestellt werden, damit es allen Bedingungen sowohl für den Fahrgast als auch für den Verkehrsbetrieb erfüllt?
Vom Standpunkt des Verkehrsaufkommens ist zunächst festzustellen, daß in den Regelfällen ein bis zwei Personen befördert werden müssen. Der Anteil der Beförderung von drei Personen ist schon wesentlich geringer. Er beträgt im Republikdurchschnitt nur etwa zehn Prozent aller Fahrten. An bestimmten Tagen und saisonbedingt treten jedoch auch erhöhte Anforderungen auf, beispielsweise Fahrten zu und von Kultureinrichtungen, so daß es angebracht ist, mehr als drei Plätze anzubieten. Daraus ergibt sich, daß die Grundausstattung eines Taxis mit drei Plätzen empfehlenswert ist, jedoch zwei weitere Plätze in Form von Klappsitzen angeboten werden sollten. Diese Platzanordnung hat den großen Vorteil, daß der Platz der nicht benutzten Klappsitze für die Gepäckbeförderung genutzt werden kann. In der Regel wird dieser Raum dafür ausreichen. Da etwa 25 Prozent aller Fahrten mit einer Gepäckbeförderung verbunden sind, ergäbe sich ein weiterer Vorteil in Form der Zeiteinsparung, da der Fahrer bei dieser Lösung seinen Platz nicht zu verlassen braucht, um Gepäck im Kofferraum unterzubringen. Außerdem wird das im Straßenverkehr immer gefährlichere Betreten der Fahrbahn an der linken Fahrzeugseite vermieden.
Eine wichtige Voraussetzung für einen reibungslosen und bequemen Ein- und Ausstieg der Fahrgäste, besonders mit Gepäck, sind hohe und breite Türen. Das setzt natürlich einen entsprechend hohen Fahrgastraum, möglichst niedrige Einstieghöhe und einen ebenen Boden im Fahrgastraum voraus. Schlußfolgernd wäre es also zweckmäßig, eine breite und hohe Tür – am besten eine vom Fahrer zu bedienende Falt- oder Schiebetür – zum Fahrgastraum an der rechten Seite des Fahrzeugs anzubringen. Dazu kommen noch die Türen für die vorderen Sitze rechts und links des Fahrzeugs als Klapptüren üblicher Ausführung. Die hintere linke Tür kann – auch aus Sicherheitsgründen – entfallen. Zu beachten ist jedoch, daß eines der Fenster des Fahrgastraums als Notausstieg dienen muß, damit der Fahrgastraum bei infolge eines Unfalls verklemmter Falt- oder Schiebetür auf diesem Wege verlassen werden kann. Aus verschiedenartigen Gründen ist eine Trennwand zwischen Fahrer- und Fahrgastraum zweckmäßig. Sie vermeidet die Ablenkung des Fahrers durch die Fahrgäste und erhöht seine Sicherheit, die Fahrgäste fühlen sich ungestört, und gegenseitige Belästigungen durch Tabakrauch, Zugluft und Infektionen werden vermieden. Außerdem lassen sich Heizung, Lüftung und Geräuschdämpfung verbessern. Dabei müssen jedoch die Verständigung zwischen Fahrer und Fahrgästen sowie die Abwicklung des Geldgeschäfts möglich sein.
Mit diesen Forderungen ist ein modernes Taxi in seiner Grundkonzeption umrissen. Dabei erscheint die Lösung in Frontlenkerbauart mit vorn eingebautem Motor am zweckmäßigsten. Diese Bauart hat noch den Vorteil, daß die vom Fahrzeug beanspruchte Straßenfläche gering ist.
Da das Taxi vorwiegend im Stadtverkehr eingesetzt ist, genügt eine Spitzengeschwindigkeit

1

von 80 bis 90 km/h, allerdings mit gutem Beschleunigungsvermögen.
Weitere Forderungen sind, daß solche Taxis wartungsarm sind, sowohl im Hinblick auf die durchzuführenden technischen Dienste als auch auf die Reinigung des Fahrzeugs, insbesondere des Innenraums. Eine sorgfältige spezielle konstruktive Gestaltung muß einen verminderten Aufwand für die Instandhaltung und reduzierte Betriebskosten erreichen helfen. Schließlich muß das moderne Taxi serienmäßig mit einer Taxameteruhr, gut sichtbar für den Fahrgast, und mit einer Signaleinrichtung (Anzeigegerät „Taxi") ausgerüstet sein.
Noch werden in der DDR keine derartigen Fahrzeuge serienmäßig produziert. Es bietet sich aber an, in Serie gefertigte Fahrzeuge bzw. Aggregate mit entsprechenden Aufbauten zu kombinieren. Ein solches Fahrzeug unter Verwendung serienmäßiger Aggregate des Barkas B 1000 mit geschlossenem Aufbau fertigte die Firma Fritz Fleischer, Karosseriewerk in Gera, 1968/69 im Auftrage der Hauptverwaltung des

1 Besonders durch die großflächige Verglasung wird der moderne Gesamteindruck des Fahrzeugs unterstrichen

2 Das Betreten der Fahrbahn durch die Fahrgäste beim Ein- und Aussteigen ist nicht möglich – ein wesentlicher Sicherheitsfaktor

Fotos: Deylig

2

3

4

5

Kraftverkehrs an. Der VEB (K) Erfurter Verkehrsbetriebe übernahm die Erprobungen, und es läßt sich bereits heute feststellen, daß die Konzeption des Fahrzeugs die Erwartungen voll erfüllt. Das Ausgangsfahrzeug – der Barkas B 1000 – wurde auf Grund des Forderungsprogramms einer Reihe von Veränderungen unterzogen. Die grundlegende Maßnahme war dabei die völlig neue Gestaltung der Dachpartie mit einer sehr guten Rundumverglasung und der Einbau einer 1 150 Millimeter breiten elektromechanisch betätigten Schiebetür. Die Türöffnung mit einer Höhe von 1350 Millimetern und einer Einstieghöhe über der Fahrbahn von 350 Millimetern gestattet einen bequemen Einstieg auch mit Kopfbedeckung und Gepäck. Das Taxi bietet maximal sechs Personen Platz. Zwei Klappsitze ermöglichen das Abstellen von Gepäck. Eine weitere Gepäckablage ist hinter den Fahrgastsitzen vorhanden und durch die Hecktür zugänglich. Der vordere rechte Sitz und die rechte Einstiegtür sind ebenfalls erhalten geblieben.
Fahrer- und Fahrgastraum sind durch eine Piacryl-Scheibe getrennt und mit Sprech- und Zahlöffnung versehen.
Das Fahrzeug verfügt über eine UKW-Funkanlage und dient als Leitfahrzeug.

Ein Dachtransparent „Taxi“ und eine Taxameteruhr vervollständigen das Fahrzeug. Die bequemen Sitze und die praktische Innenausstattung entsprechen den dargestellten Forderungen an ein modernes Stadttaxi.
Bliebe der Wunsch, daß die Fahrzeugindustrie der DDR nach erfolgreicher Erprobung einen Weg zur Serienproduktion findet.

3 *Werden bis drei Fahrgäste befördert, bleibt im Fahrgastraum noch reichlich Platz für Gepäck*

4 *Auch bei der Beförderung von sechs Fahrgästen ist das Platzangebot noch komfortabel*

5 *Für Gepäck ist in jedem Falle wesentlich mehr Platz als in einem Pkw*

6 *Die große Schiebetür zum Fahrgastraum ermöglicht bequemen Ein- und Ausstieg*

6

K. Bauer

IFA W 50

Ein neuer LKW aus dem modernsten Automobilwerk unserer Republik

Eingebettet zwischen Wald und Heide liegt südlich von Berlin, direkt am Autobahnring, der Ort Ludwigsfelde. Zwei neue Bauten fallen als Wahrzeichen schon von weitem auf: ein eindrucksvolles Hochhaus und entlang der Eisenbahnlinie Leipzig – Berlin die neu erbaute große Montagehalle des VEB IFA-Automobilwerke Ludwigsfelde, die Geburtsstätte des IFA W 50 (Abb. 1).

Ludwigsfelde hat sich seit den Vorkriegsjahren zu einer Industriegemeinde entwickelt. Die nach der Zerschlagung des Hitlerfaschismus noch vorhandenen wenigen Kleinbetriebe konnten nur einem geringen Teil der Einwohner Arbeit geben. Der Ort brauchte dringend einen größeren Industriebetrieb, der den Einwohnern eine Perspektive zu geben in der Lage war. 1952 war es soweit – Tausende Bauarbeiter errichteten den VEB Industriewerke Ludwigsfelde, der sehr bald bekannt wurde durch seine Motorroller Pitty, Wiesel, Berlin und Troll.

Seitdem veränderte sich viel in unserer Republik. Als Auswirkung der stetigen Produktionssteigerung in Industrie und Landwirtschaft nahm der Güterumschlag einen großen Aufschwung und entstand vor allem in der Landwirtschaft das dringende Erfordernis, die Arbeiten wie auch den Transport der landwirtschaftlichen Produkte zu mechanisieren. Um die steigenden Bedürfnisse aus Landwirtschaft und Gütertransport nach entsprechend wirtschaftlichen Transportmitteln befriedigen und den vorhandenen veralteten Fuhrpark erneuern und erweitern zu können, beschloß der Ministerrat im November 1963, den damaligen VEB Industriewerke Ludwigsfelde zum größten und modernsten Lastkraftwagenwerk der DDR auszubauen mit einer geplanten Fertigungsendkapazität von 20000 Fahrzeugen im Jahr.

Der im Ministerratsbeschluß gestellte Termin – Fertigstellung des ersten Lkw am 17. 7. 1965 – wurde von allen Beteiligten in Ehren erfüllt. Pünktlich rollte der erste fertiggestellte Lkw vom Typ IFA W 50 vom Endmontageband. Aus diesem Anlaß wurde der Betrieb in VEB IFA-Automobilwerke Ludwigsfelde umbenannt, und die Gemeinde Ludwigsfelde erhielt das Stadtrecht.

Ehe aber überhaupt mit der Lkw-Fertigung begonnen werden konnte, waren umfangreiche Bauvorhaben zu verwirklichen, denn die vorhandenen Produktionsstätten reichten für die gestellten Forderungen anlagen- und flächenmäßig nicht aus. Die vorhandenen Hallen wurden deshalb durch eine knapp 400 m lange und 190 m breite Montagehalle in Kompaktbauweise ergänzt. Der Grundstein für den Bau dieser in Stahlbeton ausgeführten Halle wurde am 15. 6. 1964 gelegt. 88 Tage später war der Rohbau aus 50000 t Betonfertigteilen bereits montiert. Insgesamt wurde für den Bau der Halle und den Einbau der Ausrüstungen nur rund ein Jahr benötigt.

Die neue Montagehalle umschließt eine Produktionsfläche von 72000 m² und ist damit genau so groß wie alle anderen vorher im Werk schon vorhandenen Hallen zusammen. Die Kompaktbauweise weist gegenüber den anderen Bauweisen erhebliche Vorteile auf. So entfällt der Vertikaltransport, die Maschinen können unabhängig von der Größe der Fundamente freizügig aufgestellt werden, und dadurch, daß zwischen den die Dachkonstruktion tragenden Säulen mit jeweils 12 × 24 m großen Flächen ausreichend Platz ist, können die auf Straße und Schiene herangebrachten Zulieferungen auf kürzestem Weg zum Verarbeitungsplatz gelangen. Letzteres ist besonders wichtig, denn im Werk selbst werden nur Vorder- und Hinterachse, Fahrgestellrahmen, Fahrerhaus, Holzpritsche sowie für den Kipper Zwischenrahmen und Kippaufbau gefertigt, wogegen Motoren, Getriebe, Gelenkwellen, Kühler usw. von Zulieferbetrieben kommen. Bei der Festlegung des technologischen Ablaufs galt es, die bereits vorhandenen Hallen für die Produktion so wirtschaftlich wie möglich auszunutzen und die fehlende Produktionsfläche konzentriert in der neu erbauten Montagehalle unterzubringen. Deshalb wurde die gesamte mechanische Bearbeitung für die Achsfertigung einschließlich Montage bei der bereits vorhandenen Schmiede und die Kleinteilesowie die Holzpritschen- und Kipperfertigung einschließlich Montage und Oberflächenbehandlung in anderen älteren Hallen untergebracht. Alle übrigen in Ludwigsfelde gefertigten Baugruppen entstehen in der neuen Halle, wo auch die Endmontage des Fahrzeugs vorgenommen wird. Die Montagehalle besteht aus acht je 24 m breiten Schiffen.

In den Hallenschiffen 1 und 2 ist das Lager für Bleche, Rohre und Profilteile untergebracht, die per Eisenbahn direkt bis in das Schiff 1 transportiert und dort von Kränen abgeladen werden. In den Lagerschiffen ist außerdem das Gummi-, Glas- und Kunststofflager untergebracht. Das zugeschnittene Material wird von Schiff 2 nach Schiff 3 geliefert, wo sich Groß- und Kleinpresserei befinden (Abb. 2 und 3). Die vorhandenen Pressen haben eine Preßkraft von 42 bis 1000 t. Die abgepreßten Teile gelangen von da aus in die Fahrerhausfertigung, die Teile- und Untergruppenfertigung und die Rahmenfertigung.

Die mit einer Preßkraft von 3000 t hydraulisch arbeitende Rahmenlängsträgerpresse befindet sich neben dem Lager im Schiff 3 und wird ebenfalls direkt mit Material beliefert. Auf dieser Presse werden die Rahmenlängsträger ausgestanzt, fast sämtliche Löcher gelocht (etwa 140) und anschließend in einem gesonderten Arbeitsgang geformt. Die Rahmenlängsträger und Querträger werden durch eine Vorrichtung genau fixiert und mittels moderner hydraulisch arbeitender Nietzangen kaltgenietet (Abb. 4). Der vormontierte Fahrgestellrahmen wird dann mit Elektrozügen (Abb. 5) auf das eigentliche Rahmenmontageband gehoben und fertig montiert. Nach einer Zwischenkontrolle (Abb. 6) auf genaue Maßhaltigkeit durchläuft der Fahrgestellrahmen eine automatisch im Tauchverfahren arbeitende Grundieranlage (Abb. 7).

An den fertig grundierten Fahrgestellrahmen werden auf einem weiteren Montageband die Federn, Achsen, Getriebe und Gelenkwellen montiert (Abb. 8). Dann wird das vormontierte Fahrgestell mit einer Hebe- und Wendevorrichtung zum Endmontageband transportiert (Abb. 9).

1 Seit dem 17. Juli 1965 rollt in Ludwigsfelde der neue Frontlenker-Lkw IFA W 50 L vom Band

In der Fahrerhausfertigung werden die von der Presserei angelieferten Teile in modernsten Schweißvorrichtungen taktmäßig zu Gruppen zusammengeschweißt, die wiederum in einer besonderen Vorrichtung zum Rohbaugerippe verschweißt werden. Zum fertigen Fahrerhaus komplettiert wird das Gerippe auf einem gesonderten Montageband. Die Karosse durchläuft anschließend zum Grundieren gleichfalls eine automatische Tauchanlage, während die Fertiglackierung mit neuartigen Spritzgeräten vorgenommen wird. Das fertig lackierte Fahrerhaus wird auf dem Fahrerhausmontageband mit Türen, Scheiben, Instrumententafel usw. komplettiert. Für den Transport des fertigen Fahrerhauses wird ein Kreisförderer verwendet, der die Karosse vom Bandende abhebt und sie direkt über das Endmontageband bringt, wo sie dann auf das Fahrgestell aufgesetzt wird.

Auch für die Teile- und Untergruppenfertigung werden moderne Schweißverfahren wie Unterpulver- und CO_2-Schweißung angewendet. Zum Grundieren und Lackieren dieser Einzelteile und Untergruppen sind Handspritzstände und eine Überhebanlage vorhanden. Die Teile und Untergruppen werden der Endmontage über ein Zwischenlager zugeführt, das sich neben dem Endmontageband befindet.

Das Fahrzeugendmontageband befindet sich im Schiff 7. Hier wird zuerst das vormontierte Fahrgestell aufgesetzt (Bandanfang). In den nachfolgenden Takten wird es komplettiert (Abb. 12 und 13). Die dazu notwendigen Baugruppen (Teile und Untergruppen) kommen aus dem Zwischenlager, welches sich links vom Band befindet, und aus dem Norm- und Kaufteillager (Schiff 8) rechts vom Montageband. Aus diesem Lagerschiff werden zum Beispiel die Motoren mit Unterflurförderern direkt ans Band gefahren und mit Elektrozügen in das Fahrgestell eingesetzt (Abb. 11). Das Neue ist, daß das Fahrgestell nach kompletter Montage durch eine Lackieranlage läuft (Abb. 10). Nach diesem Durchlauf werden unter anderem das fertig lackierte Fahrerhaus und die Pritsche aufgesetzt (Abb. 14). Letztere wird über einen Kreisförderer von außerhalb der Halle durch das Lagerschiff 8 dem Band zugeführt. Zur Pritschenfertigung selbst sind modernste Vorrichtungen und Schweißgeräte eingesetzt und zur Montage ein gesondertes Montageband. Die fertige Pritsche wird in einer Farbgebungsanlage im Taktverfahren fertig lackiert. Am Ende des Endmontagebandes werden noch die Sitze und andere Ausstattungsteile eingefügt (Abb. 15).

Zum Lagerwesen im Schiff 8 muß noch gesagt werden, daß nicht nur Paletten und Stapelbehälter eingesetzt sind, sondern auch moderne Stapelkrananlagen eingebaut wurden, die eine größtmögliche Ausnutzung der Lagerflächen garantieren und gleichzeitig die Umschlagzeiten wesentlich verkürzen. Für den innerbetrieblichen Transport im alten Werkbereich bzw. vom alten Werkbereich zur Montagehalle stehen ebenfalls moderne Flurfördermittel sowie Kreisförderer, Hängebahnen und ähnliches zur Verfügung.

2 In der einen Hälfte des 400 m langen Hallenschiffs 3 wird das Bild von den Großpressen beherrscht. Hier werden aus angelieferten Blechen Teile für die Fahrerhausfertigung gepreßt

3

4

Die als Transportmittel eingesetzten Elektrozüge arbeiten zum überwiegenden Teil mit Fein- und Grobhub. Damit ist beim Aufheben und Absetzen der Baugruppen feinfühliges Arbeiten und genaues Einfahren zur Montage möglich.

Der im VEB IFA-Automobilwerke Ludwigsfelde gebaute Lkw vom Typ IFA W 50 wurde im VEB Kraftfahrzeugwerk „Ernst Grube" Werdau von erfahrenen Konstrukteuren entwickelt und unter schwierigsten Anforderungen erprobt. Er hat dabei seine hohen Qualitäten bewiesen. Die Frontlenkerkonzeption entspricht den internationalen Bautendenzen. Unter weitgehender Berücksichtigung der Forderungen der Bedarfsträger wurde eine maximale Baugruppenstandardisierung angestrebt. Zur Zeit läuft die Produktion des hinterradgetriebenen Normalfahrzeugs mit Pritsche (auf Wunsch auch mit Plane und Spriegel lieferbar). Diesem Normalfahrzeug folgen zu späteren Zeitpunkten verschiedene zum Teil allradgetriebene Varianten, unter anderem Pritschenfahrzeuge mit Speditionspritsche, mit Ladekran, mit Ladebordwand, Kipperfahrzeuge, Kofferfahrzeuge, Thermosfahrzeuge, Spezialfahrzeuge mit Universalmontagemast, Kommunalfahrzeuge, Feuerlöschfahrzeuge sowie Sattelschlepper und Straßenzugmaschinen.

Die Frontlenkerausführung bietet beste Sichtverhältnisse und günstige

5

6

3 *Rahmenlängs- und -querträger werden in einer Vorrichtung zum Fahrgestellrahmen zusammengespannt und mit hydraulischen Nietzangen kaltgenietet*

4 *Um den Rahmen an das eigentliche Montageband weiterzugeben, wird er mit einem von Hand gesteuerten Elektrozug angehoben*

5 *Größter Wert wird beim Rahmen auf genaue Maßhaltigkeit gelegt*

6 *An einem Kreisförderer hängend durchläuft der Rahmen die automatisch arbeitende Tauchanlage*

7

9

Ausnutzung der Verkehrsfläche durch den kurzen Radstand, der eine gute Wendigkeit ermöglicht. Das Fahrerhaus ist als Ganzstahlkarosserie in Schalenbauweise ausgeführt und auf dem Rahmen in schwingungsdämpfenden Gummielementen gelagert. Da der Motor im Fahrerhaus angeordnet ist, wurde die Motorverkleidung mit schalldämmenden Stoffen ausgefüllt.

Die Zugänglichkeit zum Motor ist durch Rückklappen der Haubenauflage (Abb. 16) und Herausnahme der Seitenteile gewährleistet. Dach, Türen und Rückwand sind innen mit Hartfaserpappe verkleidet, die mit abwaschbarer PVC-Folie überzogen ist. Um die Sitzverhältnisse der Körpergröße des Fahrers anzupassen, sind die Sitze in Längsrichtung, in der Höhe und in der Lehnenneigung verstellbar (Abb. 17). Kontrollinstrumente und Bedienungselemente sind übersichtlich in der Instrumententafel angeordnet. Blinkleuchten, Lichthupe, große Außenspiegel, Scheibenwischer mit großem Radius und eine Scheibenwaschanlage vervollständigen den Fahrkomfort und die Verkehrssicherheit (Abb. 18).

Der nach dem Wirbelkammerverfahren arbeitende Viertakt-Dieselmotor ist ein wassergekühlter 4-Zylinder-Reihenmotor von 6560 cm³ Hubraum. Bei einem Hub-Bohrung-Verhältnis von 145 zu 120 mm und einer Verdichtung von 17,5 erreicht er eine Literleistung von 16,8 PS. Die Höchstleistung von 110 PS wird bei 200 U/min abgegeben. Sein maximales Drehmoment von 40 kpm erreicht der Motor bei 1400 U/min. Die Motorkühlung, als Pumpenumlaufkühlung mit Temperaturregelung durch Thermostat ausgeführt, sorgt für ein schnelles Erreichen der Betriebstemperatur (Abb. 19). Das Motorbremsgehäuse befindet sich zwischen Motorauspuffkrümmer und Auspuffrohr.

Der Ausrückweg der Einscheiben-Trockenkupplung mit Zentralfeder und mitlaufendem Ausrücklager liegt bei 13 bis 15 mm, das übertragbare Moment bei 78 kpm.

Das Wechselgetriebe ist getrennt vom Motor im Rahmen an drei Punkten elastisch in Gummielementen aufgehängt. Es besitzt fünf Vorwärtsgänge und einen Rückwärtsgang, wobei der zweite bis fünfte Gang synchronisiert ist. Die Übersetzungsverhältnisse betragen im 1. Gang 8,26,

7 *Auf dem folgenden Montageband werden die Blattfedern und die hintere Doppelachse montiert*

8 *Nachdem auch Vorderachse, Getriebe und Gelenkwellen eingebaut sind, wird das vormontierte Fahrgestell mit der hier sichtbaren Hebe- und Wendevorrichtung angehoben, gewendet und dann zum Endmontageband transportiert*

9 *Nach dem Einbau des Kraftstoffbehälters und einiger anderer Bauteile durchläuft das Fahrgestell eine Lackieranlage*

8

10

im 2. Gang 4,56, im 3. Gang 2,62, im 4. Gang 1,59, im 5. Gang 1,00 und im Rückwärtsgang 6,38.
Das Getriebegehäuse ist so ausgebildet, daß je nach Fahrzeugtyp verschiedene Nebenabtriebe und ein Schnellganggetriebe angeflanscht werden können. Das Getriebe wird mechanisch über Gestänge geschaltet, der leichte Nebenabtrieb mit Hilfe eines kurzen Schalthebels neben dem Fahrersitz über Bowdenzug.
Die Hinterachse ist als Dippelachse getrennt in Trag- und Antriebsachse ausgeführt (Abb. 8). Der Antrieb zu den Rädern läuft über ein Vorgelege, die gesamte Achsuntersetzung ist hierbei in die Achsgetriebeuntersetzung und eine Seitenvorgelege-Stirnraduntersetzung an den Rädern unterteilt. Diese Achskonstruktion bietet auf Grund der Trennung von Trag- und Antriebsachse den Vorteil einer großen Bodenfreiheit. Auf Sonderwunsch kann eine druckluftbetätigte Differentialsperre eingebaut werden. Die Spurweite beträgt 1778 mm bei einer Bereifung 8,25–20. Die Vorderachse ist eine Faustachse mit geschmiedetem Achskörper.
Die Hinterfedern bestehen aus Haupt- und Zusatzblattfedern, vorn besitzt das Fahrzeug Blattfedern und Stoßdämpfer. Die Federwege betragen bei der für einen Lkw relativ weich ausgelegten Federung an der Vorderachse 172 mm und an der Hinterachse 225 mm bis zum Gummianschlag. Die Teleskopstoßdämpfer sind einstellbar.
Das eingebaute Lenkgetriebe arbeitet nach dem Roß-System mit einem mittleren Übersetzungsverhältnis von 23,4, mit dem sich 5,2 Lenkradumdrehungen von Anschlag zu Anschlag ergeben.
Die Fußbremse betätigt eine Hydraulik-Zweikreisbremsanlage für Vorder- und Hinterräder. Die Fußkraft wirkt über ein mechanisches Ge-

11

12

13

10 *Der vom Motorenlager mit einem Unterflurförderer direkt an das Band gefahrene Motor wird in das Fahrgestell eingesetzt*

11 *Im Verlauf der weiteren Komplettierung werden Kühler und Bremsanlage . . .*

12 *. . . sowie der Lenksäulendom und das Lenkgetriebe eingebaut*

13 *Schließlich werden auf das Fahrgestell das fertig lackierte Fahrerhaus und die Ladepritsche aufgesetzt. Deutlich erkennbar sind hier die Förderböcke des Endmontagebandes*

14 *Hier werden die Sitze zusammengesetzt und eingebaut*

15 *Nach Zurückklappen der Haubenauflage und Ausheben der hier noch eingesetzten Seitenteile ist der Motor gut zugänglich*

16 *Die Einzelsitze für Fahrer und Beifahrer sind in Längsrichtung, in der Sitzhöhe und in der Lehnenneigung verstellbar*

17 *Normalerweise ist der Motor noch mit einer gleichfalls geräuschdämmenden Plane abgedeckt. Kontrollinstrumente und Bedienungselemente sind übersichtlich und zweckmäßig angeordnet*

15

16

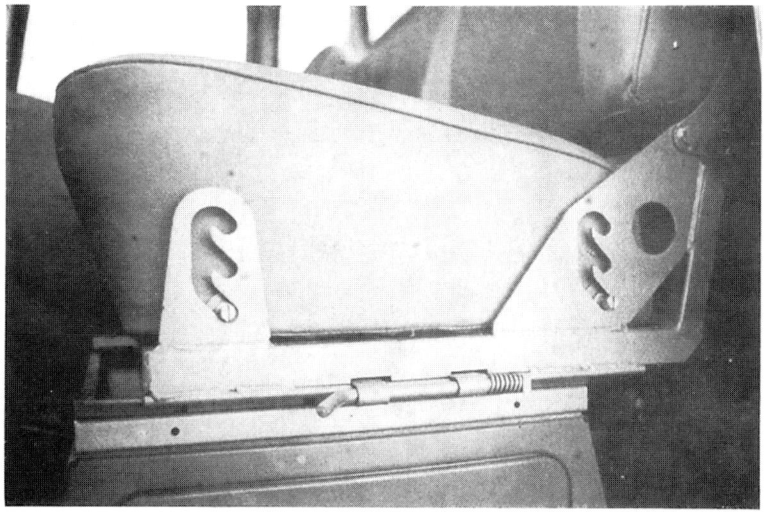

17

14

stänge auf das Bremskraftverstärkerventil und den angeflanschten Hauptbremszylinder. Die von außen leicht abziehbaren Bremstrommeln haben einen Durchmesser von 400 mm und eine Belagbreite von 120 mm. Als Handbremse besitzt das Fahrzeug eine Ratschenhandbremse, die mechanisch auf die Hinterräder wirkt. Im Anhängerbetrieb wird die Druckluftbremse des Hängers über das Bremskraftverstärkerventil gesteuert.

Der Rahmen besitzt eine hohe Verwindungssteifheit, was sich besonders im Geländeeinsatz günstig auswirkt. Der Pritschenunterbau besteht aus fünf Stahlblechquerschwellen. Die Pritsche selbst wird in Holz ausgeführt. Auf Wunsch kann ein Planverdeck montiert werden. Das zugehörige Spriegelgestell besteht aus drei Querspriegeln, die in Längsrichtung durch je fünf aus Stahlblech gefertigte Holme verbunden sind.

Unter der Pritsche ist auf einem Schlitten das Reserverad gelagert. Der Schlitten kann nach links ausgefahren und auf die Fahrbahn abgesenkt werden, wodurch die Reserveradentnahme begünstigt wird (Abb. 20).

Die beiden Batterien von je 135 Ah Kapazität sind in einem abgeschlossenen Kasten rechts am Längsträger untergebracht. Die Zugänglichkeit wird durch eine abnehmbare Haube gewährleistet. Auf der gleichen Seite ist der 100 Liter fassende Kraftstoffbehälter angebracht (Abb.21). Die Betriebsspannung der elektrischen Anlage beträgt 12 V, für die Anlasseranlage 24 V. Die asymmetrischen Scheinwerfer werden über einen Fußschalter abgeblendet. Die Kabelverbindungen sind dem internationalen Trend folgend und aus Gründen der Montagevereinfachung als Flachsteckanschlüsse ausgebildet.

Das Normalfahrzeug hat eine Gesamtlänge von 6532 mm und eine Gesamthöhe von 2550 mm (Ladeflächenhöhe 1220 mm). Der Radstand beträgt 3200 mm, der hintere Rahmenüberhang 1770 mm. Bei der Fahrzeugbreite von 2500 mm entsteht eine Ladeflächengröße von 9,9 m². Der kurze Radstand ergibt einen kleinsten Wendekreisdurchmesser von 14,2 m. Das Fahrzeug besitzt eine Leermasse von 4500 kg und eine Nutzmasse von 5300 kg bei einer zulässigen Gesamtmasse von 9800 kg. Die zulässige Achslast liegt für die Hinterachse mit 7000 kp und für die Vorderachse mit 3000 kp fest. Die zulässige Anhängemasse beträgt 8000 kg. Die Höchstgeschwindigkeit wird mit 83 km/h und die maximale Steigfähigkeit mit 33 Prozent angegeben. Der mittlere Kraftstoffverbrauch liegt je nach Fahrweise und -bedingungen bei 20 bis 25 l/100 km.

Zusammenfassend kann man sagen, daß der IFA W 50 eine Weiterentwicklung im Vergleich zum S 4000-1 darstellt und in der Gesamtheit gesehen einem internationalen Vergleich ohne weiteres standhält. Gegenüber einem Großteil von Vergleichsfahrzeugen weist der IFA W 50 hinsichtlich des Fahrverhaltens und bestimmter Ausrüstungsdetails deutliche Vorzüge auf. In einiger Zeit wird auch über seine Bewährung bei den in- und ausländischen Kunden gesprochen werden können.

18

19

20

18 Bei abgenommener Kühlerschürze werden unter anderem Ansaugfilter und Kühlerjalousie sichtbar

19 Das Reserverad liegt auf einem Schlitten, der nach links herausgezogen und auf die Fahrbahn heruntergeklappt werden kann

20 Von der rechten Fahrzeugseite sind Batteriekasten, Kraftstoffbehälter und Werkzeugkasten zugänglich

Dr. G. Zimmer

Thema mit Variationen

Die Nutzfahrzeug Typenreihe W 50

Seit im Juli 1965 der erste Lkw vom Typ IFA W 50 L die imposante Montagehalle des VEB IFA-Automobilwerke Ludwigsfelde, eines der modernsten Lkw-Werke Europas, verließ, sind nunmehr fast zweieinhalb Jahre vergangen und die Automobilbauer in Ludwigsfelde ihrem Ziel, ein umfangreiches Typenprogramm für die vielfältigen Einsatzzwecke in Industrie, Land-, Forst- und Bauwirtschaft sowie im Handel aufzubauen, ein gutes Stück näher gekommen. Es ist gelungen, bei maximaler Standardisierung der Hauptbaugruppen ein vielseitiges Variantenprogramm zu realisieren, das den verschiedenartigen Anforderungen der einzelnen Abnehmer gerecht wird. Mit einigen weiteren Varianten wird dieses Programm in den Jahren 1968/69 komplettiert und abgeschlossen.
Als *Grundkonzeption* für den W 50 wurde die international übliche Frontlenkerbauweise gewählt. Der als Antriebsaggregat verwendete Vierzylinder-Dieselmotor gibt 125 PS bei 2300 U/min ab und arbeitet nach dem M-Verfahren von MAN. Er fällt durch hohe Wirtschaftlichkeit, niedriges Geräuschniveau, hohe Kaltstartfreudigkeit durch ein wirksames Kaltstartgerät und geringe Abgasbelästigung auf.
Weiter erhöht wird die Wirtschaftlichkeit durch den serienmäßigen abschaltbaren Lüfter, der sich durch eine elektromagnetische Schaltkupplung in Abhängigkeit von der Kühlwassertemperatur automatisch zu- und abschaltet. In unseren Breiten beträgt der Fahranteil, bei dem Kühlung durch den Lüfter erforderlich ist, nur etwa 8 Prozent. In der übrigen Zeit steht der Lüfter nun still, was außer einer Geräuschsenkung eine effektive Leistungserhöhung von etwa 3 PS und eine Kraftstoffverbrauchssenkung bewirkt. Wechselgetriebe (5 Vorwärtsgänge, 2. bis 5. Gang synchronisiert) und – bei Allradantrieb – Verteilergetriebe (Moment-Verteilung auf Vorder- und Hinterachse im Verhältnis von etwa 1:2, Übersetzung beträgt 1,64) werden mechanisch über Gestänge geschaltet.
Beim IFA W 50 sind für Spezialaufbauten ferner verschiedene Kombinationen von Zusatzantrieben für bestimmte Aggregate möglich. Der leichte Nebenabtrieb wird hinten am Wechselgetriebe angeflanscht bzw. findet sich beim Allradfahrzeug im Verteilergetriebegehäuse. Wahlweise können leichte Nebenabtriebe mit Gelenkwellenanschluß (Nenndrehzahl 560 U/min) oder mit Flansch für eine Zahnradpumpe (Nenndrehzahl 1175 U/min) eingebaut werden. Weiter wird ein schwerer Nebenabtrieb mit einer übertragbaren Leistung bis zu 90 PS gefertigt. Der Abgang für Gelenkwellenanschluß befindet sich oberhalb des Rahmens nach vorn und hinten.
Bei den Typen mit Allradantrieb wird für die nach dem Roß-System arbeitende Lenkung eine hydraulische Lenkhilfe eingebaut. Die Förderung des Öls übernimmt eine am Motor gelagerte und von diesem angetriebene Hydraulikpumpe. Mit dieser Hydrolenkung konnten die Lenkkräfte auf einen sehr niedrigen Wert gebracht werden; gleichzeitig dient sie zur Dämpfung von Fahrbahnstößen. Trotzdem bleibt der Kontakt mit der Fahrbahn fast gleich, so daß sich das Fahrgefühl kaum ändert.

1 Blick in die Montagehalle des VEB IFA-Automobilwerk Ludwigsfelde. Im Vordergrund der Rollenprüfstand

2 Am Endmontageband werden Fahrwerk, Antriebsaggregat und Fahrerhaus zusammengebaut

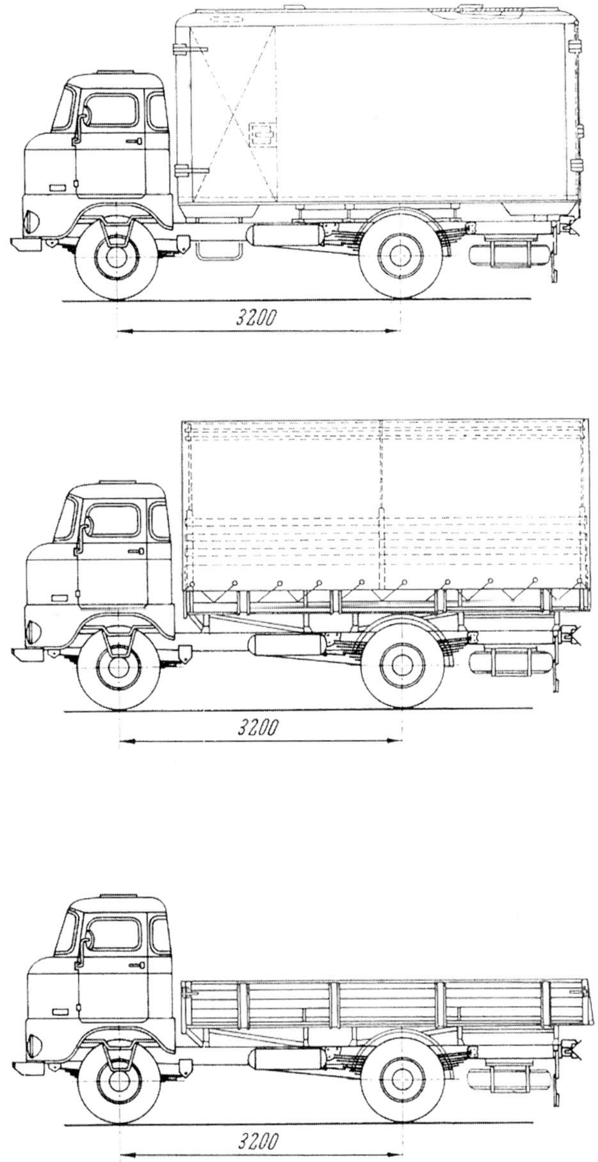

Auch bei der konstruktiven Gestaltung des Fahrerhauses war man bestrebt, die Wünsche der Fahrer nach Bedienungs- und Fahrkomfort weitgehend zu erfüllen. Im Dach ist zur Entlüftung eine verstellbare Klappe eingebaut. Der Einstieg über dem Vorderrad ist über den bei Radwechsel demontierbaren Trittbügel schnell und sicher zu erreichen. Der Motor ist durch die Motorraumverkleidung mit schalldämmenden Stoffen vom Fahrerhausinnern wirksam isoliert. Nach Rückklappen der Haubenauflage und Herausnehmen der Seitenteile sind alle Aggregate gut zugänglich. Die Innenverkleidung (Dach, Türen, Rückwand) besteht aus Hartfaserpappe, überzogen mit abwaschbarer PVC-Folie. Die Rückwand enthält zwei Taschen; außerdem ist eine Ablageschale auf der Motorhaube vorhanden.
Der zentralgefederte und schwingungsgedämpfte Fahrersitz bietet zusammen mit der gut abgestimmten Fahrzeugfederung gute Voraussetzungen für ermüdungsfreies Fahren. Er ist horizontal und vertikal sowie in der Lehnenneigung verstellbar.
Alle Kontrollinstrumente und Bedienelemente liegen übersichtlich im

3 Auf einem Standard-Fahrgestell, das mit zwei Radständen zur Auswahl steht, bietet Ludwigsfelde bereits eine umfangreiche Palette unterschiedlicher Aufbauten an: Normalpritsche, Speditionspritsche, Ladekran, Kofferaufbau, Universal-Montagemast, Dreiseiten- und Zweiseitenkipper; Fäkalienwagen

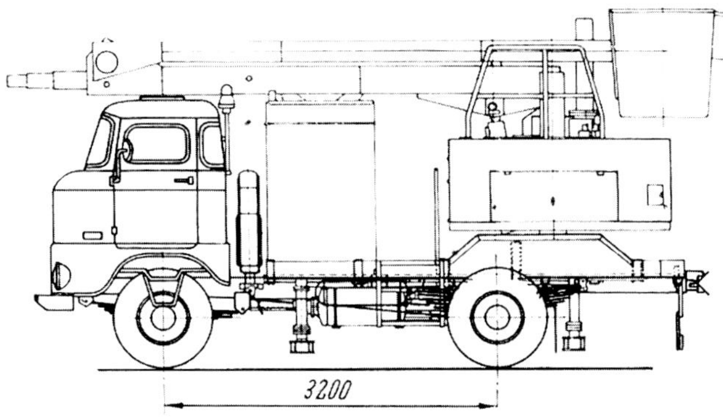
3200

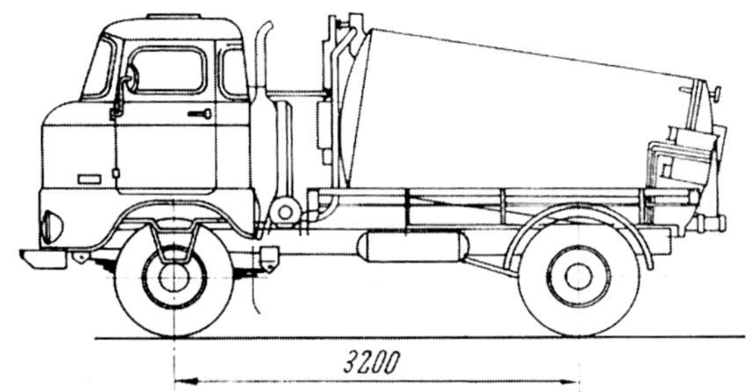
3200

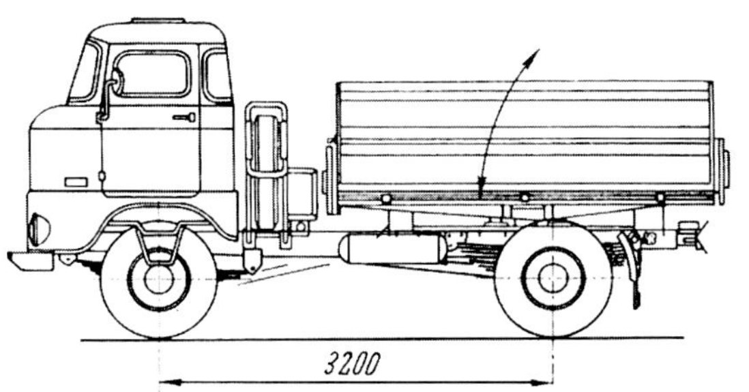
3200

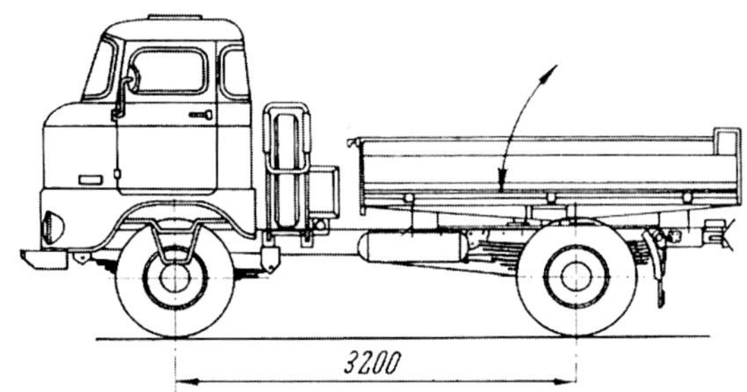
3200

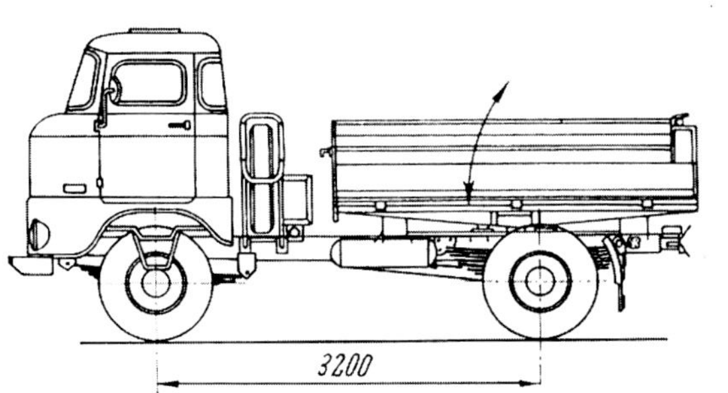
3200

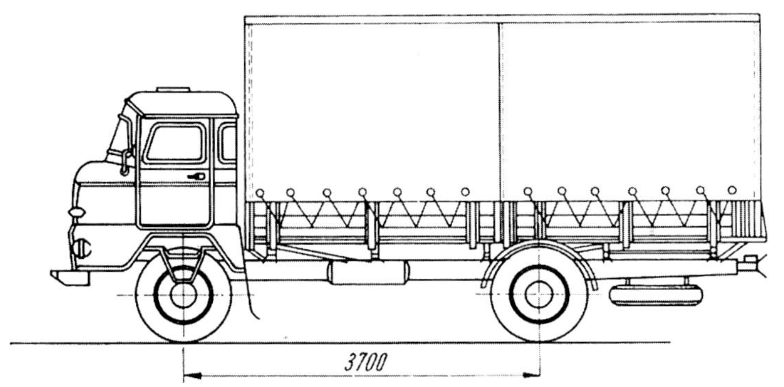
3700

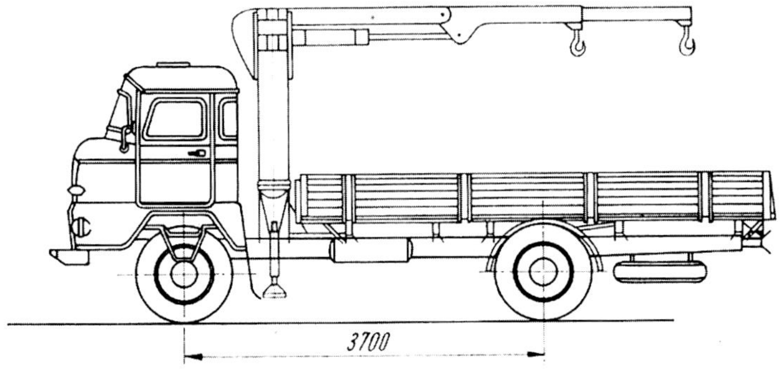
3700

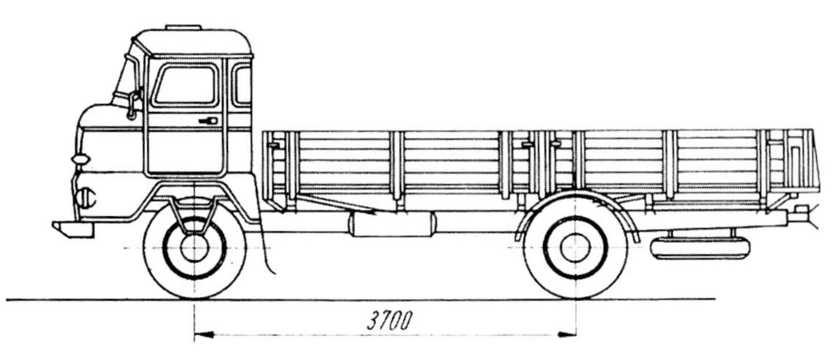
3700

4 Das hinterradgetriebene Fahrgestell mit dem kürzeren Radstand

5 Der zentralgefederte und gedämpfte Sitz erhöht den Fahrkomfort und schafft gute Voraussetzungen für ermüdungsfreies Fahren

Blickfeld des Fahrers. Für den Beifahrer ist ein Haltegriff angebracht, und zwischen beiden Plätzen ist in der Instrumententafel schon der Raum für den Einbau eines Radios vorhanden. Die Heizung und Belüftung beim IFA W 50 ist sehr wirkungsvoll. Im Fahrerhaus treten auch bei vollgeöffneten Seitenfenstern keinerlei Zuglufterscheinungen auf.

Das W50-Programm baut auf einer Reihe von Grundfahrgestellen auf. Durch 2 verschiedene Radstände und 4 verschiedene Rahmenüberhänge sind die Voraussetzungen für eine Vielzahl verschiedener Aufbauten gegeben (Abb. 3).

Das W50-Programm enthält zwei *Pritschen-Varianten* mit 4500 und 5200 mm Pritschenlänge, die beide wahlweise mit Spriegelgestell und Plane lieferbar sind. Mit dem Laderaumvolumen von 20 bzw. 23 m^3 ist bei einer Ladekapazität von etwa 5,2 t eine wirtschaftliche Auslastung der Fahrzeuge mit den hauptsächlichsten Güterarten im Handel und Speditionsbetrieb (4 bis 6 m^3/t) möglich. Die Ladeflächenhöhe entspricht mit 1100 mm (normalbelastet) den in unserer Republik üblichen Laderampenhöhen von etwa 1130 mm. Die längere Pritschenausführung, die sogenannte *Speditionspritsche*, hat geteilte Seitenbordwände und herausnehmbare Rungen zur optimalen Anpassung an die verschiedenartigen Be- und Entladebedingungen.

Ein wichtiges Hilfsmittel zur Transportrationalisierung und Mechanisierung der Be- und Entladevorgänge im Stückgutverkehr stellt der Aufbauladekran dar. Der beim W 50 zwischen Pritsche und Fahrerhaus montierte *Ladekran* hat eine maximale Tragfähigkeit von 1250 kp. Die Pritschenabmessungen entsprechen der Normalausführung, die Ladekapazität beträgt 4500 kg.

Der Ladekran wird hydraulisch über das am Wechselgetriebe angeordnete Nebengetriebe mit angeflanschter Zahnradpumpe angetrieben. Die knickbaren Auslegearme werden in Fahrstellung quer hinter dem Fahrerhaus zur rechten Fahrzeugseite hin abgelegt. In Arbeitsstellung kann der äußere Auslegearm durch Herausziehen eines verschiebbaren Gliedes auf eine maximale Ausladung von 4200 mm verlängert werden. Die Tragfähigkeit beträgt dabei 500 kp. Bei eingeschobenem Arm (3200 mm Ausladung) beträgt sie am kardanisch angelenkten Lasthaken 800 kp, und bei weniger als 2500 mm Ausladung ist immer die maximale Tragkraft von 1250 kp vorhanden. Bei Arbeiten mit dem Ladekran wird das Fahrzeug durch ausfahrbare hydraulische Stützen gegen Kippen gesichert. Ein Anfahren mit dem Fahrzeug in dieser Stellung verhindert ein Schaltelement. Untersuchungen ergaben, daß beim Einsatz von Fahrzeugen mit Ladekran bei einer mittleren Transportentfernung von 20 km eine Steigerung der Transportleistung bis zu 55 Prozent möglich ist.

Speziell für die Belange des Handels sowie einiger weiterer Bedarfsträger stehen W50-*Kofferfahrzeuge* mit Normal- und Isothermkofferaufbau zur Verfügung. Beide Aufbauten sind weitgehend standardisiert und unterscheiden sich lediglich im Innenausbau und in der veränderten Türgestaltung. Beim Normalkoffer steht ein Laderaumvolumen von etwa 21 m^3 zur Verfügung, beim Isothermkoffer sind es bedingt durch die allseitige Isolierschicht von 130 mm noch etwa 15 m^3. Bei 4700 kg Ladekapazität und dem durchschnittlichen Raumbedarf der im allgemeinen zu transportierenden Güter von 4 m^3/t ist damit eine gute Auslastung möglich. Die Rückwand ist als zweiflügelige Tür konstruiert; die Türflügel sind um 270° schwenkbar und werden in der Endstellung arretiert. Zusätzlich befindet sich vorn rechts eine um 180° schwenkbare Seitentür.

6 Blick auf die Instrumententafel mit den Kontrollinstrumenten und Bedienelementen

Die für den Aufbau vorgefertigten Bauelemente werden miteinander verschraubt und gewährleisten somit wirtschaftliche Austauschbarkeit bei der Instandsetzung und bei Havarieschäden – eine von der Praxis immer wieder geforderte Bedingung.

Für Montagearbeiten über Flur werden in einer Reihe von Ländern für eine Vielzahl von Einsatzgebieten in allen Bereichen der Wirtschaft verstärkt fahrbare Montagemasten verwendet. Der bereits auf dem S 4000-1 montierte *Universal-Montagemast* wird in verbesserter Ausführung auch auf dem modernen W50-Fahrgestell angeboten.

Der Mast besteht aus der auf dem Fahrgestellzwischenrahmen gelagerten Drehsäule, den unabhängig voneinander hydraulisch betätigten zwei Schwenkarmen und den am oberen Schwenkarm befestigten beiden Mastkörben. In Arbeitsstellung des Mastes sorgen 4 Hydraulikstützen für eine hohe Standfestigkeit des Fahrzeugs. Als Antrieb für die Schwenkarmbewegung dient ein stationärer Dieselmotor. Die Arbeitshöhe des vom rechten Mastkorb aus zu bedienenden Universal-Montagemastes beträgt maximal 13 Meter über Flur.

Für die umfangreichen Baustofftransporte – mengenmäßig rund die Hälfte der gesamten Gütertransportmenge im Bereich des Güterkraftverkehrs – benötigen Kraftverkehr und Bauwesen in verstärktem Maße Kipperfahrzeuge.

Ludwigsfelde stellt W50-Kipperfahrzeuge mit Dreiseitenkippaufbau zur Verfügung. Der *Dreiseitenkippaufbau* kann ohne Veränderungen auf hinterrad- wie auf allradgetriebene Fahrgestelle montiert werden. Als Verbindung zwischen Fahrgestell und Kippaufbau wurde ein Zwischenrahmen gewählt, der mit dem Fahrzeugrahmen verschraubt ist und alle Hydraulikelemente und Rohrleitungen enthält.

Den Druckölstrom erzeugt eine am Nebenabtrieb angeflanschte Zahnradpumpe. Nach Betätigung des Schaltventils gelangt der Ölstrom zum kombinierten Hubbegrenzungs- und Sicherheitsventil (KHS-Ventil) und weiter zum Teleskop. Das KHS-Ventil verhindert bei Überladung jeglichen Kippvorgang – wirkt also als Lastbegrenzer –, gewährleistet die Endbegrenzung des Kippvorgangs und erzeugt am Ende des Kippvorgangs eine Rüttelbewegung, um das Ladegut besser zum Abgleiten zu bringen. Ein unter der Kippbrücke angebrachter Mechanismus ent- und verriegelt die hintere Bordwand jeweils beim Kippvorgang automatisch.

In abgesenktem Zustand wird die Kippbrücke mit einer Kraft von

Tabelle: Maximal mögliche Auslastung (in %) der W 50-Kipperfahrzeuge mit verschiedenen Schüttgütern (einschließlich Schüttkegel; 4,5 t = 100% Auslastung)

Schüttgut	Bordwandhöhe 450 mm	650 mm	850 mm
Anthrazit	80	105	130
Braunkohle	65	85	105
Erde trocken	100	140	180
Kies, Lehm	150	200	250
Hafer	45	60	75
Weizen	75	100	125
Kartoffeln	70	95	120
Rüben	60	85	110
Kunstdünger	70–140	90–180	110–220

7 Das Pritschenfahrzeug wird in zwei Varianten angeboten

8 Bei der W50-Variante mit Speditionspritsche findet das Fahrgestell mit dem längeren Radstand Verwendung

300 kp verspannt. Damit wurde ein entscheidender Schritt zur Lärmminderung besonders bei Leerfahrten getan.
Der Kippwinkel von 48° gewährleistet auch bei schmierigem Gut ein restloses Abkippen. Die Kippzeiten von nur 11 s ermöglichen hohe Arbeitsproduktivität. Die Grundfläche der Kipp-Pritsche gestattet in Verbindung mit zwei möglichen Bordwandhöhen von 450 und 650 mm eine gute Auslastung bei Gütern mittlerer bis hoher Dichte (s. Tabelle).
Ein wesentlicher Bedarf an Kipperfahrzeugen ist in den nächsten Jahren im Bereich der Landwirtschaft zu erwarten. Zur Bewältigung der umfangreichen Transportaufgaben müssen verstärkt Lastkraftwagen eingesetzt werden. Der gegenwärtig überwiegende Einsatz von Traktoren im außerbetrieblichen Transport ist unwirtschaftlich. Darüber hinaus führt der Traktorenverkehr auf Landstraßen mit steigender Verkehrsdichte spürbar zu Verkehrsbehinderungen. Untersuchungen haben gezeigt, daß die Transportleistung stark abhängig ist von der Transportentfernung, wobei bei größerer Entfernung die Transportgeschwindigkeit der bestimmende Faktor wird. Hierin liegt auch der wesentliche ökonomische Vorteil des Lkw gegenüber Traktorenbetrieb. Die Transportleistung steigt bei größeren Entfernungen auf über das Doppelte an, während der Aufwand an lebendiger Arbeit auf etwa die Hälfte verringert wird. Damit verbunden sind Kosteneinsparungen bis zu 40 Prozent bei Transportwegen um 20 km (s. Tabelle). Da in der Landwirtschaft mit einem Anteil schlechter Wegstrecken und Acker von etwa 5 Prozent zu rechnen ist, kommt vorwiegend der Allradkipper zum Einsatz. Dabei ist zukünftig die wahlweise Ausrüstung mit Niederdruckreifen möglich.
Neben dem Dreiseitenkippaufbau steht für den landwirtschaftlichen Transport ein *Zweiseitenkippaufbau* zur Verfügung. Besondere Merkmale sind die automatische Bordwandbetätigung, die ein Aussteigen des Fahrers nicht mehr erforderlich macht, sowie das höhere Laderaumvolumen durch 850 mm hohe Bordwände. Die übrigen Abmessungen sind wie beim Dreiseitenkippaufbau. Die Seitenbordwände sind geteilt und

9

oben und unten angelenkt. Das Öffnen und Schließen erfolgt über Gestänge und Seilzug automatisch bei Einleitung des Kippvorgangs. Das größere Ladevolumen verbesserte die Auslastungsmöglichkeiten beim Transport der in der Landwirtschaft vorherrschenden spezifisch leichteren Güter. Die Auslastung liegt damit bei Getreide bei 70 bis 100 Prozent und bei Zuckerrüben und Kartoffeln bei etwa 100 Prozent.
Wegen des hohen Anteils von Hängerbetrieb in der Landwirtschaft sind die W 50-Allradkipper auch in Zugmaschinenausführung mit veränder-

9 Der Ladekran ist beim W50 zwischen Fahrerhaus und Pritsche untergebracht

10 Die W50 haben ihre Eignung in der Praxis vielfältig bewiesen

11 Schnellen und schonenden Transport von leicht verderblichen Gütern ermöglichen W50-Kofferfahrzeuge in Normal- und Isothermausführung

12 Landwirtschaft und Bauindustrie sind die hauptsächlichsten Einsatzbereiche für den Dreiseitenkipper

13 Der allradgetriebene Kipper bewährt sich auch in schwierigem Gelände

13

14 W50-Kipper im Baustelleneinsatz

Tabelle: **Richtwerte** für die Erhöhung der Transportleistung und die Kostenreduzierung in der Landwirtschaft beim Einsatz von Lkw W 50 gegenüber Traktorenbetrieb

Mittlere Transport-entfernung	Transportleistung W 50 LA/K u. 1 Hänger (Traktor u. 1 Hänger = 100%)	Kostenaufwand Zugmittel W 50 LA/K (Zugmittel Traktor = 100%)
5 km	210%	80%
10 km	215%	65%
20 km	230%	60%
30 km	250%	

ter Achsuntersetzung und einer stärkeren Anhängekupplung lieferbar. Einen weiteren wichtigen Komplex des W50-Programms bilden die Kommunalfahrzeuge. Als erste Variante wurde der *Fäkalienwagen* auf W 50-Fahrgestell in die Produktion übergeführt. Der komplette Fäkalienaufbau ist über einen Zwischenrahmen mit dem Fahrgestell verbunden.

15 Nach Langholztransportern verlangen die Forstwirtschaft und die holzverarbeitende Industrie

Der Behälter hat ein Fassungsvermögen von 4500 Liter. Die Flüssigkeiten werden in den Behälter über einen Niveauunterschied von 7 Meter gesaugt. Den dazu erforderlichen Unterdruck erzeugt ein über den schweren Nebenabtrieb angetriebener Zellenverdichter. Die hohe Produktivität kommt in einer Füllzeit von nur 6 Minuten zum Ausdruck. Zum raschen Entleeren des Kessels wird ein gleichfalls erzeugter Überdruck von 0,5 at genutzt.
Die beschriebenen Varianten stellen den ersten Teil des umfangreichen W50-Programms dar, das in den Jahren 1968/69 unter anderem durch Sattelzugmaschinen, Straßenzugmaschinen, Kehrmaschinen, Müllwagen und Sonderfahrzeuge komplettiert werden wird. Daneben stehen entsprechende Fahrgestelle für reine Spezialaufbauten zur Verfügung, wie z. B. Langholzaufbau für Forstwirtschaft, Viehtransportaufbau, Düngerstreuaufbau u. a. m. Die gewählte Konzeption ermöglicht dabei in allen Bereichen einen wirtschaftlichen Transport der wichtigsten Güter. Die Robustheit des W 50 sichert ihm auch unter erschwerten Einsatzbedingungen einen wirtschaftlichen Betrieb und hohe Lebensdauer. Umfangreiche Erprobungen und Testfahrten auch unter extremen klimatischen und geografischen Bedingungen haben den Nachweis hoher Qualität erbracht, und die Automobilbauer von Ludwigsfelde setzen ihre ganze Kraft darein, das hohe technische Niveau der W50-Fahrzeuge durch zielstrebige Weiterentwicklung auch künftig beizubehalten.

16 Für den Einsatz in der kommunalen Wirtschaft bestimmt ist der Fäkalienwagen

17 Der W 50 mit Universal-Montagemast ist ein unersetzlicher Helfer bei allen Arbeiten über Flur

17

Tabelle: **Technische Daten der IFA-W50-Varianten**

Einheitliche Werte:

Motor	Viertakt-Dieselmotor mit Direkteinspritzung (M-Verfahren) 4 VD 14,5/12 SRW-1
Motorleistung	125 PS bei 2300 U/min
Wechselgetriebe	Fünfganggetriebe, 2. bis 5. Gang synchronisiert
Übersetzungen	8,61/4,56/2,62/1,59/1,00/R 6,38
Bereifung	8.25-20 EHD (Tragfähigkeit 1700 kp bei 100 km/h)
Zulässige Anhängemasse	9000 kg⁵)

Abweichende Werte:

Variante¹)	Achs-unter-setz.²)	Höchst-geschw. (km/h)	Steig-fähig-keit (%)	Nutz-masse (kg)	zul. Gesamt-masse (kg)	Rad-stand (mm)	Gesamt-länge (mm)	Aufbau (Länge × Breite × Höhe) (mm)	Bemerkungen
L-Normalausführung	4,64	90	32	5220	9800	3200	6530	Pritsche 4500 × 2200 × 500	wahlweise mit Plane und Spriegelgestell
L-Spedition	4,64	90	32	5000	9800	3700	7250	Pritsche 5200 × 2200 × 500	
L-Normalkoffer	4,64	90	32	4700	9700	3200	6430	Normalkoffer 4410 × 2350 × 2000	
L-Isothermkoffer	4,64	90	32	4650	9700	3200	6430	Isothermkoffer 4160 × 2030 × 1800	
L-Unimast	4,64	90	32		9800	3200	6200	Universalmontagemast 13 m u. Kabine sowie Werkzeug usw.	im Aufbau Platz für 3 Personen zusätzlich
L-Ladekran	4,64	90	32	4500	10200	3700	7030	Pritsche 4500 × 2200 × 500 und Ladekran (1250 kp)	
L-Fäkalienwagen	4,64	90⁴)	32		10800	3200	6040	Behälteraufbau für 4500 *l* Füllmenge	
L-Kipper	5,36	76	37	4700	9800	3200	5750	Dreiseitenkippaufbau 3050 × 2350 × 450	wahlweise mit Bordwandhöhe 650 mm
LA-Kipper	5,36³)	76	rd. 55	4500	10200	3200	5750	Dreiseitenkippaufbau 3050 × 2350 × 450	wahlweise mit Bordwandhöhe 650 mm
LA-Kipper	5,36³)	76	rd. 55	4500	10200	3200	5850	Zweiseitenkippaufbau 3050 × 2350 × 850	

Anmerkungen:

¹) L = hinterradgetrieben, LA = allradgetrieben

²) Standardausrüstung

³) In Zugmaschinenausführung 6,07 (Höchstgeschwindigkeit etwa 65 km/h)

⁴) Bei 100prozentiger Auslastung Reduzierung auf 60 km/h

⁵) Zugmaschinen 16000 kg

Dr. Gerhard Zimmer

IFA L 60

der neue Nutzkraftwagen aus Ludwigsfelde

Vergleich mit dem W 50

Nutzkraftwagen stehen zwar nicht so stark im Mittelpunkt des Interesses wie Personenkraftwagen – doch die ständig steigenden Anforderungen an ihre technische Weiterentwicklung im Interesse von rationeller Fertigung, großer Verkehrssicherheit, angenehmen Arbeitsklimas für den Fahrer und guter Kraftstoff- und Transportökonomie sind zumindest gleichwertig und in einigen Punkten sogar noch zwingender.
Im Jahre 1965 lief der erste IFA W 50 vom Endmontageband des VEB IFA-Automobilwerke Ludwigsfelde. Die vergangenen reichlich 20 Jahre machten diesen Nutzkraftwagen zu einem weltweit geschätzten Transportmittel der 5-t-Nutzmasseklasse. Über 500 000 produzierte und verkaufte Fahrzeuge, davon rund 70 Prozent für den Export in über 40 Länder, sind dafür beredtes Zeugnis. Das war nur möglich, weil in diesen Jahren eine ständige Weiterentwicklung erfolgte, ein breites Variantenprogramm für die verschiedenartigsten Transporterfordernisse entwickelt und Qualitäts- und Gebrauchswert über viele technische Verbesserungen erhöht wurden.
Dazu gehören u. a.

- die Steigerung der Motorleistung von 81 auf 92 kW,
- die Senkung der Leermasse um 350 kg und die analoge Erhöhung der Nutzmasse,
- die Verringerung des Streckenkraftstoffverbrauchs unter definierten Bedingungen von 23 auf 17,5 l/100 km,
- die Senkung des Innengeräusches von 87 auf 83 dB (A),
- die Erhöhung der Lebensdauer wichtiger Baugruppen um 50 bis 100 Prozent.

Das W-50-Variantenprogramm umfaßt heute etwa 60 Grundvarianten und weitere 240 Modifikationen. Dabei sind die Fahrzeuge mit Allradantrieb (Radformel 4 × 4) eine tragende Säule der Produktion. Es war jedoch zu erkennen, daß mit der Grundkonzeption des IFA W 50 die Grenzen technischer Weiterentwicklung allmählich erreicht sind.
Anforderungen zur Erhöhung von Motorleistung und Nutzmasse sowie zur Umsetzung sich verschärfender nationaler und internationaler Bestimmungen führten zur Entwicklung einer neuen Erzeugnisgeneration mit der Bezeichnung IFA L 60 (L für Ludwigsfelde, 60 für 6 t Nutzmasse).
Zur Leipziger Herbstmesse 1986 hatte dieser neue Nutzkraftwagen aus dem VEB IFA-Automobilwerke Ludwigsfelde, Stammbetrieb des IFA-Kombinates Nutzkraftwagen, seine Öffentlichkeitspremiere. Mit ihm wird ein Erzeugnis angeboten, daß dem internationalen Stand im Nutzfahrzeugbau entspricht.
Er hat eine moderne Grundkonzeption, wobei die bewährte Grundlinie des Angebots von hinterradgetriebenen (Radformel 4 × 2) und allradgetriebenen Fahrzeugen mit großem Standardisierungsgrad sowie einer breiten, dem IFA W 50 mindestens entsprechenden Variantenpalette beibehalten wird.
Aus marktstrategischen Gesichtspunkten heraus erfolgte der Serienanlauf mit einer allradgetriebenen Ausführung mit Pritschen-, Koffer-, Behälteraufbauten, denen weitere Varianten folgen. Es besteht die Aufgabe, in den nächsten Jahren das W-50-Programm schrittweise durch L-60-Varianten abzulösen. Bis dahin werden die Fahrzeuge W 50 und L 60 parallel produziert.
Mit dem IFA L 60 werden wichtige Kennwerte gegenüber dem IFA W 50 zum Teil wesentlich verbessert. So stiegen die Motorleistung von 92 auf 132 kW und das Motordrehmoment von 424 Nm auf 634 Nm. Die Nutzmasse wird je nach Variante von bisher 4,8 bis 5,5 t beim W 50 auf 6 bis 7 t beim L 60 vergrößert. Das Masse-Leistungs-Verhältnis von 5,44 kW/t im Lastzugbetrieb mit 12 t Anhängermasse liegt im oberen internationalen Bereich und noch über der gesetzlichen Mindestanforderung in einer Reihe europäischer Länder. Bei Reduzierung der Anhängemasse auf 9 t (analog Standardausführung W 50) steigt es sogar auf 6,2 kW/t an! Selbst bei der wahlweise anzubietenden zulässigen Anhängermasse von 16 t ist mit dann 4,7 kW/t immer noch eine respektable Leistungsfähigkeit vorhanden.
Ausdruck einer guten Materialökonomie der L-60-Konstruktion ist gegenüber dem W 50 ein um 15 Prozent besserer Nutzmassefaktor (Verhältnis von Nutzmasse zu Leermasse) trotz notwendig gewordener aufwendigerer Technik und der Erhöhung der Baugruppenlebensdauer auf über 150 Prozent. Die Anwendung moderner Berechnungsmethoden und einer modernen Prüfstands- und Meßtechnik während der Entwicklung trugen zu diesem Ergebnis bei.
Ebenso ist es gelungen, beim IFA L 60 4 × 4 den Streckenkraftstoffverbrauch, bezogen auf 1 t transportierte Nutz-

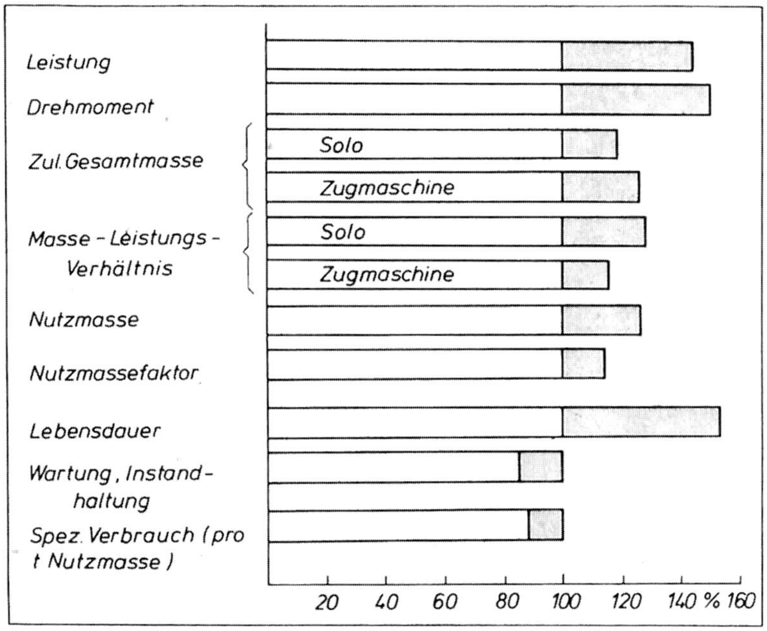

1 Gesamtansicht des neuen IFA L 60 1218 4 × 4, hier mit Stahlpritschenaufbau. Die Plane entspricht dem Lichtraumprofil der Deutschen Reichsbahn. Foto: Schott

2 Vergleich wichtiger Kennwerte des IFA L 60 4 × 4 Stahlpritsche zu denen des IFA W 50. Der W 50 ist mit 100 Prozent angesetzt. Zeichnung: Dr. Zimmer

masse, gegenüber dem IFA W 50 4 × 4 um rund 15 Prozent zu senken. Durch Verlängerung von Ölwechselfristen und Abschmierzyklen sowie durch Maßnahmen zur instandhaltungsgerechten Konstruktion wird der Wartungs- und Instandhaltungsaufwand ebenfalls um etwa 15 Prozent gesenkt.

Triebwerk des L 60

Herzstück des IFA L 60 und «Erzeuger» von Leistung und Drehmoment ist ein flüssigkeitsgekühlter Dieselmotor mit sechs stehenden, in Reihe angeordneten Zylindern. Seine Kraftstoffeinspritzung erfolgt über eine Einstrahldüse in den im Kolben angeordneten Brennraum. Entgegen den international üblichen Brennraumformen (z. B. Kugelbrennraum, Omegabrennraum) hat der Brennraum eine Hyperboloidform. Nach ihm wird das angewandte, in der DDR patentierte Verbrennungsverfahren auch Hyperboloid-Verfahren genannt.

Eine weitere technische Neuerung ist der erstmals in Großserienproduktion eingesetzte Kolben aus Kugelgraphitgußeisen. Er hat gegenüber dem heute noch üblichen Aluminiumkolben eine Reihe von Vorteilen, wie geringere Wärmeleitfähigkeit und kleinere Wärmedehnung und damit mögliche kleinere Einbauspiele. Dadurch werden Kraftstoffverbrauch, Schadstoffausstoß und Kaltstartfähigkeit wirksam verbessert.

Zur Masseoptimierung wurde die Ringpartie am Kolbenboden freihängend gestaltet, die Kolbenbolzenaugen durch Stege und Rippen mit dem Kolbenbrennraum und mit dem Kolbenhemd verbunden.

Kurbelwelle und Nockenwelle sind siebenfach gelagert, die Kurbelwelle in Dreistoff-Gleitlagern auf Aluminiumbasis. Durch die Sechszylinder-Ausführung und weitere Maßnahmen wurde die Laufruhe des Motors wesentlich verbessert.

Einzelzylinderköpfe, ein gesondert angeordnetes Steuergehäuse sowie der Anschluß von Einspritzpumpe und Bremsluftverdichter an den Motorölkreislauf tragen zu reduziertem Aufwand bei Reparaturen und Wartung bei. Ein für mindestens zwei Jahre wartungsarmes Kühlsy-

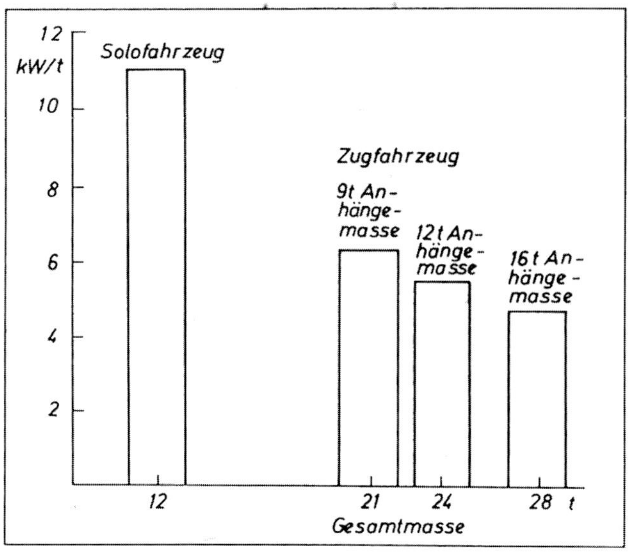

3 Leistung-Masse-Verhältnis des IFA L 60 mit verschiedenen Anhängemassen. Nach TGL-Festlegung der DDR muß das Verhältnis mindestens 7 kW/t betragen. Zeichnung: Dr. Zimmer

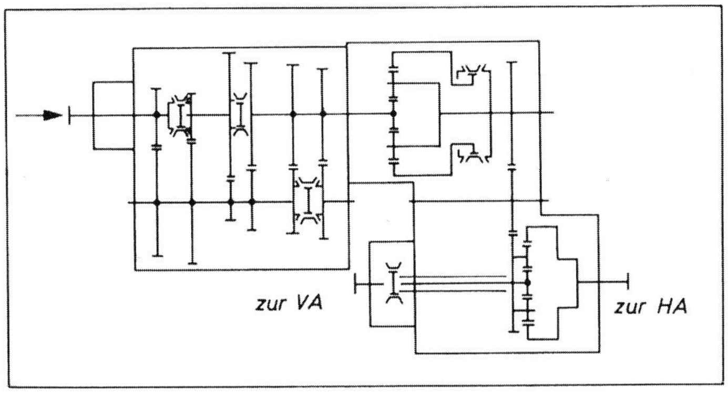

4 Der neue Sechszylindermotor 6 VD 13,5/12 SRF im IFA L 60.
Foto: Werkfoto

5 Schema des im IFA L 60 verwendeten Achtgang-Allradgetriebes mit zusätzlichem Crawlergang WF 66 K 1 S8.
Zeichnung: Dr. Zimmer

stem ist ein weiterer wichtiger Aspekt bei der Wartungsfreundlichkeit.

Ein neues Kaltstartgerät mit Flammglühkerze sichert zuverlässig den Kaltstart bis −15 °C.

Der neue Motor wird im L 60 zunächst in Saugausführung eingesetzt. Durch sein auch im unteren Drehzahlbereich großes Drehmoment verleiht er dem Fahrzeug eine gute Zugkraft, was besonders im schweren Einsatz, z. B. im Gelände und auf Baustellen wichtig ist.

Er ist jedoch auch für späteren Einsatz der Abgasturboaufladung vorbereitet. Ebenso wird er in den nächsten Jahren zu einer Baureihe von Vier- Fünf- und Sechszylinder-Motoren erweitert.

Die gewählte relativ niedrige Nenndrehzahl von 2 300 U/min trägt zur guten Kraftstoffökonomie und zur Geräuschminderung bei.

Die Übertragung von Drehmoment und Leistung des Motors erfolgt über eine Tellerfederkupplung. Sie entstammt einer Baureihe, von der die kleineren Größen auch in unseren Pkw und im W 50 Verwendung finden.

Die Kupplungsbetätigung erfolgt vom Pedal aus über einen Hydraulikzylinder und über ein am Kupplungsgehäuse angeordnetes Pneumatikgerät. Damit wird die aufzubringende Pedalkraft auf 120 N (12 kp) reduziert und gegenüber dem W 50 um die Hälfte verringert.

Das wie beim W 50 getrennt vom Motor im Rahmen angeordnete Getriebe ist eine Kombination des modifizierten W-50-Wechselgetriebes mit einem angeflanschten Zusatzgetriebe. Dieses enthält eine Nachschaltgruppe in Form eines Planetensatzes sowie den Verteilerplanetensatz für den Antrieb von Vorder- und Hinterachse bei Allradfahrzeugen. Mit diesem Verteilergetriebekonzept ist ein ständiger Allradantrieb vorhanden, was sich positiv auf das Fahrverhalten bei kritischen Fahrbahnsituationen auswirkt. Zusätzlich kann der im Normalfall vorhandene Drehmomentenausgleich durch eine pneumatisch vom Fahrerhaus aus zu betätigende Drehmomentensperre gesperrt werden.

Durch die ebenfalls pneumatisch betätigte Nachschaltgruppe wird die Getriebegangzahl praktisch verdoppelt. Das L-60-Getriebe besitzt damit acht vollsynchronisierte Vorwärtsgänge, einen zusätzlichen Crawlergang für extreme Langsamfahrt und den Rückwärtsgang. Alle Gänge werden in einer Ebene mit der so-

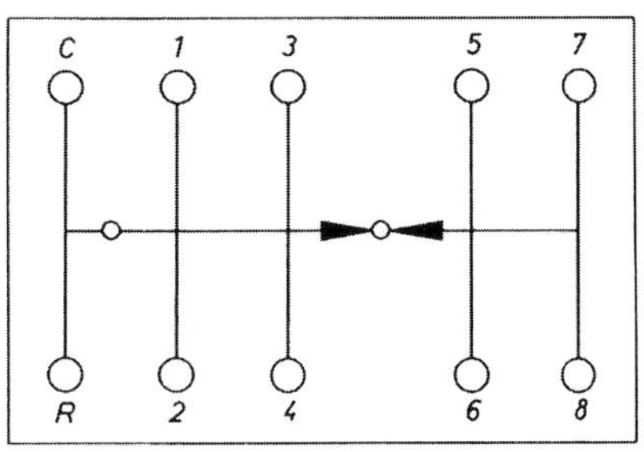

6 Schaltschema des IFA L 60 als Doppel-H-Schaltung. Zeichnung: Dr. Zimmer

genannten Doppel-H-Schaltung am Schalthebel geschaltet. Zwischen den Ganggruppen 1 bis 4 und 5 bis 8 erfolgt automatisch die pneumatische Gruppenumschaltung.

Durch die höhere Gangzahl ist eine bessere Nutzung der Motorkraft möglich, was sich günstig auf Transportgeschwindigkeit und Kraftstoffverbrauch mit Einsparungen in der Größenordnung von 3 Prozent auswirkt.

Völlig neuentwickelt wurden die Antriebsachsen als sogenannte Planetengetriebeachsen. Die Kraftübertragung erfolgt über Ritzel und Tellerrad und weiter über die radseitig angeordneten Planetentriebe, bestehend aus Sonnenrad, Planetenräder und Hohlrad. Durch die Aufteilung der Achsuntersetzung in die des Achsantriebs und die der Planetentriebe wird eine flache Achsbauweise ermöglicht und damit eine für Geländeeinsatz notwendige gute Bodenfreiheit. Der Achskörper selbst ist eine Konstruktion aus Kugelgrafitguß.

Die Differentiale der getriebenen Vorderachse und der Hinterachse sind für schwere Einsatzbedingungen mit einer pneumatisch einlegbaren Sperre versehen.

Je nach Fahrzeugvariante und Einsatzgebiet werden vier verschiedene Achsuntersetzungen angeboten, mit denen Höchstgeschwindigkeiten zwischen 72 und 105 km/h möglich sind. Für Allradfahrzeuge kommen in der Regel die Überset-

7 Gesamtansicht der Hinterachse mit angeordneten Federspeicherzylindern. Foto: Dr. Zimmer

9 Fahrgestell des IFA L 60. Foto: Werkbild

zungen 6,04 mit 82 km/h und 5,33 mit 92 km/h Höchstgeschwindigkeit zum Einsatz. Mit der Übersetzung 6,04 wird dabei für das beladene Solofahrzeug eine maximale Steigfähigkeit von 60 Prozent erreicht.

Das L-60-Fahrwerk

Ebenso wie der Triebwerksstrang wurde auch das Fahrwerk des IFA L 60 neu konzipiert. «Rückgrat» ist der stabile Rahmen, bestehend aus U-förmigen Längsträgern mit durchgehend konstanter Profilhöhe und eingenieteten bzw. eingeschraubten Querträgern.

Eine Besonderheit der Rahmenlängsträger ist, daß alle Lochbilder für Querträger und Rahmenanbauteile auf der Basis eines rasterförmigen Netzes von Bohrungen mit gleichem Durchmesser gestaltet wurden. Der Vorteil liegt insbesondere in der rationellen Fertigung der Rahmenlängsträger für Varianten und Modifikationen, da im Lochwerkzeug beliebige Lochbilder nur durch entsprechenden Austausch der einheitlichen, im festgelegten Rastermaß anordenbaren Lochstempel verwirklicht werden können.

Der vordere Rahmenquerträger nimmt mittig die angeschraubte Abschleppkupplung auf, der Schlußquerträger die Anhängekupplung, die wahlweise für 9,12 oder 16 t Anhängemasse verfügbar ist.

Der Rahmen des IFA L 60 ist ebenso wie der des IFA W 50 relativ verwindungsweich ausgelegt und damit gut geeignet für den Geländeeinsatz. Bei der Verwendung von in sich steifen Aufbauten (z. B. Koffer) kommen spezielle Aufhängungen bzw. Ausgleichselemente zwischen Aufbau und Rahmen zum Einsatz. Damit werden bei Beibehaltung der Rahmenverwindungsweichheit Spannungen im Aufbau vermieden.

Die im Rahmen angeordneten Baugruppen wurden ebenfalls neu konzipiert. Das betrifft das am Lenkgetriebeblock angeschraubte Hydrokugelumlaufgelenkgetriebe in den Baugrößen HK 540 für 4 × 4 und HK 440 für 4 × 2-Varianten.

Die Lenkgetriebe haben eine Kurzbauform und ragen damit nicht mehr in das Fahrerhaus hinein. Sie entsprechen in ihrer Ausführung voll internationalen Vergleichserzeugnissen. Die Lenkkräfte werden auf maximal 80 N (8 kp) begrenzt, was sich äußerst positiv auf die Manövrierfähigkeit auswirkt. Gleichzeitig bleibt ein guter Kontakt zur Fahrbahn erhalten. Bei einem Ausfall der Hydraulik bleibt die Lenkbarkeit des Fahrzeugs mit erhöhtem Kraftaufwand erhalten, da das Lenkgetriebe dann rein mechanisch arbeitet.

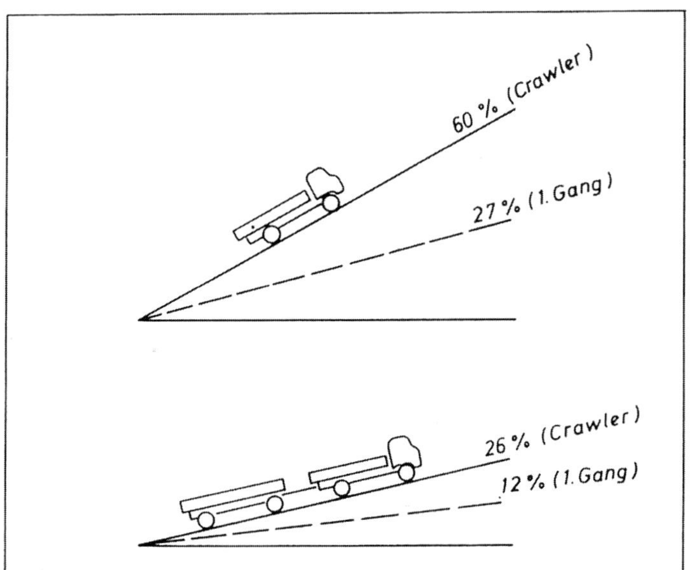

8 Steigfähigkeit des IFA L 60 4 × 4 im Solo- (Vorschrift mindestens 35 Prozent) und Lastzugbetrieb (Vorschrift mindestens 18 Prozent) mit Achsübersetzung 6,04. Die Gesamtmassen betragen 12,3 t (Solofahrzeug) bzw. 24,3 t (Zugmaschine).
Zeichnung: Dr. Zimmer

Bei der Fahrzeugfederung wurde die bewährte Blattfederkonzeption beibehalten, da sie für Allradfahrzeuge auch heute noch das Optimum darstellt. Es wurde allerdings die Federstützweite der Vorderfeder vergrößert, was bei reduzierter Masse zu besseren Federungseigenschaften führte. An der Vorderfeder wurde außerdem ein Federgehänge eingesetzt und damit das Reibungsverhalten verbessert.
Bei der Hinterfeder wurde das Gleitende beibehalten. Es wurde aber durch ein im Federbock befindliches selbstzentrierendes auswechselbares Verschleißteil verschleißoptimiert. Die Dämpfung der Ein- und Ausfederungsschwingungen erfolgt durch doppeltwirkende hydraulische Stoßdämpfer an Vorder- und Hinterachse. Räder und Bereifung werden je nach Variante und Einsatz in unterschiedlicher Ausführung angeboten. Die Anzahl der Radbefestigungsbolzen wurde wegen der größeren Nutzmasse bzw. Gesamtmasse gegenüber dem W 50 von 8 auf 10 pro Rad vergrößert.
Der Kraftstofftank, auf der rechten Fahrzeugseite angeordnet, hat eine runde Form mit einem Fassungsvermögen von 180 l. Durch Veränderung der Tanklänge sind zukünftig auch Volumina von 130 l und 260 l variantenspezifisch vorgesehen.
Völlig neu gestaltet wurde die Bremsanlage des IFA L 60. Bei Beibehaltung des W-50-Prinzips der kombinierten pneumatischen Ansteuerung und hydraulischen Betätigung wurden die in den letzten Jahren verschärften internationalen Vorschriften voll berücksichtigt. Auslegungsgrundlage war besonders die ECE-Regelung Nr. 13.
Die Betriebsbremsanlage ist als Zweikreisanlage ausgeführt, getrennt für Hinterachse und Vorderachse. Der Bremskreis der Hinterachse wird außerdem lastabhängig geregelt, d. h. bei geringerer Fahrzeugbelastung wird der Hydraulikdruck reduziert und ein Überbremsen vermieden.
Die pneumatische Ansteuerung des Anhängers erfolgt über eine Zweileitungsanlage mit getrennter Brems- und Vorratsleitung. Beim Defekt einer Leitung ist das

10 Das L-60-Fahrerhaus gekippt.
Foto: Werkbild

11 Durchstiegsverhältnisse im Fahrerhaus des IFA L 60 und Mittelsitz.
Foto: Werkbild

12/13 Instrumentenblock des IFA L 60 mit zentraler Anordnung von Tachometer und Drehzahlmesser (oben) bzw. mit Fahrtenschreiber (unten). Fotos: Werkbilder

Abbremsen des Anhängers weiterhin gesichert.
Die Radbremsen arbeiten nach dem Simplex-Prinzip. Durch die geringere innere Übersetzung gegenüber der W-50-Duo-Servo-Bremse ist die Bremse unempfindlicher und neigt weniger zum Schiefziehen.
Erstmals werden beim IFA L 60 asbestfreie Bremsbeläge verwendet und damit eine Quelle der Gesundheitsschädigung bei der Herstellung und Verarbeitung der Bremsbeläge ausgeschaltet.
Die Radbremsen besitzen eine automatische Nachstellung, d. h. der Abstand zwischen Bremstrommel und Belägen wird unabhängig vom Belagverschleiß konstant eingestellt, so daß auch nach längerer Nutzungsdauer stets ein einwandfreies und gleichmäßiges Bremsen gegeben ist. Mit der L-60-Betriebsbremse werden sehr gute Vollverzögerungswerte von 6 bis 7 m/s^2 erreicht.
Als Feststellbremse wirken zwei an der Hinterachse befestigte Federspeicher, die pneumatisch betätigt werden und me-

Tabelle 1:
Technische Daten IFA L 60 1218 4 × 4

Motor	Sechszylinder-Dieselmotor 6 VD 13.5/12 SF mit Direkteinspritzung (Hyperboloid-Verf.)
Nennleistung (kW) bei Drehzahl (U/min)	132/2 300
max. Drehmoment (Nm) bei Drehzahl (U/min)	634/1 250
Bohrung/Hub (mm)	120/135
Hubraum (cm³)	9 160
Schmierung	Druckumlauf mit Ölfilterkombination und Zentrifuge
Kühlsystem	wartungsarm mit Ausgleichbehälter
Kupplung	Einscheibentrockenkupplung/Tellerfeder Durchmesser 380 mm
Getriebe	Allradgetriebe mit Nachschalt- und Verteilergruppe
Übersetzungen	Crawler 10,97
	1. Gang 5,77
	2. Gang 4,13
	3. Gang 3,00
	4. Gang 2,33
	5. Gang 1,92
	6. Gang 1,38
	7. Gang 1,00
	8. Gang 0,79
	R.-Gang 9,99
Synchronisierung	1. bis 8. Gang
Momentenverteilung vorn : hinten	1 : 2
Achsen	Planetengetriebeachsen mit Diff.-Sperre
max. Eingangsmoment (Nm)	
Vorderachse	4 100
Hinterachse	7 000
Achsübersetzungen (wahlweise)	(6,94) – 6,04 – 5,33 – (4,74)
Rahmen	Leiterrahmen mit Längsträgern gleicher Profilhöhe und Rasterlochbild
Rahmenbreite mm	800
Lenkung	Kugelmutter-Hydrolenkung HK 540
Lenkradumdrehungen	4,5
Radeinschlag	37°
Federung	Halbelliptik-Blattfedern, vorn mit Gehänge; hinten mit Blattzusatzfeder
Räder	
Scheibenrad	7,0–20
Reifen	9,00–20 PA/14 PR
Bremsanlage	hydraulisch mit pneumatischer Ansteuerung, Zweikreis-Zweileitungsanlage
Luftbehälter (l)	2 × 20
Druck im Luftteil	1,2/0,75 MPa
Radbremse	Simplex mit automatischer Nachstellung
Bremsbelag	asbestfrei
Belagbreite (mm) vorn/hinten	140/160
Belagfläche (cm²)	3 582
Lastabhängiger Druckbegrenzer	automatisch an Hinterachse
Feststellbremse	2 Federspeicher
Fahrerhaus	Kippfahrerhaus mit hydraulischer Betätigung
Kippwinkel	50°
Sitzplätze	3
Sitz	zentralgefedert und gedämpft, mit Horizontal- und Höhenverstellung und Lasteinstellung
Frontscheibe	Mehrscheibensicherheitsglas
Elektrische Anlage	
Bordspannung (V)	24
Batterien (Ah)	2 × 125
Drehstromgenerator (W)	840
Anlasser	Schubanker 5,5 kW
Scheinwerfer	H 4
Hauptabmessungen (mm)	
Radstand	3 200
Länge Fahrgestell	6 640
Breite	2 500
Höhe über Fahrerhaus	2 830
Spur vorn/hinten	1 900/1 770
Massen (kg) und Lasten (kp)	
zulässige Gesamtmasse	12 300
Pritschenfahrzeug	
Nutzmasse Pritschenfahrzeug (mit) Zusatzausrüstung)	6 200
zul. Anhängemasse	(9000)–12 000–(16 000)
zul. Achslast vorn/hinten	4 500/8 300
Weitere Kennwerte	
min. Wendekreis (m)	15,5
max. Geschwindigkeit (km/h) mit Achsübersetzung	
5,33	92
6,04	82
max. Steigfähigkeit	50/60 Prozent
Leistungsmasseverhältnis (kW/t)	
Solo	10,59
Zug mit 12 t Anhängemasse	5,44
Streckenkraftstoffverbrauch (l/100 km)	24 bis 26
Innengeräusch (dB[AF])	80
Außengeräusch (dB[AF])	86

chanisch auf die Hinterradbremsen wirken.

Die für die Ansteuerung der Bremsanlage benötigte Druckluft von 1,2 MPa wird vom Kolbenverdichter gefördert. Sie gelangt über eine Frostschutzpumpe und den Druckregler mit Zweikreisschutzventil in die beiden Luftbehälter von je 20 l Volumen. Sie sind mit automatischen Entwässerungsventilen ausgestattet. Der gegenüber der W-50-Bremsanlage erhöhte Luftdruck ermöglichte eine materialökonomisch vorteilhafte Reduzierung der Behältergrößen. Über ein Dreikreisschutzventil mit Druckbegrenzung auf 0,75 MPa gelangt die Luft zum Zweikreisbremsventil und weiter zu den beiden Verstärkerzylindern für Vorder- und Hinterachse. Von ihnen erfolgt die Kraftübertragung auf die beiden direkt angeschlossenen Hydraulik-Hauptbremszylinder und weiter zu den Radbremszylindern.

Die Mehrkreisschutzventile haben die Aufgabe, den ausgefallenen Bremskreis abzuriegeln und damit die übrigen Kreise funktionstüchtig zu erhalten. Vom Zweikreisbremsventil gelangt die Druckluft außerdem zum Anhängersteuerventil und zu den Kupplungsköpfen für Anhängeranschluß. Weitere Nebenkreise betreffen die Feststellbremse und die Betätigung der Motorbremse, einer pneumatisch angesteuerten Auspuffklappenbremse.

Die Motorbremse hat die Aufgabe, bei Gefälle das Fahrzeug zusätzlich abzubremsen und damit die Radbremsen zu schonen. Dazu wird die Klappe im Auspuffrohr geschlossen, gleichzeitig die Regelstange der Einspritzpumpe auf Nullförderung zurückgenommen und damit die Funktion des Antriebsmotors in die eines Kompressors umgekehrt, dessen Antrieb durch die Energie der rollenden Räder geschieht. Die Betätigung der Motorbremse erfolgt durch einen Fußknopf, beim Loslassen wird sie wieder außer Funktion gesetzt.

Die Verwirklichung der internationalen Regelung speziell zum Zweileitungsanschluß für Anhängerbetrieb macht es erforderlich, daß auch der am IFA L 60 mitzuführende Hänger eine Zweileitungsbremsanlage besitzt, d. h. eine Kombination von Zweileitungszugfahrzeug und Einleitungshänger oder umgekehrt ist

14 IFA L 60 4 × 4 mit Kraftstofftankaufbau, Behältervolumen 6 700 Liter. Foto: Werkbild

15 IFA L 60 4 × 4 mit Wassertankaufbau, Behältervolumen 6 000 Liter. Foto: Werkbild

nicht möglich. Dazu wurden auch international die Kupplungsköpfe für Ein- und Zweileitungsanlage so unterschiedlich gestaltet, daß eine Verbindung beider nicht möglich ist.
Technisch möglich wäre die Anbringung eines zusätzlichen Einleitungsanschlusses zum Mitführen entsprechender älterer Anhänger, der aber serienmäßig am IFA L 60 nicht vorgesehen ist.

Das Fahrerhaus

Das Fahrerhaus des IFA L 60 wurde in der jetzigen Weiterentwicklungsetappe zunächst auf der Basis der W-50-Grundkonzeption modifiziert und dem neuen Fahrgestell angepaßt. Obwohl das äußere Erscheinungsbild stark dem des W-50-Fahrerhauses ähnelt, wurden doch eine Reihe wesentlicher Veränderungen zur weiteren Verbesserung von Funktion und Gebrauchswert vorgenommen.
Das Fahrerhaus wurde kippbar gestaltet. Das Ankippen erfolgt hydraulisch durch Handbetätigung einer rechts am Rahmen befestigten Hydraulikpumpe. In Verbindung mit der gegenüber dem W 50 erfolgten Vorverlegung des Fahrerhauses um 230 mm ist bei angekipptem Fahrerhaus eine sehr gute Zugänglichkeit zum Motor und seinen Aggregaten gegeben. Ebenso läßt sich der Motor in diesem angekippten Zustand mittels Hebezeug aus dem Fahrgestell herausnehmen.

Im abgekippten Zustand wird das Fahrerhaus durch einen entsprechenden Mechanismus verriegelt und arretiert. Gemäß ECE-Vorschrift müssen je eine unabhängig voneinander wirkende Haupt- und Zusatzverriegelung vorhanden sein. Die Entriegelung der Hauptverriegelung erfolgt im Fahrerhaus, die der Zusatzverriegelung hinter dem Fahrerhaus rechts. Die Entriegelung wird durch eine Warnleuchte in der Instrumententafel angezeigt.
Die Fahrerhauslagerung erfolgt zur Minimierung der Schwingungsübertragung von der Fahrbahn über großvolumige, speziell angeformte Gummimetallfedern.

Völlig neu gestaltet wurde die Bodengruppe des Fahrerhauses. Bis auf den mittels Gummimanschetten wirksam abgedichteten Schalthebeldurchgang befin-

16 IFA L 60 4 × 4 mit Kofferaufbau. Foto: Werkbild

17 IFA L 60 4 × 4 mit Werkstattkoffer. Foto: Werkbild

18 IFA L 60 4 × 4 mit Dreiseitenkippaufbau und Niederdruckbereifung 18-20. Foto: Werkbild

19 IFA L 60 4 × 2-Pritschenfahrzeug mit Radstand 3 860 mm. Foto: Werkbild

den sich keine Öffnungen mehr im Bodenbereich. Die Motorhaube ist eingeschweißt und beidseitig mit Schalldämmmatten ausgekleidet. Damit wurde der Geräuschpegel im Fahrerhaus wirksam gesenkt. Er liegt bei Messung nach TGL 39852 (Motornenndrehzahl im zweithöchsten Gang) bei 80 dB (AF) und im praktischen Fahrbetrieb je nach Drehzahl und Geschwindigkeit darunter.
Durch die niedrig gestaltete Motorhaube ist gegenüber dem IFA W 50 ein Durchstieg von der Fahrer- zur Beifahrerseite vorhanden und der Einbau eines zusätzlichen Mittelsitzes gegeben.
Der Fahrersitz ist weiterhin als Schwingsitz mit Federung und hydraulischer Dämpfung sowie Belastungs- und zusätzlicher Höhenverstellung ausgebildet. Er kann auch wahlweise als Beifahrersitz eingebaut werden. Automatiksicherheitsgurte für Fahrer und Beifahrer sowie ein Beckengurt für den Mittelsitz tragen den gestiegenen Sicherheitsanforderungen Rechnung.
Die durchgehende Ablage mit übersichtlichem Instrumentenblock wurde ebenfalls neu gestaltet. Die zentrale Elektrik ist über eine Mittelklappe zugängig.
Im Instrumentenblock sind Tachometer oder Fahrtenschreiber und ein gut ablesbarer Drehzahlmesser mit farbigen Anzeigebereichen angeordnet. Der Drehzahlmesser ist in Verbindung mit dem Achtganggetriebe eine wirksame Hilfe für den Kraftfahrer zur ökonomischen Fahrweise.
Zur Betätigung von Blinker, Fern- und Abblendlicht, Signalhorn, Intervallscheibenwischer und Wischautomatik dient ein kombinierter Lenksäulenschalter. Das Zündanlaßschloß mit Lenkradsicherung entspricht Pkw-Komfort, ebenso das griffgünstige Zweispeichenlenkrad.
Das neue Heizungsaggregat mit vergrößerter Heizleistung ist beim IFA L 60 zentral angeordnet. Es besitzt Kalt-, Warm- und Mischluftabgang mit breiten Frontscheiben- und Fußraumdüsen. Die gegenüber dem IFA W 50 ungeteilte Frontscheibe besteht aus Mehrscheibensicherheitsglas.
Die Zugängigkeit zum Kühler, dem Scheibenwaschbehälter und für Motoröleinfüllung und -kontrolle ist von außen über eine hochklappbare Vorderwandklappe möglich.
Die elektrische Anlage des IFA L 60 basiert auf einer Spannung von 24 V. Die beiden 12 V-Batterien sind wartungsfrei. Innerhalb von drei Jahren braucht kein destilliertes Wasser nachgefüllt zu werden.
Der Schubankeranlasser hat eine Nennleistung von 5,5 kW, die Leistung der Drehstromlichtmaschine mit integriertem elektronischen Regler wurde auf 840 W erhöht. H 4-Scheinwerfer sind serienmäßig, für die Blinkanlage kommt ein elektronischer Blinkgeber zum Einsatz.

Aufbauten des L 60

Das L-60-Fahrgestell ist so konzipiert, daß wie beim IFA W 50 ein breites Aufbausortiment verwirklicht werden kann. Die Pritschenaufbauten besitzen nunmehr generell Stahlblechbordwände. Gleichzeitig wurde die Pritscheninnenbreite auf 2 420 mm bei Einhaltung der zulässigen Fahrzeugaußenbreite von 2 500 mm verbreitet. Dieses sogenannte Palettenmaß ermöglicht die rationelle Nutzung der Ladefläche durch Nebeneinanderstellen von zwei oder drei Standardpaletten mit 800 × 1 200 mm Grundfläche.
Für die Tankaufbauten für Wasser und Kraftstoff wurden ovale Behälter mit 6 000 l und 6 700 l Fassungsvermögen neu entwickelt, die gegenüber den bisherigen runden Behälteraufbauten des IFA W 50 eine niedrigere Schwerpunktlage ermöglichen.
Die vom W 50 her abgeleiteten Kofferaufbauten wurden modifiziert und dem IFA L 60-Fahrgestell angepaßt. Für 4 × 2-Varianten sind von 4 500 auf 5 200 mm verlängerte Koffer im Angebot.
Die Kippaufbauten werden in der ersten Phase gegenüber dem W 50 modifiziert und der auf 6 t vergrößerten Nutzmasse konstruktiv angepaßt.

Ing. Rolf Hellwig

Waltershausens Jüngster

IFA-Multicar 25

Wer sich in den Jahren 1977 und 1978 als Urlauber im nordwestlichen Thüringer Wald aufhielt und einigermaßen «kraftfahrzeugkundig» war, dem ist sicher aufgefallen, daß in regelmäßigen Abständen und rund um die Uhr auch sonnabends und sonntags mehrere relativ kleine Fahrzeuge bergauf und bergab ihren Rundkurs fuhren. Bei genauerer Betrachtung war die Abstammung vom Arbeitskraftfahrzeug Multicar nicht zu leugnen. Im äußeren Erscheinungsbild fiel jedoch als Novum das großzügig verglaste, zweisitzige Fahrerhaus auf.
Es handelte sich bei diesen Fahrzeugen um Erprobungsmuster der neuesten Multicargeneration, um den IFA-Multicar 25, dessen Entwicklung in am Fuße des Thüringer Waldes gelegenen Waltershausen betrieben wurde.
Inzwischen bereichert dieser neue Fahrzeugtyp seit Ende 1978 unser Straßenbild, denn seine Serienfertigung wurde im Oktober 1978 im VEB Fahrzeugwerk Waltershausen, einem Betrieb des IFA-Kombinates Nutzkraftwagen, aufgenommen.
Im In- und Ausland ist der IFA-Multicar zum Inbegriff für ein Fahrzeug geworden, das sich durch Universalität, Zuverlässigkeit, Leistung und Wendigkeit auszeichnet. Der gute Ruf, den der IFA-Multicar 22 und ganz besonders der IFA-Multicar 24 erworben hatten, stellte an den Nachfolgetyp besonders hohe Forderungen. Intensive Markt- und Bedarfsforschung und die systematische Auswertung der mit den bisherigen Multicartypen gemachten Erfahrungen sowie das Anknüpfen an bewährte Lösungen waren die Basis für eine zielgerichtete und konzentrierte Entwicklungsarbeit.

Das Charakteristikum des IFA-Multicar 25 ist seine universelle Einsetzbarkeit. Diese Universalität wird gewährleistet durch die gewählte Konzeption eines Grundfahrzeuges mit einer Vielzahl von Auf-, An- und Vorbauten. Durch die spezifische Auslegung des Triebsatzes und des Hydrauliksystems sowie dank der standardisierten Befestigung der Auf-, An- und Vorbauten ist es möglich, diese problemlos und mit geringem Aufwand zu wechseln und das Fahrzeug je nach Bedarf optimal einzusetzen.
Es ist also z. B. möglich und sinnvoll, daß ein Stadtreinigungsbetrieb ein Grundfahrzeug besitzt und dieses je nach Jahreszeit und Einsatzzweck mit dem Waschaufbau und der Vorbaukehrwalze oder mit dem Streugerätaufbau und dem Vorbauschneepflug ausrüstet. Für bestimmte Einsätze können ebenso der Sammelbehälteraufbau (nach Sportveranstaltungen o. ä.), ein Transportaufbau oder jeder andere Aufbau montiert werden. Bei Vorhandensein eines entsprechenden Hebezeuges ist ein solcher Aufbauwechsel in 30 bis 60 Minuten realisierbar.
Diese Haupteigenschaft des IFA-Multicar 25 ist eine wichtige Voraussetzung für den rationellen Einsatz des Fahrzeuges in der Kommunalwirtschaft, im Straßenwesen, in der Landwirtschaft, in der Industrie und vielen weiteren Einsatzgebieten.
Zur Verwirklichung dieses Wechselsystems und zur Erzielung eines hohen Ausnutzungskoeffizienten des Grundfahrzeuges stehen folgende Auf-, An- und Vorbauten zur Verfügung:

– Pritschenaufbau:
  Diese Fahrzeugvariante eignet sich für alle Stückguttransporte bis zu 2200 kg Nutzmasse.
– Dreiseitenkipper:
  Mit einer maximalen Nutzmasse von 2100 kg ist dieses Fahrzeug zum Transport der verschiedensten Schüttgüter geeignet.
– Hinterkipper:
  Der M 25 als Hinterkipper ist mit 2000 kg Nutzmasse und 800 mm hohen Bordwänden speziell für den Transport spezifisch leichter Güter, wie Holz, Kohlen, Kartoffeln o. ä., ausgelegt.
– Muldenkipper:
  Mit einem Kippwinkel von 76° nach hinten und einer Nutzmasse von 2200 kg ist diese Variante für den Transport von dünnflüssigen und breiigen Gütern, z. B. Beton und andere Baustoffe, einsetzbar.
– Sammelbehälter:
  Der IFA-Multicar 25 mit Sammelbehälteraufbau ist überall dort ökonomisch verwendbar, wo spezifisch leichte und zusammenpreßbare Güter, wie Papier, Laub o. ä., abtransportiert werden müssen und mittels einer hydraulischen Verdichtereinrichtung zusammengepreßt werden.
– Drehleiter:
  Für Wartung, Pflege und Instandhaltung in Höhen bis zu 12 m ist der M 25 mit Drehleiteraufbau geeignet.
– Montagebühne:
  Das Montagebühnenfahrzeug ist ein wertvolles Hilfsmittel für Arbeiten an Oberleitungen, Fassaden usw. bis 12 m Arbeitshöhe.
– Wasch- und Sprühaufbau mit Vorbauwaschleiste:
  Diese 1800 l Wasser fassende Fahrzeug-

variante ist vor allem für den kommunalen Sektor zum Besprühen oder Waschen von Wegen und Fahrbahnen bestimmt.

- Vorbaukehrwalze:
  Der IFA-Multicar 25 mit Vorbaukehrwalze hat sich in der Kommunalwirtschaft, in der Landwirtschaft, in Industriebetrieben und auf Baustellen gut bewährt.
- Ladehilfe:
  Dieses Anbaugerät mit 300 kg Belastbarkeit eignet sich zur Selbst- und Fremdbeladung sowie -entladung bis maximal 2 m Hubhöhe.
- Streugerät:
  Das Streugerätfahrzeug mit einem Fassungsvermögen von 1,3 m^3 und einer Nutzmasse von 2 200 kg ist im Straßenwinterdienst für das Streuen von Sand, Splitt und Auftausalz vorgesehen.
- Vorbauschneepflug:
  Der Vorbauschneepflug wird sinnvoll mit dem Streugerätaufbau kombiniert und überall dort eingesetzt, wo die Platzverhältnisse dem Einsatz größerer Fahrzeuge Grenzen setzen.
- Kofferaufbau:
  Der Kofferaufbau dient in Verbindung mit dem Grundfahrzeug zur Beförderung von Stückgut im Kurzstreckenverkehr und Zustelldienst auf befestigten Straßen und Wegen.

Herausragendes Merkmal des Multicar 25 ist das zweisitzige Fahrerhaus, das in seiner Gestaltung Zweckmäßigkeit, technischen Fortschritt und Ästhetik vereint.

Die Forderung nach einem Zweisitzer wurde vor allem von der Kommunalwirtschaft, dem Straßenwesen und dem Verbundnetz Elektroenergie gestellt, da in diesen Bereichen eine 2. Arbeitskraft aus ökonomischen bzw. sicherheitstechnischen Gründen erforderlich ist.

Die Grundkonzeption des kippbaren Frontlenkerfahrerhauses in Ganzstahlausführung sowie die Hauptabmessungen wurden vom Vorgänger, dem IFA-Multicar 24, übernommen. Durch die gegenüber dem M 24 durchgeführten Veränderungen in der Fahrerhausgestaltung konnten eine geometrisch klare Grundform mit in sich ausgewogenen Proportionen und eine positive ästhetische Wirkung des Gesamtfahrzeuges erzielt werden.

Die Konzeption der Formgestaltung entspricht den vielfältigen Einsatzbedingungen im Rahmen des Erzeugnissystems Multicar und den angewandten Herstellungstechnologien und wurde durch das Amt für industrielle Formgestaltung (AIF) mit dem Prädikat «Gestalterische Spitzenleistung» belohnt. Das AIF hat bestätigt, daß der Multicar 25 im Vergleich mit internationalen Erzeugnissen der Kategorie Arbeitskraftfahrzeuge mit seiner gestalterischen Grundkonzeption eine Spitzenposition einnimmt.

Die moderne Formgestaltung findet in der Innenausstattung ihre Fortsetzung, die ein für diese Fahrzeugkategorie sehr hohes Niveau aufweist. Der auf die jeweilige Körpermasse einstellbare Schwingsitz, die griffgünstige Anordnung der Bedienelemente, die kommandoblockartige, blendfreie Gestaltung der Instrumente im Blickfeld des Fahrers, die überschaubaren, symbolisierten Warn- und Kontrolleuchten, eine mit verstellbaren Luftduschen und einem zweistufigen Gebläse ausgestattete Heizungs- und Belüftungsanlage mit einer gegenüber dem M 24 von 3,5 kW auf 5,8 kW gesteigerten Heizleistung, der Lenksäulenblinkschalter, die Kraftstoffanzeige, die Sicherung gegenüber unbefugter Benutzung mittels Lenkschloß, die elektrische Scheibenwisch-Waschanlage mit Intervallschalter sowie weitere Details zur Verbesserung der inneren Sicherheit und der ergonomischen Bedingungen schaffen einen angenehmen Arbeitsplatz und tragen zu einer erheblichen Verbesserung der Arbeitsbedingungen bei.

1 M 25 mit Streugerät und Vorbauschneepflug

Die Servicefreundlichkeit des IFA-Multicar 25 wird vor allem durch das um 40° nach vorn kippbare Fahrerhaus ausgedrückt – bei Fahrzeugen dieser Art und Größe absolut keine Selbstverständlichkeit.

Trotz der problematischen Belastungsunterschiede an der Hinterachse infolge der Belastungszustände Leermasse–Gesamtmasse ist es beim IFA-Multicar 25 gelungen, durch neu entwickelte Blattfedern mit unveränderter Federkennung an Vorderachse und Hinterachse, kombiniert mit Gummizusatzfedern und zusätzlichen Stoßdämpfern an der Hinterachse, eine erhebliche Verbesserung des Fahrverhaltens auch bei Leerfahrten zu erreichen. Dieser Umstand wurde im Rahmen der u. a. im VEB Leuna-Werke «Walter Ulbricht»

durchgeführten Kundenerprobung besonders hoch eingeschätzt, da in diesem chemischen Großbetrieb etwa 60 % des Fahrpersonals weibliche Arbeitskräfte sind.
Von besonderem Interesse für den gesamten Bereich der Kommunalwirtschaft ist der mögliche Einbau eines mechanisch betätigten Kriechgangetriebes zur Erzielung von Minimalgeschwindigkeiten von nur 2 km/h. Damit wird der effektive Einsatz des Fahrzeuges durch Anpassung der Fahrgeschwindigkeit an die jeweiligen Erfordernisse voll wirksam. Dies bezieht sich vor allem auf die Multicarvarianten mit Vorbaukehrwalze, Vorbauwaschleiste und Vorbauschneepflug, deren optimale Arbeitsleistung u. a. von der Arbeitsgeschwindigkeit stark abhängt.
Der Einbau des neuen, weiterentwickelten Vierzylinder-Viertakt-Dieselmotors vom Typ 4 VD 8,8/8,5 – 2 SRF und die gegenüber dem M 24 größer dimensionierte Fahrkupplung sind für die Perfektion und Zuverlässigkeit des Fahrzeuges von ebenso großer Bedeutung wie das neue Kugelumlauflenkgetriebe, das sich sowohl auf die Zielsicherheit der Lenkung bei Kurvenfahrt als auch auf die Verminderung der Lenkkräfte günstig auswirkt.
Das Prinzip der hydraulischen Zweikreisbremsanlage des IFA-Multicar 24 wurde beibehalten. Eine Verbesserung des Bremsvermögens bei Rückwärtsfahrt konnte durch die Duo-Duplexausführung der Vorder- und Hinterradbremsen erzielt werden.
Um eine weitgehende Annäherung an die idealen Bremskraftverteilungen bei den unterschiedlichen Belastungsmöglichkeiten zu erreichen, wird die Hinterradbremse lastabhängig mit einem zwischengeschalteten Druckbegrenzer angesteuert. Die Feststellbremse, deren Handhebel günstiger im Operationsbereich des Fahrers angeordnet wurde, wirkt beim IFA-Multicar 25 auf die Hinterräder. Die damit verbundenen Vorteile rechtfertigen den konstruktiven Aufwand, der auf Grund des vorhandenen kippbaren Fahrerhauses betrieben werden mußte.
Der IFA-Multicar 25 ist mit einer 12-V-Elektroanlage ausgerüstet, die den Anforderungen entspricht, die an ein modernes Arbeitskraftfahrzeug gestellt werden.

2 M 25 Pritsche mit Ladehilfe

3 M 25 mit Drehleiter

Problematisch war die Säuberung der großen Frontscheibe. Für ein optimales Wischbild sorgt ein Scheibenwischer mit 650 mm Arm- und 500 mm Blattlänge.
Zur Verwirklichung der Grundkonzeption des IFA-Multicar 25, dem Wechselsystem der Vor-, An- und Aufbauten, mußte eine entsprechende Hydraulikanlage geschaffen werden. Es wurden 3 Grundvarianten mit weitgehend gleichen Teilen erarbeitet, die je nach dem zu betreibenden Zusatzgerät im Grundfahrzeug installiert werden. Die Variante 01 ist speziell für alle Kippertypen einsetzbar. Die Variante 02 ist eine Erweiterung der Anlage 01 und ermöglicht den Antrieb mehrerer Aufbauten, während die Hydraulikanlage 03 universell für alle Auf-, An- und Vorbauten ausgelegt ist.

4 M 25 Dreiseitenkipper bei Seitenkippung

Das neue Fahrerhaus mit zentralgefedertem Fahrersitz, die Zentralverriegelung, die veränderte Federung/Dämpfung, die weiterentwickelte Betriebsbremse und Feststellbremse, der Motor der 2. Bauform und weitere Details führten schließlich auch zu einem neuen Fahrgestellrahmen, der in seinem Grundaufbau als zweistieliger, verwindungsweicher Stahlleichtprofilrahmen in Schweißkonstruktion dem IFA-Multicar 24 entspricht. Bei der Konstruktion dieses Rahmens wurden die Erfahrungen der Vorgängerfahrzeuge genutzt.
Völlig neu gestaltet wurden die Querträgeranschlüsse, wobei die Flansche der Längsträger frei von Schweißnähten bleiben und somit keine Verwölbungsbehinderung bei den z. T. extremen Verwindungen im Geländeeinsatz, z. B. auf Baustellen, auftreten kann. Auch für den Anschluß des Motorträgers und die Aufnahmeböcke für die Federlager wurden konstruktive Lösungen realisiert, die die freie Verwölbung der Längsträgerflansche gestatten.
Obwohl die konstruktiven Hauptmerkmale des IFA-Multicar 24,
- die Höchstgeschwindigkeit 50 km/h,
- der Dieselmotor mit 33 kW (45 PS),
- das Kippfahrerhaus und
- das Wechselsystem der Auf-, An- und Vorbauten

auch für den IFA-Multicar 25 übernommen wurden, ist es die Komplexität der Veränderungen, die diese neue Fahrzeugqualität bestimmen.
Der IFA-Multicar 25 hatte sein Debüt anläßlich der Leipziger Herbstmesse 1978 und erhielt dort eine der begehrten Goldmedaillen.
Bereits 3 Monate nach Serieneinführung führte die Verteidigung und Abrechnung der mit dem ASMW vereinbarten Qualitätszielstellungen zur Erteilung des höchsten Gütezeichens der DDR «Q».
Die Entwicklung und ihre Ergebnisse sowie deren qualitäts- und termingerechte Überleitung in die Produktion können als beispielhaft für eine extrem kurze Entwicklungszeit einerseits und gute sozialistische Gemeinschaftsarbeit andererseits angesehen werden. Bei der Realisierung der Entwicklung- und Qualitätszielstellungen bildete die enge Zusammenarbeit mit verschiedenen Institutionen und zahlreichen Entwicklungskooperationspartnern eine wirkungsvolle Unterstützung.
Das gemäß den Beschlüssen des IX. Parteitages der SED neu gebildete IFA-Kombinat Nutzkraftwagen hat damit bewiesen, daß es bei konzentrierter Orientierung auf die Aufgabe möglich ist, eine Neuentwicklung mit hohem Qualitätsniveau in äußerst kurzer Zeit bis zur Serienproduktion zu führen.

5 M 25 Hinterkipper

6 M 25 Muldenkipper

Neben der betrieblichen Fahrerprobung wurden spezielle Tests, Versuche und Aggregaterprobungen sowie geraffte Erprobungsläufe auf dem Laufbandprüfstand des WTZ Automobilbau absolviert, so daß trotz der kurzen Entwicklungszeit ein neues Erzeugnis in die Serienfertigung überführt werden konnte, das in unserer Volkswirtschaft und bei unseren Exportpartnern als Rationalisierungsmittel dazu beitragen wird, Produktivität und Effektivität der Arbeit zu steigern.

Der IFA-Multicar 25 wird sich überall dort bewähren, wo die Platzverhältnisse den Einsatz größerer Fahrzeuge nicht gestatten. Vergleichsfahrzeuge aus der Schweiz, aus Österreich, Italien und der BRD sind meist auf spezielle Einsatzgebiete ausgerichtet, während der M 25 nahezu alle möglichen Einsatzgebiete erfaßt. Seine Universalität sowie die Maximal- und Minimalgeschwindigkeit, Fahrerhausgestaltung und -innenausstattung, die Möglichkeit des Anhängerbetriebes mit 800 kg Anhängemasse und die relativ hohe Nutzmasse sind die Bewertungskriterien, auf Grund deren der M 25 dominiert.

Auf Grund des überzeugenden Abstandes der im Rahmen der Entwiclungsarbeit ermittelten Qualitätskennziffer des M 25 zu denen der Vergleichsfahrzeuge wird dokumentiert, daß der IFA-Multicar 25 international eine Spitzenposition einnimmt.

Werkfotos

7 M 25 mit Sammelbehälteraufbau (rechts) und Wasch- und Sprühaufbau

Tabelle: Wichtigste technische Daten des M 25:

Leermasse	1 750 kg (Dreiseitenkipper)
Nutzmasse	2 100 kg (Dreiseitenkipper)
Zulässige Achslast vorn	1 450 kp
Zulässige Achslast hinten	2 600 kp
Zulässige Gesamtmasse	3 950 kg
– Motor	4 VD 8,8/8,5–2 SRF
Dauerleistung II	45 PS bei 3 000 min^{-1}
maximales Drehmoment	11 kpm bei 2 300 min^{-1}
– Kupplung	T 20–20 K
Nenn-Drehmoment	20 kpm
– Wechselgetriebe	WF 11,8 S 4 M/Nh 6
Übersetzungsverhältnisse	3,92; 2,26; 1,44; 0,97; 3,64
– Kriechganggetriebe	Nh 50–02 W 11
Kriechgangstufe	2,93
– Nebengetriebe	
Übersetzungsverhältnis	1,56
– Hinterachsgetriebe	AZ 43–7,5 Sp
Übersetzungsverhältnis	7,5
– Anhängerkupplung	A 103 BK 63
– Bereifung	23 × 5/L 28
– Lenkung	Kugelumlauf
Lenkgetriebe	K 240
kleinster Wendekreisdurchmesser	9,0 m
kleinster Spurkreisdurchmesser	7,8 m
– Federung	progressiv, Blatt- mit Gummizusatzfedern
– Betriebsbremse	hydraulisch betätigte Zweikreis-Innenbackenbremse, vorn Duoduplex, hinten Duoduplex
Kreisaufteilung	1. Kreis 1/2 Vorderachse plus Hinterachse 2. Kreis 1/2 Vorderachse
– Feststellbremse	mechanisch, auf Hinterräder
– Elektrische Anlage	12 V
Batterie	12 V 135 Ah
– zulässige Anhängemasse	800 kg ungebremst
– Höchstgeschwindigkeit	50 km/h
Minimalgeschwindigkeit	2 km/h
– Steigfähigkeit solo	25 %
– Innengeräusch	82 dB (AF)
– Gesamtbetriebsdauer bis zur Grundinstandsetzung	60 000 km
– Zuverlässigkeit	= 3 E/1 000 km
– Kraftstoff-Streckenverbrauch	12 l/100 km
– Lenkkraft bei Kurvenfahrt	9...11,5 kp
– Kupplungspedalkraft	10 kp

Spezialfahrzeuge im Kraftverkehr

Die ständig steigenden Anforderungen an den Kraftverkehr erfordern nicht nur die Bereitstellung ausreichenden Transportraumes, sondern im Interesse eines ökonomischen Transportablaufes in immer stärkerem Maße den Einsatz von Spezialfahrzeugen. Daß die Fahrzeugindustrie der sozialistischen Staaten dieser Forderung der Kraftverkehrsbetriebe nachzukommen bestrebt ist, zeigt sich unter anderem im Produktionsprogramm der Fahrzeugwerke der Volksrepublik Ungarn.

Außer den Kraftomnibussen vom Typ „Ikarus“ werden in ständig steigendem Maße Sattelschlepper und Lastkraftwagen gebaut. Es handelt sich besonders um zwei Typen, die 1960 auch in der Deutschen Demokratischen Republik bekannt wurden, und zwar die Sattelschlepper-Zugmaschinen D 450 N und D 705 N. Bei beiden Zugmaschinen finden die bereits von den Ikarus-Omnibussen her bekannten Motortypen D 414 und D 614 Verwendung. Auch Wechselgetriebe, Vorderachsen, Lenkung und Hinterachsen können mit jedem KOM der entsprechenden Größenordnung ausgetauscht werden.

Die Normalausführung (Pritschenauflieger) ist bei dem Typ D 450 N mit 8 t und bei dem Typ D 705 N mit 12 t Nutzlast ausgelegt. Die Grundabmessungen und wichtigsten technischen Daten dieser Fahrzeuge sind:

Schlepper **D 450 N** mit Motor Csepel D 414, Viertakt-Diesel, maximale Leistung 95 PS bei 2300 U/min, Drehmoment 34 kpm bei 1400 U/min. Der Kraftstoffverbrauch wird mit 25 *l*/100 km angegeben. Der Schlepper ist mit einem 5-Gang-Wechselgetriebe – schräg verzahnt – ausgerüstet und erreicht eine maximale Geschwindigkeit von 68 km/h. Der Wendekreisdurchmesser beträgt 14,5 m. Der Radstand der Zugmaschine ist 3300 mm. Die Masse des Schleppers beträgt 4100 kg.

Schlepper **D 705 N** mit Motor Csepel D 614, Vierakt-Diesel, maximale Leistung 145 PS bei 2300 U/min, Drehmoment 50 kpm bei 1400 U/min. Der Kraftstoffverbrauch wird mit 45 *l*/100 km angegeben. Die Zugmaschine ist mit einem 5-Gang-Wechselgetriebe Typ 800 und einer starren Hinterachse mit Doppelübersetzung und 10 t Tragfähigkeit ausgerüstet und erreicht bei diesem Getriebetyp eine maximale Geschwindigkeit von 60 km/h. Mit dem Getriebetyp Atra AS-1000 wird bei gleicher Übersetzung des ersten bis dritten Ganges eine maximale Geschwindigkeit von 80 km/h erreicht.

Erfreulich ist, daß die Fahrzeugbauer der Volksrepublik Ungarn sich bemühen, zu diesen Sattelschlepper-Zugmaschinen auch die entsprechenden Spezialauflieger zu liefern. Die Auflieger für beide Typen sind mit einer einheitlichen Sattelkupplung ausgerüstet, die den internationalen Normen entspricht. Dadurch ist es möglich, auch Auflieger bestimmter anderer Fabrikate aufzusatteln.

Bei den Csepel-Aufliegertypen sind zum Abstützen des abgesattelten Aufliegers an beiden Seiten des Fahrzeuges Stützrollen angebracht, die mittels Spindel herabgelassen werden können. Das Laufwerk des Aufliegers ist druckluftgebremst. Es besteht aus einer durchgehenden starren Achse mit Scheibenrädern und Bereifung 8.50–20 bei Typ D 450 N und Trilexrädern für Bereifung 11.00–20 extra HD bei Typ D 705 N.

Folgende Ausführungsarten werden zur Zeit hergestellt:

Zementsiloauflieger (D 450 N)

Zementsiloauflieger mit zwei Behältern für je 3500 kg lose Bindemittel, Gesamt-Nutzlast 7000 kg. Je nach örtlicher Situation kann eine staubfreie Beladung und auf Grund der Ausrüstung des Fahrzeuges eine pneumatische Entladung bis zu einer Höhe von 25 m erfolgen. Eigenmasse des Aufliegers 3100 kg, Gesamtmasse des Zuges 7200 kg, kleinster Wendekreisdurchmesser 14,5 m.

Kühlwagenauflieger (D 450 N)

Kühlwagenauflieger mit Kühlaggregat, wobei die Kühlleistung 2400 kcal/h bei Erreichung einer minimalen Temperatur von –15 °C beträgt. Der Aufbau hat eine Wandstärke von 110 mm mit Leichtmetall, Innen- und Außenverkleidung und einer Isolationsschicht aus Kunstharzschaum.
Die Ausrüstung des Aufliegers kann nach Wunsch für verschiedene zu transportierende Güterarten erfolgen.
Die maximale Nutzlast beträgt 6000 kg, der kleinste Wendekreisdurchmesser 14,5 m.

Auflieger mit geschlossenem Aufbau (D 450 N)

Der Wagenkasten ist aus Aluminiumblechen hergestellt und hat eine Innenverkleidung aus Holzfaserplatten. Am Heck des Fahrzeuges kann je nach Wunsch eine Rolltür (nach oben zu öffnen) oder eine doppelte Schlagtür angebracht werden. Die Nutzlast dieses Fahrzeuges beträgt 7000 kg, die Eigenmasse des Aufliegers 2900 kg, die Länge der Ladefläche 6000 mm, die Breite 2300 mm, die Höhe des Innenraumes 2200 mm, der Wendekreisdurchmesser 14,5 m.

Auflieger für Möbeltransport (D 450 N)

Der Wagen ist außen mit 1 mm starkem Aluminiumblech, innen mit 4 mm starken Holzplatten verkleidet. Die Seitenwände sind gepolstert und mit einem Leinenüberzug versehen. An der Rückseite des Fahrzeuges ist eine zweifaltige Tür über die gesamte Fahrzeugbreite angebracht. Unter dem Boden des Laderaumes befindet sich, auf beiden Seiten zugänglich, der Spiegelkasten. Der Auflieger ist mit Stoßdämpfern an der Hinterachse ausgerüstet.
Die Abmessungen des Laderaumes sind die gleichen wie beim vorher beschriebenen Typ.

Wohnwagenauflieger für 8 Personen (D 450 N)

Der Innenraum des Aufliegers ist in drei Räume eingeteilt, wobei an beiden Enden die Schlafabteile angeordnet sind und in der Mitte der Wohnraum.
Die Masse des Wohnwagens beträgt 6000 kg, die Gesamtlänge 7500 mm und die Breite 2480 mm.

Auflieger für Weintransport (D 450 N)

Der Auflieger ist mit vier Behältern von je 1500 *l* Fassungsvermögen ausgerüstet. Dadurch können vier verschiedene Sorten Wein befördert werden. Durch Verwendung entsprechender Anschluß- und Ablaufstücke ist auch ein gleichzeitiges Füllen und Entleeren aller vier Behälter möglich. Die Innenflächen der Aluminiumbehälter sowie sämtliche Rohrleitungen und Armaturen sind emailliert. Außerdem ist um jeden Behälter eine Isolierschicht gegen zu starke Erwärmung oder Abkühlung gelegt. Auf Wunsch kann das Fahrzeug auch mit einer Pumpe ausgerüstet werden, die gleichzeitig mit einem Durchflußmesser ausgerüstet ist. Die Nutzlast beträgt 6000 kg, die Eigenmasse 3800 kg. Der Wendekreisdurchmesser beträgt 14,5 m.

Pritschenauflieger (D 705 N)

Pritschenauflieger mit einer Nutzlast von 1200 kg. Die Eigenmasse des Aufliegers beträgt 4000 kg, die Gesamtlänge 8300 mm, die Breite 2500 mm. Der Auflieger kann mit Planverdeck auch in Zollverschlußausführung geliefert werden.

Für die Zugmaschinen D 705 N sind im Fertigungsprogramm der Csepel-Werke auch Kühlwagen, Möbelwagen, Tankwagen für Kraftstoff-, Wein- und Milchtransporte vorgesehen. Auch für den Sattelschlepper Typ D 450 N werden, außer den bereits erwähnten Typen, noch Tankwagenauflieger produziert.

Mit dem Einsatz dieser Spezialfahrzeuge sind neue Möglichkeiten gegeben, die Arbeitsproduktivität im Kraftverkehr wesentlich zu steigern und Transportverluste und -schäden zu mindern.

Dipl.-Ing. M. Barthel

Speziell – universell – rationell

Transportrationalisierung durch den Einsatz von Kraftfahrzeugen mit Sonderaufbauten

Mehr und mehr fallen im Straßenbild unserer Republik Nutzfahrzeuge mit Sonderaufbauten in unterschiedlichsten Ausführungen auf. Die Vielfalt dieser Spezialfahrzeuge ist keineswegs als technische Spielerei der Fahrzeugindustrie oder als Steckenpferd einiger Konstrukteure und Transportfachleute anzusehen. Sie entspringt vielmehr dem allseitigen Bestreben, die Transporte in allen Bereichen unserer Wirtschaft so rationell wie möglich zu gestalten.

Der sich ständig erweiternde Warenaustausch verursacht auch eine Zunahme des Gütertransportvolumens und damit des Bedarfs an Transportraum. Will man nun nicht zusätzlich Arbeitskräfte als Kraftfahrer und Ladearbeiter einsetzen und trotzdem die sich laufend erhöhenden Anforderungen der Transportkunden aus Industrie, Landwirtschaft, Handel usw. erfüllen, so bietet sich als erfolgversprechender Weg die Anwendung moderner Transporttechnologien an. Daraus ergibt sich bei einer ganzen Reihe von Gutarten schon eine so erhebliche Erweiterung der Transportkapazität, daß keine Veranlassung besteht, für den Transport dieser Gutarten Spezialfahrzeuge zu entwickeln. Es gilt deshalb, von den zahlreichen konstruktiv-technischen Möglichkeiten zur Lösung von Transportaufgaben diejenigen herauszusuchen, die im volkswirtschaftlichen Sinne den größten Nutzen bringen, und den Fahrzeugpark entsprechend auszulegen.

Überhaupt können für alle Überlegungen über die Zweckmäßigkeit des Einsatzes von Spezialfahrzeugen ausschließlich volkswirtschaftliche Aspekte ausschlaggebend sein und nicht die ökonomischen Belange des Kraftverkehrsbetriebes. Während nämlich die das Spezialfahrzeug auszeichnenden Vorteile – wie Einsparung von Verpackung, vereinfachter Umschlag, Erhaltung der Qualität des transportierten Guts – hauptsächlich dem Transportkunden zugute kommen, wirken sich die Nachteile – hohe Anschaffungs- und Unterhaltungskosten, komplizierte Wartung, Pflege und Instandsetzung, Schwierigkeit der kontinuierlichen

1 Csepel-Sattelzugmaschine D 705 N mit halbselbsttragendem Siloauflieger für den staubfreien Bindemitteltransport

2

3

Auslastung – auf den Transportbetrieb aus und können kaum durch entsprechend gestaltete Tarife abgefangen werden.

Für Gütertransporte mit Straßenfahrzeugen gibt es vier grundsätzliche Möglichkeiten:

- Transport von unverpackten, verpackten, palettierten oder paketierten Gütern mit Normalfahrzeugen (Pritschenfahrzeugen in Standardausführung),
- Transport der genannten Güter mit Pritschenfahrzeugen, die mit Ladehilfsmitteln ausgestattet sind,
- Transport von in Behältern untergebrachten Gütern mit Normalfahrzeugen bzw. auf den Behälterverkehr abgestimmten Fahrzeugen,
- Transport von unverpackten Gütern mit spezialisierten auf die Güter und die jeweiligen Umschlageinrichtungen abgestimmten Fahrzeugvarianten.

Diese vier Varianten sind praktisch auch in allen Ländern zu finden, wenn auch in teilweise recht unterschiedlicher anteilmäßiger Zusammensetzung. Selbstverständlich unterliegt diese Struktur zeitlichen Veränderungen, denn mit zunehmender Konzentration und Spezialisierung der Produktion reifen immer mehr Bedingungen heran, die den Einsatz von Spezialfahrzeugen nahelegen.

So wurde, als man im Bauwesen vorgefertigte Betonbauteile zu verwenden begann, eine Reihe von speziell auf diese Elemente abgestimmten Fahrzeugen (Schwerlasttransport) erforderlich, was unverkennbar die Zusammensetzung des Fahrzeugparks beeinflußte. In gleicher Weise trug der Übergang zu industriellen Produktionsmethoden in der Landwirtschaft dazu bei, daß der „Milchkutscher" mit seinem Pferdegespann seinen Platz im Straßenbild in zunehmendem Maße dem leistungsfähigen modernen Milchtankfahrzeug überlassen muß, das nur etwa die Hälfte der bisherigen Transportkosten verursacht.

Nach wie vor und trotz der „Vorliebe" einzelner Länder für bestimmte Fahrzeugarten – Deutschland: klassisches Land für Anhänger, England: absoluter Verzicht auf Anhängerbetrieb, USA: überwiegender Anteil von Sattelzügen – sind in jedem Land aber sowohl Normal- als auch Spezialfahrzeuge eingesetzt. Allerdings ging der Anteil an Normalfahrzeugen, der zu Beginn der Kraftfahrzeugära verständlicherweise am größten war, im Laufe der Zeit zurück, während der Anteil an Fahrzeugen mit Sonderaufbauten und das angebotene Sortiment derartiger Fahrzeuge ständig zunehmen. So stieg z. B. der Anteil der Lkw-Kipper

5

6

am Lkw-Gesamtbestand von etwa 8 Prozent im Jahre 1960 auf etwa 18 Prozent im Jahre 1965 und soll 1975 etwa 25 Prozent betragen. Dieser Trend zeichnet sich in ähnlicher Form auch in anderen Ländern ab, und auch in den nächsten Jahren dürfte wegen der vom Spezialfahrzeug angebotenen Vorteile mit einem weiteren absoluten und relativen Anwachsen des Anteils von Spezialfahrzeugen im Kraftfahrzeugpark zu rechnen sein. Die erwähnten Vorteile sind allerdings weitgehend an den Verwendungszweck der jeweiligen Fahrzeugvariante gebunden. Daraus ergeben sich folgende Gruppierungsmerkmale:

- Thermos-, Kühl- und Möbelfahrzeuge sind konstruktiv speziell auf *Erhalten der Qualität des Ladeguts beim Transport* ausgelegt,
- Silo- und Tankfahrzeuge *transportieren* das Ladegut *ohne Verpackung*,
- Kipper und Lkw mit Ladekran bzw. Ladebordwand ermöglichen einen *vereinfachten Umschlag*,
- Langmaterialtransporter und Tieflader bieten eine *Anpassung des Transportmittels an extreme Abmessungen, Massen oder andere Besonderheiten* des Ladeguts,
- fahrbare Arbeitsmaschinen, Straßenkehrmaschinen, Betonmisch-Lkw, Verkaufswagen, Werkstattwagen, Abschlepp- und Bergungswagen sowie Drehleiterfahrzeuge *gestatten bestimmte Arbeitsgänge, die nicht zum Transport gehören,* und sind z. T. nicht für Transportzwecke gedacht.

Einige Fahrzeugvarianten lassen sich darüber hinaus sogar für mehrere Zwecke verwenden, so daß jeweils einige der genannten Gruppierungsmerkmale zutreffen. So erfüllt z. B. ein moderner Milchtanker vier von den fünf Merkmalen, da die Milch unverpackt transportiert wird (2), die Tanks zur Erhaltung der Qualität der Milch (1) entsprechend den Hygienebestimmungen und isoliert ausgeführt sind und das Fahrzeug mit Pumpanlagen zum Füllen und Entleeren (3) sowie Durchlaufmengenmesser und einer automatischen Probeentnahmeeinrichtung zum Feststellen des Fettgehalts der Milch (5) ausgestattet ist.

Das Beispiel des Milchtransports läßt auch anschaulich die historische Entwicklung zur modernen Transporttechnologie und zum modernen Spezialfahrzeug erkennen. Die Spezialisierung in der landwirtschaftlichen Produktion brachte u. a. eine konzentrierte Viehhaltung und den Bau großer Rinderställe mit sich. In ihnen konnten moderne und hochproduktive Melkeinrichtungen installiert und in den LPG Milchsammelstellen geschaffen werden. Im Rahmen dieser Technologie erwies sich der althergebrachte Milchkannentransport als ausgesprochenes

2 Csepel-Sattelschlepper mit Tankauflieger in selbsttragender Bauweise für den Transport von Benzin

3 Eine dritte Auflieger-Variante hinter der Csepel-Sattelzugmaschine: Milchtankauflieger in Rahmenbauart mit isoliertem Tank von 12500 l Fassungsvermögen

4 Ein selbsttragender LAG-Tankauflieger für den Heizöl- und Bitumentransport, gezogen von der Volvo-Sattelzugmaschine FB 88. Der liegende Tank ist so stark isoliert, daß die Temperatur des heißen Ladeguts (190 °C) nur um 1 °C/h abfällt

5 Kühlmaschinenwagen Ikarus 404 für den qualitätsgerechten Transport von Lebensmitteln

6 Mischfutter-Transporter auf dreiachsigem Lkw-Fahrgestell Leyland-Albion

7 Der Silo-Auflieger ist gedacht für den Transport von staubförmigen und körnigen Gütern aus der Landwirtschaft. Er wird aus Hochbunkern beladen und über Auslauftrichter im Boden in Tiefbunker entladen

7

Hindernis. In relativ kurzer Zeit wurden deshalb durchgängig die Milchfuhrwerke durch mit Aufsatztanks versehene Lkw bzw. Anhänger hinter Traktoren ersetzt. Als nächster Schritt werden nun in steigender Zahl moderne Csepel-Milchtanker eingesetzt, und auch der Übergang zum Einsatz von 9000-*l*-Tank-Sattelzügen (W 50-Sattelzugmaschine) mit entsprechender Übernahme-, Übergabe- (Zweipumpenanlage-), Meß- und Prüftechnologie wird dazu beitragen, daß in absehbarer Zeit auch die Fahrzeuge mit Aufsatztanks außer Dienst gestellt werden können. Damit lassen sich die Transportkosten je Tonne Milch um weitere 10 MDN reduzieren, die frei werdenden Normalfahrzeuge für andere Aufgaben einsetzen, die Auslastung aller Milchtanker verbessern, die Transportverluste (verdorbene Milch) verringern und die Zahl der „Milchfahrer" weiter einschränken.

Voll wirksam werden die Vorteile des Einsatzes von Spezialfahrzeugen aber immer erst dann, wenn einmal eine einheitliche Technologie besteht und weiterhin das Fahrzeug in allen seinen konstruktiven Details auf die zu befördernde Gutart, die Transportbedingungen und die technologischen Bedingungen der Transportbeteiligten abgestimmt ist. Dazu muß es in seinen Hauptabmessungen den örtlichen Gegebenheiten (Durchfahrthöhe) angepaßt und genügend wendig und manövrierfähig sein sowie eine für die anfallenden Gutmengen ausreichende Ladekapazität und entsprechendes Laderaumvolumen aufweisen. Der Aufbau muß sich leicht reinigen und – wenn notwendig – desinfizieren lassen. Die Anschlüsse (Schlauchkupplung) an Fahrzeug und stationären Be- und Entladeeinrichtungen müssen zueinander passen und sich möglichst ohne Werkzeug und einfach verbinden lassen. Der Standort und die Anzahl der dort stationierten Fahrzeuge ist so festzulegen, daß möglichst wenig Leerkilometer anfallen und das Leistungsvermögen der Fahrzeuge mit Transportgutmenge und -entfernung in Einklang steht. Damit die Fahrzeuge über Jahre hinaus optimal genutzt werden können, ist also eine exakte Zusammenarbeit zwischen der verladenden Wirtschaft als Transportkunden, dem Kraftverkehrsbetrieb als Fahrzeughalter und dem Fahrzeughersteller genauso erforderlich wie klare Vorstellungen über die künftige Entwicklung des Gutaufkommens und der Transportbedingungen. Auch in dieser Hinsicht bietet unsere sozialistische Wirtschaft gute Voraussetzungen, eine moderne Transporttechnologie allseitig und gründlich vorzubereiten und vertraglich zu fixieren, so daß nachträgliche Veränderungen an den Umschlageinrichtungen oder den Fahrzeugen vermieden und der geplante Nutzen in voller Höhe erreicht werden kann. Häufig zahlt sich eine neue Technologie überhaupt erst bei breiter Anwendung aus, wie andererseits auch nicht jede technisch einleuchtende Lösung ökonomisch vorteilhaft ist. Sicher bieten in Zukunft die Rechentechnik und die Datenverarbeitung auch in diesem Bereich wertvolle Hilfe für eine schnelle und wohldurchdachte Entscheidung.

Aber selbst dann, wenn der Einsatz von Spezialfahrzeugen gründlich und exakt vorbereitet ist, können Fahrzeuge, die für den Transport von nur einer Gutart eingerichtet sind, häufig nicht durchgehend ausgelastet werden, weil diese Gutart eben vielleicht nur einmal am Tag oder in der Woche oder nur in einer bestimmten „Saison" anfällt. So werden z. B. die Milchtanker nur in den frühen Morgenstunden für den Transport der Milch von der LPG zu den Molkereien benötigt, und für flüssige Düngemittel oder Bitumen sind die Spezialtanker nur über die Saisonmonate auszulasten.

8

9

8 Ein kombinierter Stück- und Schüttgut-Transporter in Sattelzugausführung. Für die Beladung durch Kran können die zum Abstützen einer Abdeckplane dienenden Spriegel entfernt werden

9 In der Ladefläche des Mehrzweck-Transporters sind die rostartigen Abdeckungen der Auslauföffnungen zu erkennen

10 IFA W 50 L/L mit hydraulischem Ladekran (maximale Tragkraft bei kleinster Auslegeweite 1,25 Mp)

11 Zustellanhänger für die Aufnahme, den Transport und das Absetzen von pa-Behältern

12 Absetzvorgang beim Zustellanhänger

10

Diesem nicht unerheblichen Nachteil läßt sich in verschiedener Weise begegnen. Eine Möglichkeit bietet sich in der Ausführung der Spezialaufbauten als Sattelauflieger, dessen Standzeiten billiger werden als die eines Lkw. Angewendet auf das Beispiel des Milchtransports könnte das Zugmittel – also die Sattelzugmaschine – kombiniert mit einem Pritschenauflieger in der restlichen Tageszeit voll genutzt werden. Außerdem bietet die Fahrzeugart Sattelzug ohnehin eine Reihe von Vorteilen. So wird für die speziellen Transporte häufig eine höhere Ladekapazität gefordert, die von einem normalen Lkw nicht bzw. nur mit erheblich höheren Kosten angeboten werden kann, und die meist erforderlichen Zusatzaggregate (Kompressoren, Pumpen, Kältesätze, Armaturen) sind beim Sattelzug nur einmal, beim gleich großen Lastzug mit Lkw und Anhänger dagegen mehrfach erforderlich.
Häufig ist der Transport auch direkt in die Produktionstechnologie einbezogen. So erfordert z. B. der Straßenbau eine pünktliche Anlieferung von Bitumen, das während des Transports auf der Verarbeitungstemperatur von 140 bis 190 °C gehalten werden muß. Auch in diesem Fall ist die Trennbarkeit von Transportraum und Zugmittel vorteilhaft, da bei Ausfall der Sattelzugmaschine, die naturgemäß störanfälliger als der Auflieger ist, durch Einsatz einer anderen Sattelzugmaschine der Produktionsablauf aufrechterhalten werden kann.
Aus allen diesen Gründen werden von Transportwesen und Transportkunden sehr viele Sonderaufbauten in Sattelzugbauart gewünscht.
Eine zweite Möglichkeit, dem Auslastungsproblem für das Spezialfahrzeug zu begegnen, besteht darin, den Sonderaufbau für den Transport von mehreren Gutarten auszulegen, ihm also gewissermaßen den zu einseitig spezialisierten Charakter zu nehmen. Zwei Beispiele zeigen, wie sich durch eine derartige Auslegung der Fahrzeuge die Grenzen zwischen Spezialfahrzeugen und Normalfahrzeugen verwischen und wie sich durch einfache Lösungen einer der schwerwiegendsten Nachteile des Spezialfahrzeugs – der etwa 50%ige Anteil von Leerfahrten – wirksam einschränken läßt.

11

12

13

13 Decklaster für den Behältertransport von Büssing

14 Auflieger-Varianten hinter der Sattelzugmaschine D 450:
a Thermoskofferauflieger, geeignet für den Einbau eines Kältesatzes
b Normalkofferauflieger
c Wein- oder Milchtankauflieger
d Zement-Siloauflieger
e Benzin-Tankauflieger

Abbildung 7 zeigt einen Pritschenauflieger mit abdeckbaren Auslauföffnungen, die durch Schieber geöffnet und verschlossen werden können. Dieses Fahrzeug ist für den Transport beliebiger körniger Güter, die in Tiefbunker entladen werden sollen, sowie beliebiger stückiger Güter (Rückladung) einsetzbar und bringt durch die Rückladung – insbesondere bei Transporten über große Entfernungen (Braumalzexport) – ökonomische Vorteile, die den für das manuelle Nachhelfen zur völligen Entleerung des körnigen Guts nötigen Kraft- und Zeitaufwand bei weitem wettmachen.

Wegen des relativ großen Umfangs der Möbeltransporte – vor allem Export – ist es ein ökonomisches Erfordernis, die Möbeltransporter auch für die Beförderung anderer Gutarten als Rückladung einsatzfähig zu gestalten. Nach Abwandlung der üblichen Möbelkoffer-Version, die durch Vollpolsterung und geringe Ladekapazität gekennzeichnet ist (Verhältnis Laderaum zu Ladekapazität etwa 8 bis 9 m^3/t), zu einem großvolumigen Kofferaufbau (4 bis 6 m^3/t), der mit aufrollbaren Polsterbahnen, Ösen für die Befestigung von Seilen zur Sicherung von Teilladungen und zusätzlicher rechter Seitentür ausgestattet wird, lassen sich nun auch andere stückige Güter transportieren, ohne daß die Polsterung beschädigt wird. Die hohe Ladekapazität dieses Mehrzweck-Kofferfahrzeugs sichert eine hohe Wirtschaftlichkeit dieser „Ausweich"-Transporte und erweist sich auch bei der Beförderung von zerlegten Möbeln als vorteilhaft.

Weitere Anwendungsgebiete lassen sich erschließen, wenn derartige Kofferaufbauten mit Schiebedach bzw. einer einwandfrei dicht schließenden Plane versehen werden. Derartige Fahrzeuge setzt man z. B. in Frankreich häufig für den Transport schwerer Einzelstücke (Maschinen u. dgl.) ein. Durch einfache Zusatzeinbauten können die Kofferaufbauten für weitere spezielle Transportzwecke einsetzbar gestaltet werden. So schafft man mit herausnehmbaren Rohren die Voraussetzungen, um Konfektion hängend transportieren zu können, wodurch erhebliche Mengen an Verpackungsmaterialien und das sonst erforderliche erneute Aufbügeln entfallen. Alle diese Beispiele verdeutlichen, daß die mit der Anschaffung dieser Mehrzweck-Kofferfahrzeuge entstehenden zunächst höheren Kosten durch die günstigeren Möglichkeiten zur Auslastung in kurzer Zeit wieder erwirtschaftet werden können.

Von den eingangs genannten vier Möglichkeiten zum Gütertransport mit Straßenfahrzeugen hat auch der Transport von in Behältern untergebrachten Gütern auf die Zusammensetzung des Kraftfahrzeugparks und die Gestaltung der Nutzfahrzeuge einen gewissen Einfluß, allerdings – begründet durch die vielfältigen Behältersysteme – in recht unterschiedlicher Weise. Allgemein werden Paletten und Behälter mit bis zu 1,5 t Gesamtmasse durch Normalfahrzeuge bzw. durch Fahrzeuge mit Ladehilfsmitteln (hydraulischer Ladekran) transportiert und umgeschlagen. Da derartige Lkw mit Ladekran bei uns bis vor kurzem noch völlig fehlten, werden zur Zeit insbesondere für den Umschlag der zahlreich vorhandenen ABC-Behälter vielfach Provisorien geduldet, die aber in bezug auf den Arbeitsschutz einige Probleme aufwerfen.

Für den Verkehr mit größeren Behältern – 2,5 t, 5 t und in ferner Perspektive auch 10 und 20 t – werden in unserer Republik Behälter ohne eigenes Fahrwerk eingesetzt, die von Hebezeugen und Schwerstaplern umgeschlagen werden müssen (Hubsystem). Für den Straßentransport dieser Behälter eignen sich gleichfalls Normalfahrzeuge bzw. vielseitig einsetzbare und auf die Beförderung und den Umschlag von Behältern abgestimmte Fahrzeugvarianten, wie Lkw mit hydraulischem Ladebügel, Lafettenanhänger und -auflieger sowie Plattformanhänger und -auflieger mit entsprechenden Befestigungseinrichtungen. Sonderformen wie der Zustellanhänger für 5-t-pa-Behälter (Abb. 11), die nur zweckgebunden für diesen Behältertyp nutzbar sind, sind deshalb künftig nicht mehr erforderlich. Genauso erübrigen sich technisch aufwendige Varianten, z. B. der technisch und konstruktiv recht interessante Decklaster von Büssing (Abb. 13), mit allen ihren Auslastungsproblemen. Der Nutzfahrzeugpark in unserer Republik trägt den erwähnten modernen Entwicklungstendenzen heute noch nicht in vollem Maße Rechnung, obwohl es bereits überzeugende Beispiele für den vorteilhaften Einsatz von Fahrzeugen mit Spezialaufbauten gibt. Die beschränkten

14 a

b

c

d

e

Entwicklungs-, Produktions- und Importmoglichkeiten einerseits und andererseits die Tatsache, daß die teilweise nur geringen benötigten Stückzahlen bestimmter Fahrzeugausführungen eine wirtschaftliche Serienfertigung verhindern, beschränken das angebotene Sortiment an Spezialaufbauten.
Die in eigener Regie der Kraftverkehrsbetriebe entstandenen Spezialfahrzeuge können die vorhandenen Lücken selbstverständlich nicht schließen, so daß sich die sozialistische Fahrzeugindustrie in internationaler Zusammenarbeit und Arbeitsteilung verstärkt um eine sortimentsgerechte Abdeckung des Fahrzeugbedarfs bemühen muß. Wichtig ist vor allem, daß die Transportketten im Paletten- und Behälterverkehr geschlossen werden, wozu aus eigener Produktion und aus Importen mehr Fahrzeuge mit Ladehilfsmechanismen gebraucht werden. Gleiches gilt für Silo-Sattelzüge für den losen Transport von staubförmigen und körnigen Gütern (Restlosentleerungsprinzip) sowie für verschiedenartige Tanksattelzüge mit den erforderlichen Übernahme-, Übergabe-, Meß- und Prüfeinrichtungen für flüssige Gutarten. Erforderlich sind schließlich weitere Spezialaufbauten für den Transport von Fertigbauteilen extremer Abmessungen, Langmaterialien, Pkw u. a. m.
Doch die Orientierung der Fahrzeugindustrie auf die Entwicklung und Fertigung der benötigten Sonderaufbauten auf der Basis weniger Fahrzeuggrundtypen kann nur als eine Maßnahme aus dem vielseitigen Programm zur umfassenden Transportrationalisierung angesehen werden. Ebenso wichtig ist dafür das enge Zusammenwirken der beteiligten Partner aus der verladenden Wirtschaft und dem Verkehrswesen. Nur dadurch können die mit der Spezialisierung verbundenen Probleme der Fahrzeugausnutzung, der komplizierten Unterhaltung und Instandsetzung und der Qualifizierung des Fahr- und Bedienungspersonals beherrscht und die zu erwartenden Vorteile wie Vermeidung von Transportschäden und -verlusten, Einsparung von Arbeitskräften und Verpackung, Vereinfachung und Verringerung des körperlichen Kraftaufwands beim Umschlag und Verkürzung der Stillstandszeiten voll genutzt werden.

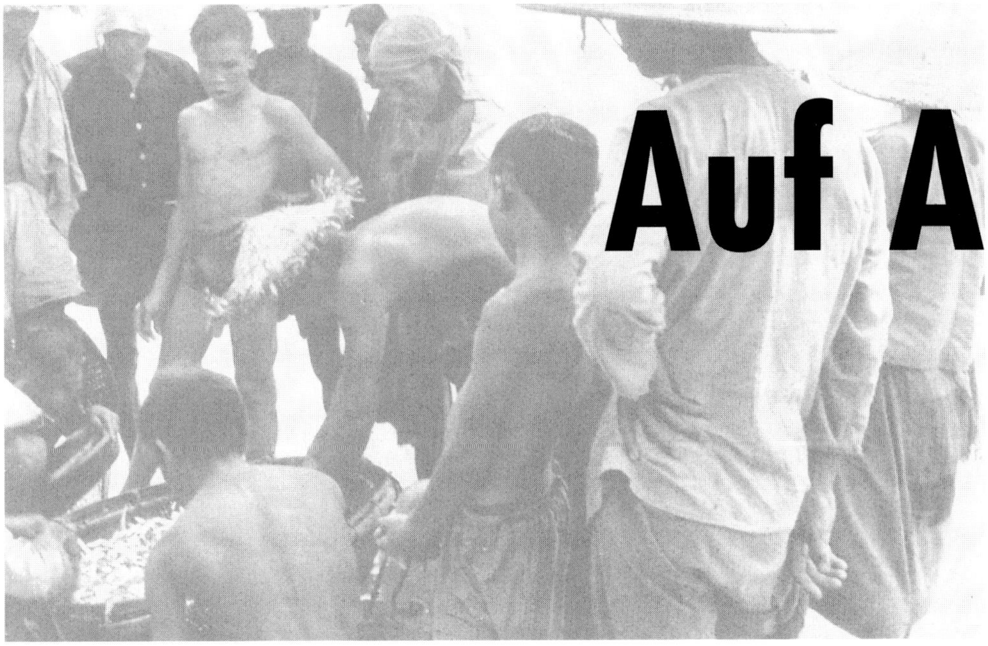

Auf Achse

Luftgekühlte Karawane

42 Grad Celsius im Schatten zeigt das Thermometer, und brütende Hitze lastet auf der langen Strecke von Hanoi nach Hai-Gang. 350 km liegen vor uns. Wir sehen den oder jenen jetzt lächelnd sagen: Kleinigkeit! Aber um diese Strecke zurückzulegen, müssen wir zwei Tage planen, denn die Bedingungen von Strecke und Fahrbahn sind keineswegs mit unseren Verhältnissen vergleichbar. Allein 200 km weit müssen wir den Dschungel durchqueren, und nicht nur an das Fahrzeug, sondern auch an den Fahrer werden sehr harte Anforderungen gestellt. Im Urwald ist sich jeder selbst der Nächste und muß sich bei einer Panne jederzeit zu helfen wissen.
Aus diesem Grunde gehen jeweils mehrere Fahrzeuge, mindestens aber zwei, auf die beschwerliche Reise. Auch wir schlängeln uns mit zwei Lastkraftwagen, die bereits seit 1953/54 in Vietnam laufen, auf unbefestigten Straßen und Wegen durch den Busch. Unsere Last besteht aus je 2 t Zement. Dieser wird für Baustellen oben in den Bergen sehr dringend gebraucht. Nachdem wir die Stadt verlassen haben, ändert auch die bis dahin gute Straße ihren Charakter. Wir rollen von einer Wegvertiefung in die andere und bewundern immer wieder das hervorragende Spiel der strapazierten Teile, wie Rahmen, Federung und Achsen. Eine Überprüfung der Einsatzfähigkeit der „Garant"-Fahrzeuge, die bei der Transportgesellschaft Hanoi laufen, ergab, daß sich von 71 Fahrzeugen nur 6 in Reparatur befinden. Das gleiche Bild bot sich auch bei anderen Transportgesellschaften, die sich alle sehr lobend über die Fahrzeuge des Typs

Unter welch schwierigen Umständen und harten Bedingungen die Robur-Fahrzeuge in Vietnam verkehren, zeigen diese Schnappschüsse der Verfasser.

„Garant" aussprachen. Wie bereits angeführt, handelt es sich durchweg um Serienfahrzeuge des Baujahres 1953/54, die noch nicht den heute in den Bergen bewährten Allradantrieb besitzen.

Die unbefestigte Straße gleicht einer Berg-und-Tal-Bahn, bis nach einer flotten Talfahrt plötzlich vor uns ein Fluß auftaucht, der unserer Fahrt ein jähes Ende zu setzen scheint. Eine Fähre ist weit und breit nicht zu sehen. Sehr vorsichtig ist indessen das erste Fahrzeug in das Wasser hineingefahren. Es durchschneidet die Strömung, die oft bis an die Scheinwerfer heranreicht. Der andere Wagen folgt, und beide erreichen glücklich das jenseitige Ufer. Sofort geht es wieder bergauf. Die Steigung, die es zu überwinden gilt, liegt zwischen 15 und 20 Prozent. Mit zunehmender Höhe tritt auch der Urwald zu beiden Seiten näher an unseren Wagen heran. Herrliche palmenartige Blätter und andere Pflanzen mit weitragenden Luftwurzeln können mit dem ausgestreckten Arm erfaßt werden. Wir tun es nicht, denn jede heftige Bewegung verursacht einen Schweißausbruch, hervorgerufen durch die uns umgebende Treibhausatmosphäre. Zeitweise übertönt das Gekreisch einer flüchtenden Affenherde das Lied der luftgekühlten Motoren unserer Fahrzeuge.

Wieder taucht ein Fluß vor unseren Augen auf. Nachdem wir uns durch das Betätigen einer Glocke, die am Ufer hängt, bemerkbar gemacht haben, nähert sich uns eine Fähre, die aber nur an Lianen befestigt ist. Uns ist nicht wohl, als wir mit dem Fahrzeug auf diese Fähre rollen, die sofort tief in das Wasser gedrückt wird. Nachdem wir aber erfahren, daß die im Wasser liegenden Lianenseile sehr zuverlässig sind und wir auch wirklich ohne Schaden das andere Ufer erreichen, sind wir aller Sorgen ledig und sehen mit Erwartung der nächsten Fähre entgegen.

Schnell wird es dunkel, und als unmittelbar am Ufer eines Flusses, gesäumt vom finsteren Dschungel, ein kleines Dörfchen auftaucht, beschließen wir, dort zu übernachten. Beim Schein einer Petroleumlampe studieren wir die Streckenkarte und kommen gar bald zu der Schlußfolgerung, daß es am anderen Morgen allerhand Hindernisse zu überwinden gilt.

Auch diese Bildreihe läßt erkennen, daß die Fahrzeuge aus der DDR Belastungen unterworfen werden können, an die die Zittauer Konstrukteure am Reißbrett wohl kaum gedacht haben.

Die Nacht war kurz, denn wir konnten eine Einladung unserer vietnamesischen Freunde, eine Jagd im nächtlichen Urwald mitzuerleben, nicht abschlagen. Obwohl wir total durchnäßt von einem plötzlich einsetzenden Regen und – was noch schlimmer war – ohne Beute heimkehrten, war uns diese Jagd doch ein Erlebnis.
Während der zweiten Etappe unserer Fahrt bietet sich das gleiche Bild wie am vergangenen Tage. Berg- und Talfahrten, dichter Dschungel und mehr oder weniger tiefe Flüsse wechseln einander ab, und über allem lastet die für uns so ungewohnte Schwüle. Sechs Stunden befinden wir uns schon auf der Strecke, ohne einem Menschen oder einer menschlichen Behausung begegnet zu sein. Endlich aber weicht der Urwald ausgedehnten Reisfeldern, den sicheren Vorboten von Ansiedlungen, und bald sehen wir auch die ersten Reisbauern, die ihrer Arbeit nachgehen. Am Spätnachmittag kommen wir in Hai-Gang, einem Ort nahe der Grenze der Volksrepublik China, an. Die Bewohner eilen herbei, um uns ein freundliches Willkommen zu bieten.
Am anderen Tage werden die Fahrzeuge abgeladen und mit neuer Fracht versehen. Der Zementtransport verändert sich in eine Teekarawane, und bald schaukeln wir hochbeladen nach Hanoi zurück. Die Dorfbewohner bleiben winkend am Dorfausgang stehen und sind bald unseren Blicken entschwunden. Wieder liegt vor uns der Dschungel mit seinen Wegen und Fährten, die durch den Regen aufgeweicht und so zu gefährlichen Hindernissen für die Fahrzeuge geworden sind. Wir sind überzeugt, daß auch diese Fahrt geschafft wird.
Nicht allein in der Demokratischen Republik Vietnam, sondern darüber hinaus in vielen fernen Ländern legen Fahrzeuge von Robur täglich Zeugnis davon ab, daß wirkliche Wertarbeit geleistet wurde. Über 4000 Roburwerker sind Bürge dafür, daß es auch in Zukunft so bleiben wird.

H. Krause / W. Tietze
VEB Robur-Werke Zittau

S 4000-1

Auch in Guinea bewährt

Eine Testfahrt erfordert Vorbereitungen. Wochenlang studierte ich Fachliteratur über die klimatischen und geologischen Besonderheiten Westafrikas. Ich wälzte Geografie- und Geologiebücher, forschte in Atlanten, und schon vor meiner Abreise wurden mir guinesische Städtenamen vertraut, die ich noch nie vorher in meinem Leben vernommen hatte: Kankan, Nzérékoré, Kissidougou, Kouroussa, Mamou . . .

Gewiß, von der Hauptstadt Guineas, Conakry, hat man in den letzten Jahren schon oft gehört, seitdem im Oktober 1958 die Zeitungen berichtet hatten, daß die Bevölkerung Guineas zur neuen französischen Verfassung de Gaulles nein gesagt und einstimmig die politische Unabhängigkeit ihres Landes gefordert hatte. Diese Meldung war von Conakry aus durch die ganze Welt geeilt und hatte auch bei uns im VEB Kraftfahrzeugwerk „Ernst Grube" in Werdau Begeisterung und Sympathie ausgelöst. Daher war mir Conakry also bekannt. Aber seien Sie ehrlich, lieber Leser: Nzérékoré Mamou und Kissidougou – sind Ihnen diese Namen geläufig?

Guinea hat eine Ausdehnung von 245847 km², ist also etwa doppelt so groß wie unsere Republik. Man unterscheidet vier Zonen:

das Küstengebiet von Niederguinea, das von zahlreichen Flüssen und Meeresbuchten beherrscht wird, wo Bananen und Kokosnüsse reifen und ein Großteil der Bevölkerung - hier lebt hauptsächlich der Stamm der Sousou – dem Fischfang nachgeht;

Mittelguinea mit dem zerklüfteten 1500 m hohen Bergmassiv des Fouta Djalon, Quellgebiet der meisten Flüsse Westafrikas, auch des gewaltigen Niger und des Senegal, wo Reis, Mais und Hirse angebaut werden, Orangen und Zitronen gedeihen, wo – vor allem von dem Stamm der Fulbe – Zeburinder und Schafe gezüchtet werden;

Hochguinea mit seinen weiten Ebenen, Steppen und Savannen, wo Giraffen und Antilopen leben und schließlich das Urwaldgebiet im Südosten des Landes entlang der Grenze von Liberia und der Elfenbeinküste.

Flußübergänge, Urwälder, Berg- und Talfahrten standen unserem LKW also bevor. Würden es die 90 PS unseres Vier-Zylinder-Dieselmotors schaffen? Ich zweifelte nicht daran, denn schließlich hatte sich unser Wagen schon in vielen Teilen der Welt bewährt, auch in Vietnam unter ganz ähnlichen Bedingungen. Doch eines machte mir Kopfzerbrechen: die Straßenverhältnisse. Darüber gab es so gut wie keine genauen Informationen. Es soll etwa 8000 km Straßen geben, die Zugang zu allen Teilen des Landes gewähren, von denen aber nur 150 km asphaltiert sind. Und wie würden die restlichen 7850 km aussehen?

Mit dieser unbeantworteten Frage und dem festen Vertrauen zu unserem „S 4000-1" im Gepäck landete ich im März 1960 auf dem Flugplatz von Conakry, um noch vor Einbruch der Regenzeit (Mai bis Oktober) den „Tropentest" abzuschließen.

Unser Testfahrzeug war schon einige Tage vor uns im Hafen von Conakry angekommen. Es hatte die weite Reise von Hamburg aus gut überstanden und transportierte unter Obhut eines guinesischen Kraftfahrers bereits fleißig Baumaterialien. Überall in Guinea wird gebaut, überall wird Transportraum benötigt. Deshalb war unser LKW bereits von der guinesischen Eisenbahn eingesetzt worden und hatte schon 500 km hinter sich, bevor wir ankamen. Die guinesischen Kraftfahrer hatten sich auch ohne Instruktion und ohne Benutzungsanweisung mit dem LKW zurechtgefunden und waren über ihn des Lobes voll.

Nach meinem Eintreffen jedoch wurde mir unser Lastwagen sofort wieder zur Verfügung gestellt. Um die Testfahrt beginnen zu können, fehlten mir nun nur noch die erforderlichen Genehmigungen, die das guinesische Innenministerium auszustellen hatte. Auch eine Reihe

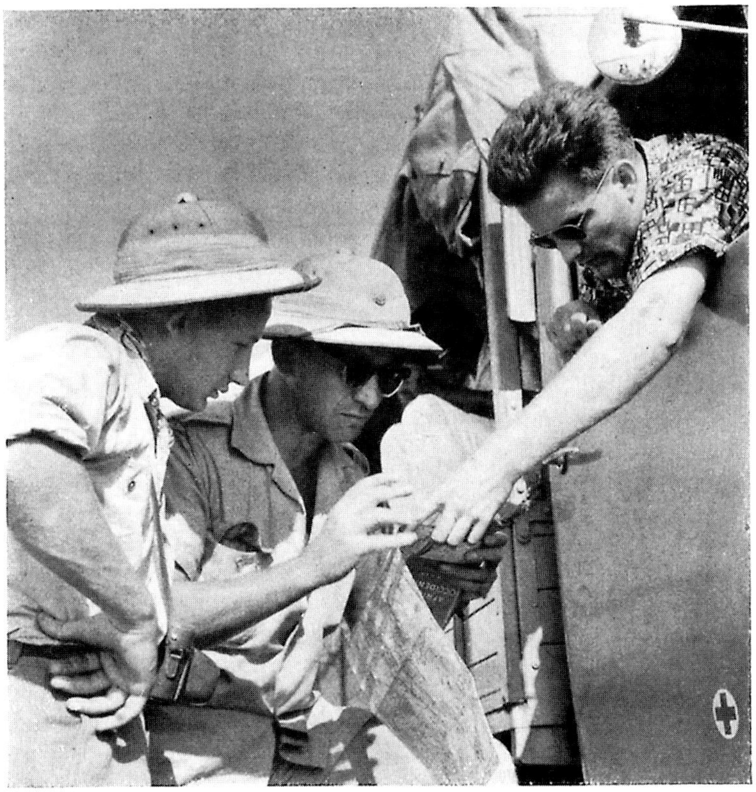

1

1 Die Fahrtroute wird festgelegt. Im Fahrerhaus – unser Dolmetscher, Student der Humboldt-Universität Berlin; in der Mitte – ich, der Testfahrer und Reiseinstrukteur des VEB Kraftfahrzeugwerk „Ernst Grube“; links – der Leiter des Service vom VEB Simson Suhl in Conakry

2 Unser „S 4000-1“ in Hochguinea. Nicht überall waren die Straßen so gut wie hier

3 Bevor wir den Wagen überholen konnten, mußten wir seinen Staub schlucken. Jetzt schluckt er den unsrigen

4 Nach jeweils 100 km habe ich alle Aggregate überprüft und – wie auf diesem Bild – Temperatur und Luftfeuchtigkeit gemessen

von organisatorischen Maßnahmen mußten von den guinesischen Behörden getroffen werden. Durch Telefon und mit Hilfe von Kurieren wurden wir überall in den Etappenzielen angemeldet, Quartiere und Verpflegung wurden vorbereitet, und das dauert eben seine Zeit.

Inzwischen lebte ich im luxuriösen „Hotel de France“ am Strand des Meeres und hatte ausgiebig Gelegenheit, Conakry und seine Menschen kennenzulernen. Ich konnte registrieren, daß sehr viele Kleinroller aus Suhl, gefahren von jungen Afrikanern, meist sogar mit einem Beifahrer auf dem Gepäckträger, durch die Hauptstadt knatterten. Alle, die ich befragte, waren überaus zufrieden mit diesem Kleinroller aus unserer Republik. Die Polizei ist meist mit MZ-Motorrädern aus Zschopau ausgestattet.

Mir schien es, als ob hier mehr Taxis eingesetzt sind als bei uns in Berlin. Aber dieser Eindruck kann auch dadurch entstanden sein, weil die afrikanischen Taxichauffeure eine Gewohnheit aus der Kolonialzeit noch nicht abgelegt haben: vor jedem europäischen Fußgänger stoppen sie und fragen ihn, ob er ein Taxi benötigt. Es war früher einfach nicht üblich, daß ein „Weißer“ zu Fuß ging. Ganz im Vertrauen: Zur Mittagszeit, wenn 38 bis 40 Grad im Schatten gemessen werden, sind 500 m Fußmarsch schon eine gewaltige Anstrengung. Der ganze Körper ist naß, die Haut fühlt sich an, als wäre sie mit Schmierseife eingerieben. Dazu ist Conakry sehr weitläufig. Man muß meist weiter als 500 m laufen, denn mehrgeschossige Häuser stehen nur im ehemaligen „Franzosenviertel“, alle anderen Häuser haben nur ebenerdige Wohnungen.

Natürlich sind jetzt auch die mehrgeschossigen Villen und die Hochhäuser von Afrikanern bewohnt. Das „Nur für Weiße!“ gilt nicht mehr in Guinea. Ebenso wird das „Hotel de France“, obwohl es noch immer einem Pariser Hotelkonzern gehört, nicht mehr nur von Plantagenbesitzern, französischen Großkaufleuten und Offizieren besucht. Afrikanische Politiker und Intellektuelle trifft man heute ebenso hier wie Spezialisten, Facharbeiter, Monteure, Journalisten aus Volkschina und der Sowjetunion, aus der DDR, der ČSSR und vielen anderen sozialistischen Ländern. Das junge Guinea hat ja gerade in den sozialistischen Ländern gute Freunde gefunden, die bedingungslos Hilfe für den Aufbau gewähren und den Vormarsch

2

der jungen Republik von der politischen Unabhängigkeit zur wirtschaftlichen Befreiung des Landes durch Lieferungen und Kredite, durch Handel zum beiderseitigen Vorteil unterstützen.

Die Taxis – neben französischen Modellen auch schon viele Moskwitsch und Škoda – gehören afrikanischen Fuhrunternehmern, die sich jetzt zu Genossenschaften zusammengeschlossen haben. Haben die Taxis keinen einzelnen Fahrgast, dann fahren sie als Linientaxis zu einem festen Ziel und nehmen alle Leute mit, die dorthin wollen. Auch unterwegs kann man ein solches Linientaxi anhalten, wenn noch ein Platz frei ist und man das gleiche Ziel hat. Die drei oder vier Passagiere teilen sich dann den Preis.

Für die zwei Autobuslinien in der Stadt sind meist Ikarus-Busse aus der Volksrepublik Ungarn eingesetzt. Immer sind diese Busse voller Händler, die mit gefüllten Körben dem Markt zustreben oder mit leeren Körben vom Markt kommen.

Im „Hotel de France" ist es angenehm kühl. Der moderne Bau liegt umgeben von Palmen am Strand und ist so angelegt, daß der kühlende Wind vom Ozean ständig durch alle Räume zieht, die Schwüle und die Mücken vertreibend. Noch ist es das einzige moderne Hotel im Lande, aber schon hat die Regierung sowjetischen Architekten die Projektierung von zwei neuen Hotels übertragen.

Im überdachten Freilichtkino neben dem Hotel werden bei jeder Vorstellung zwei Hauptfilme gezeigt. Die letzte Vorstellung dauert von 21 bis 1 Uhr! Zu Beginn wird die Nationalhymne der jungen Republik gespielt, wozu sich alle Zuschauer erheben. Da das Kino sich nicht in einem geschlossenen Raum befindet, darf während des Programms sogar geraucht werden.

Am 31. März, reichlich 14 Tage nach unserer Ankunft, konnte endlich die erste Fahrt beginnen. Alle Formalitäten waren erledigt, alle Genehmigungen hatte ich in der Tasche. Wir waren drei Mann: ein afrikanischer Kraftfahrer mit Ortskenntnissen, der im Wechsel mit mir den LKW führen sollte, ich selbst und der Dolmetscher.

Im geräumigen Fahrerhaus hatten wir bequem Platz. Das ist bei der Hitze auch unbedingt erforderlich. Wir wollten nach Norden, an die Grenze zum Senegal, bis zu den Städten Younkounkoun und Koundara, also quer durch drei Zonen des Landes: von Niederguinea quer durch das Gebirge in Mittelguinea nach Hochguinea.

Als ich am frühen Morgen das Fahrerhaus bestieg, die Sonne war noch nicht aufgegangen, ging es wieder durch meinen Kopf: „Wie wird der Straßenzustand sein?" Ich hatte mich schon einigermaßen akklimatisiert. Hatte es der LKW auch, vor allem für die Verhältnisse außerhalb der Stadt, wo die Straßen nicht mehr asphaltiert sind?

Bis Kindia, einer 420 m hoch gelegenen Bezirkshauptstadt, befand sich die Straße in tadellosem Zustand. Sie ist so gut asphaltiert, daß ihr Belag selbst in der Mittagsglut nicht weich wird. Auf dieser Strecke von 150 km verlief alles ausgezeichnet. Viele Kinder, meist kleine schwarze Nackedeis, winkten uns freundlich zu. Die Erwachsenen musterten den noch nie gesehenen Fahrzeugtyp. Einige klatschten in die Hände, wenn unser afrikanischer Fahrer ihnen zurief, daß es sich um einen LKW aus der „République Démocratique Allemande" handelt, denn die DDR ist hier sehr populär. Vielen Einwohnern des Landes ist bekannt, daß sie als erster Staat den friedlichen Handel mit Guinea aufnahm, als Frankreich der jungen Republik zunächst den wirtschaftlichen Boykott erklärte.

Hinter Kindia war es dann aus mit dem Asphalt. Wie ein rotes, manchmal auch gelbes Band zog sich von nun ab die Straße durch

3

4

5

6

den grünen Busch. Die rote und gelbe Farbe des Bodens rührt daher, daß der Untergrund hier mit Aluminiumoxyd und Eisenerz durchsetzt ist. Bauxit und Eisenerz sind die natürlichen Rohstoffe des Landes. Durch ihren Abbau verdienten die französischen Kolonialherren Milliarden. Auf diesen Straßen wirbelte unser „S 4000-1" eine gewaltige rötliche Staubwolke auf, die er ständig als 150 m langen Schleier hinter sich her zog. Wie mit farbigem Puderzucker bestreut sind alle Pflanzen und Häuser am Rande der Straße. Die Chaussee gleicht hier einem Waschbrett, Bodenwelle reiht sich an Bodenwelle in ganz dichter Folge. Unser Wagen wurde durcheinandergerüttelt und geschüttelt, jede nicht fest angezogene Schraube hätte sich lösen müssen.

„Nur nicht langsam fahren auf diesen Pisten", riet unser afrikanischer Chauffeur. Und wirklich, alle uns entgegenkommenden Fahrzeuge – vor allem bis zum Bersten überladene kleine Überlandautobusse – fuhren drauflos wie die Teufel und hüllten uns in ihre Staubwolken wie in einen undurchsichtigen Nebel ein. Diese Raserei hat natürlich ihren Grund. Fährt man nämlich langsam, dann sacken die Räder in jedes Wellental ein, während sie bei schneller Fahrt auf den Wellenkämmen dahingleiten. Wer schnell genug fährt, fährt also bequemer und – so paradox das klingen mag – schont sein Fahrzeug. Auch wir gaben deshalb Gas bis an die Grenze des Möglichen. Gleichmäßig brummte unser Diesel. Bei Außentemperaturen von 38 °C maßen wir im Fahrerhaus 40 °C und eine Luftfeuchtigkeit von 80 bis 90 Prozent. Der Zeiger für die Getriebe- und Motorenöltemperatur pendelte zwischen 60 und 80 °C, der Öldruck war gleichbleibend zwischen 5 und 6 at Überdruck. Alle Aggregate liefen absolut normal, alle Überprüfungen, die wir jeweils nach 100 km Fahrstrecke durchführten, waren zufriedenstellend. Nur meine eigenen organischen „Aggregate" – vor allem der Magen – nahmen anfänglich diese Rüttelkur übel. Doch auch das legte sich, der Körper gewöhnt sich eben an alles.

Wie die Indianer sahen wir zwei Deutschen, der Dolmetscher und ich, aus. Der rötliche Lateritstaub, der durch alle Fugen ins Fahrerhaus drang – das tut er übrigens auch bei den modernsten PKW –, hatte unsere Gesichter rostbraun gefärbt, und unsere vorher weißen Hemden hatten eine Rosafärbung angenommen. Zu einem Teil waren daran auch die 90 PS unseres „S 4000-1" schuld. Hätten wir nämlich immer schön 200 m Abstand zu den vor uns fahrenden Wagen gehalten, dann hätten wir sicher weniger Staub schlucken müssen. Die Kraftreserven unseres Diesels verleiteten aber immer wieder zum Überholen. Also hieß es: Hinein in die Staubwolke, kräftig gehupt und vorbei!

Bis in 700 m Höhe führte uns diese erste Tour mit einer Last von 3 t Sand auf oftmals verwegenen Serpentinen. Aber das ist der „S 4000-1" ja aus unserer Heimat gewöhnt. Es bereitete ihm auch hier trotz der Hitze keine Schwierigkeiten, 10- bis 12prozentige Steigungen zu überwinden.

Die Landschaft im Gebirge Fouta Djalon ist wildromantisch, das Klima etwas milder als in Nieder- und in Hochguinea. Deshalb hatten die Franzosen mehrere Erholungszentren in diesen Bergen errichtet, in denen sich wohlhabende Pariser während des europäischen Winters aufhielten. Am Morgen sind die Gipfel von Nebeln verhüllt, die aus den immergrünen Wäldern aufsteigen. Affenherden überquerten mehrmals vor uns die Straße.

Als einer der schwierigsten Abschnitte unserer Fahrt erwies sich die

5 Unser „S 4000-1" bei einer Verschnaufpause seiner Besatzung in Mittelguinea

6 Der Kleine hat sich über unseren IFA-Wimpel sehr gefreut. Sicher wird dieser Wimpel heute an einer Hütte des Dorfes im Winde flattern

7 Oft muß man stundenlang an der Fähre warten, bis man an der Reihe ist

8 Abfahrt von der Fähre. Dabei verklemmten wir uns den Reserveradhalter, der unter dem hinteren Teil des Laderaums angebracht ist

7

8

schmale, bergige Chaussee von Télimélé nach Gaual mit ihren vielen Kurven und ihrer Waschbrettoberfläche. Hinter Gaual konnte sich unser Diesel dafür ausruhen, hier war die Straße bis Koundara wieder in einem tadellosen Zustand. Dann begann die Steppe. Straßen aus Flugsand bescherten uns noch mehr Staub, der zwischen den Zähnen knirschte und sich auf unseren Gesichtern mit dem Schweiß zu einem dunklen Brei vermischte. In den Dörfern dieser Ebene um Youkounkoun mit ihren runden strohbedeckten Hütten erntete unser Fahrzeug wiederum überall Anerkennung. Menschen liefen von den Äckern herbei und streckten uns ihre schwieligen Hände entgegen. „Vive R.D.A!" – „Es lebe die DDR!" Überall von Conakry bis in die Dörfer haben wir diese Worte vernommen. Sie waren Grüße für die Vertreter unserer Republik und besonders für unsere Arbeiter in Werdau, die dieses viel bestaunte Fahrzeug gebaut haben.

Ein Reifenschaden nach 370 km Fahrtstrecke war die einzige Panne auf dieser Fahrt. Wir legten diese erste Reise, auf der wir insgesamt 1300 km durchfuhren, in vier Etappen zurück. An jedem Etappenziel wurden wir vom jeweiligen Verwaltungschef und dem Ortssekretär der Demokratischen Partei Guineas großartig empfangen. Auch diese Funktionäre, die unser Fahrzeug eingehend musterten, sparten nicht mit anerkennenden Worten. Gerade mittelschwere LKW sind das Richtige für die guinesischen Straßen und werden in großer Zahl gebraucht. Fast jedes Dorf bemüht sich zur Zeit, eine Anschlußstraße zur Chaussee anzulegen. Wo bisher Trampelpfade durch den Busch in die Dörfer führten, entstehen Fahrwege. Jedes Dorf möchte einen Konsumladen, möchte, daß Waren ins Dorf kommen, möchte aber auch, daß die im Dorf erzeugten Produkte

9

10

mit dem Lastwagen abgeholt werden und nicht mehr durch Trägerkolonnen zur Chaussee geschleppt werden müssen. Dafür sind mittelschwere LKW, wie der „S 4000-1“, gerade das Richtige. Die Verwaltungschefs bewirteten uns, als wären wir hochgestellte Persönlichkeiten, ließen Hammel oder Hühner schlachten und stellten uns die gleichen Unterkünfte zur Verfügung, die auch bei Staatsbesuchen Verwendung finden. Bis tief in die Nacht hinein mußten wir überall über unsere Heimat berichten. So wurde unsere Testfahrt zugleich zu einer Propagandafahrt für die DDR, zu einer Freundschaftsfahrt durch Guinea.
Unsere zweite Tour führte über 2100 km in die Urwälder des Südostens, bis nach Nzérékoré an der Grenze zu Liberia, wo Diamanten gefunden werden und kostbare Edelhölzer wachsen. Die letzte Etappe dieser Tour, die 710 km von Kankan nach Conakry, legten wir in etwas weniger als 15 Stunden zurück und waren damit schneller als die auf der gleichen Strecke verkehrende einzige Eisenbahn Guineas. Während dieser Reise mußten wir mit unserem LKW zweimal auf eine Fähre, um den Niger zu überqueren. Damit hatten unsere Konstrukteure anscheinend nicht gerechnet, denn bei den treppenartigen Auf- und Abfahrten zur und von der Fähre saß der unter dem hinteren Teil des tiefliegenden Laderaumes angebrachte Reserveradhalter auf und verklemmte sich. Hierfür müssen also unsere Konstrukteure noch eine bessere Lösung finden. Übrigens übertrafen die Temperaturen auf dieser Urwaldreise die Höchstwerte der ersten Fahrt; sie erreichten diesmal 40 bis 44 °C. Jedoch bestätigte uns unser afrikanischer Fahrer, daß die Temperaturen im Fahrerhaus des „S 4000-1“ gegenüber anderen in Guinea eingesetzten Konstruktionen keinesfalls ungünstiger liegen.
Die dritte und letzte Testfahrt hatte die Stadt Boké an der Grenze zu Portugiesisch-Guinea zum Ziel. Jenseits dieser Grenze herrscht noch immer der Kolonialterror. Doch wie lange noch? Auch über diese Grenze dringen die Meldungen von den Aufbauerfolgen der Republik Guinea, tönen die Freiheitsgesänge und das Dröhnen der Tamtams, die von Glück und Unabhängigkeit künden. Die 700 km dieser letzten Tour überstand unser Kraftwagen aus Werdau gleichfalls ausgezeichnet. Nicht nur die täglichen, sondern auch die umfassenden Überprüfungen nach Abschluß der Testfahrt brachten dieselben Ergebnisse: keine Schäden, volle weitere Einsatzbereitschaft – alles in Ordnung!
Nach meinem Einsatz in Guinea kann ich die Erfahrungen anderer S-4000-1-Fahrer nur vollauf bestätigen, die in der Erkenntnis gipfeln: Der „S 4000-1“, ein Fahrzeug der mittelschweren Klasse, ist robust, wirtschaftlich, zuverlässig und voll einsatzfähig unter tropischen Verhältnissen.

9 Er wollte auch von uns einen Reifen – als Spielzeug.

10 Ein zufriedener afrikanischer Käufer eines Kleinrollers aus der DDR

M. Zielinski

Im S 4000-1 zum Ende der Welt

Die DDR-ANDEN-FEUERLAND-EXPEDITION fuhr mit einem S 4000-1 Tropical 12 500 km durch Südamerika

Täglich auf dem Wege zu meiner Dienststelle sehe ich „meinen" DAFEX, einen orangefarbenen, mit klotzigen Geländereifen bestückten S 4000-1. Er gehört einer Produktionsgenossenschaft, donnert beladen mit Brettern, Kisten und Fensterrahmen durch die Straßen unserer Stadt. Eigentlich sieht dieser Lkw wie hunderttausend andere aus, aber vorn an der Stoßstange steht „DAFEX", und dieses eine Wort unterscheidet ihn letztlich doch von seinen Artgenossen, denn es ist die Abkürzung für „DDR-Anden-Feuerland-Expedition".

Was wir mit diesem S 4000-1 erlebten, möchte ich Ihnen hier erzählen.

„... laden wir Sie ein, gemeinsam Bergbesteigungen in der chilenischen Zentralkordillere der Anden durchzuführen."

Diese Einladung, verbunden mit dem Wunsch nach Lichtbildervorträgen über die Deutsche Demokratische Republik, sprachen der Club Andino de Chile und die Federación Andinismo y Excursionismo de Chile – eine führende Bergsteiger- und Camping-Organisation Südamerikas – aus.

Um die Vorbereitung und Durchführung einer Südamerika-Expedition finanziell zu erleichtern, baten wir einige Betriebe der DDR um Unterstützung mit bestimmten Erzeugnissen. Das Gepäck wuchs an. Um die Ausrüstung, uns und das gürtelschmale, fast 4500 km lange Chile zu bewältigen, hatten wir zunächst zwei „Trabanten" vorgesehen.

Hatten wir erst das Expeditionssekretariat mit Waren aller Art vollgestopft, mußte eines Tages eine Garage als Lagerraum eingerichtet werden. Für den Transport dieser Unmenge an Kisten und Säcken mußten wir nun doch einen anderen Kraftwagen vorsehen.

Als nächstes Fortbewegungsmittel wurde ein ROBUR LO 2500 in die Debatte ge- und bald wieder verworfen, denn wir rechneten nicht mit der Hilfsbereitschaft und den Interessen von mehr als 250 Betrieben unserer volkseigenen und privaten Industrie.

Was tun? Wir wußten von der österreichischen Trans-Afrika-Expedition, daß sie mit einem H-3-S 44 000 strapaziöse Kilometer ohne große Pannen durch den „dunklen" Erdteil zurückgelegt hatte. Die Berliner Volksbank unterstützte uns mit einem langfristigen Kredit, so hatten wir die Möglichkeit, uns ein Fahrgestell mit Kabine des weiterentwikkelten S 4000-1 in Tropenausführung zu kaufen.

Ein Leipziger Kraftfahrzeugwerk sowie zwei Produktionsgenossenschaften in Dresden und Berlin komplettierten binnen weniger Tage das Fahrzeug. Es wurden zusätzlich Kanisteraufhänger, Spaten- und Kabeltrommelhalterungen und Handgriffe angebaut, außerdem eine Diana-Antenne und ein Volltransistor-Autosuper „Berlin" montiert.

Bis zur Abreise wurde der Wagen 4600 km eingefahren, wobei noch fehlende Ausrüstungsstücke zusammengeholt und für den VEB Kraftverkehr Güter aller Art befördert wurden. Um die Leistungsfähigkeit des S 4000-1 zu testen, fuhr ich eines Tages den mit etwa 50 Radioapparaten beladenen Wagen auf einen frischgepflügten Acker und – saß fest. Ein eigenartiges Gefühl beschlich mich damals. Ich wußte, daß ich etwas falsch gemacht hatte, aber auch, daß der Wagen für Südamerika andere Reifen brauchte.

1 ... der Expeditionsleiter Dr. Percy Stulz (zweiter von links), der I. Kameramann des Unternehmens Fritz Rudolph (dahinter), der bergsteigerische Leiter Fritz Uhlig (zweiter von rechts), ‚das Mädchen für alles' Klaus Nickel (links außen) und ich.

1

Nach Rücksprache mit den Kollegen des Reifenwerkes Fürstenwalde wurden uns zu Testzwecken acht Pneumantreifen – 8,25 × 20, selbstreinigendes Geländeprofil, verstärkte Leinewand, Importkork, 50% Kautschuk zu 50% Buna – kostenlos zur Verfügung gestellt.

Nach fast einjähriger Vorbereitungszeit war es dann soweit. Das Expeditionsfahrzeug wurde mit 122 Kollis wie Alpinisten- und Fotoausrüstung, Speziallebensmitteln, Zelten, einer Medikamentenspende für die Bevölkerung in den chilenischen Erdbebengebieten, Skiern, einem Schlauchboot und vielem anderen beladen. Dazu kamen noch 5 Kisten Autoersatzteile, Reifen, zusätzliche Kanister sowie eine Spende von VEB Minol – 2 Fässer Dieselkraftstoff. Zuladung insgesamt: etwas über vier Tonnen.

Oktoberregen in Berlin. Auf dem Ostgüterbahnhof fuhr ich den S 4000-1 auf einen Rungenwagen, und dann trat er seine Reise zur ersten Station auf dem Weg nach Südamerika an, zum polnischen Hafen Gdynia.

Unter der Schirmherrschaft des Präsidialrates des Deutschen Kulturbundes folgten wenige Tage später der Expeditionsleiter Dr. Percy Stulz, der erste Kameramann des Unternehmens Fritz Rudolph, der bergsteigerische Leiter Fritz Uhlig, das „Mädchen für alles" Klaus Nickel und ich, der Esviertausendstricheinslenker und zweite Kameramann Manfred Zielinski.

Auch wir schleppten noch an 28 Gepäckstücken mit unseren persönlichen Reiseutensilien und den bücherdicken Zollerklärungen. Die Aufgaben lauteten: Film- und Funkreportagen, Testung der gesamten Ausrüstung unter den spezifischen Bedingungen der alle Klimazonen berührenden Expedition, Bergbesteigungen in der Zentralkordillere der Anden. Weiterhin wollten wir kulturpolitische Kontakte herstellen, außerdem noch Studien betreiben für journalistische und schriftstellerische Arbeiten.

In Gdynia wurden sämtliche Chromteile des S 4000-1 mit einer gehörigen Fettschicht bestrichen, die Batterie wurde abgeklemmt und der Kraftstoff aus Sicherheitsgründen abgelassen (die zwei Dieselfässer unter der Plane verschwiegen wir). An den Seilen eines Hundert-Tonnen-Schwimmkrans schwebte unser Goldstück bedächtig in eine Ladeluke des Frachters hinab.

Während der 22tägigen Seereise nach Buenos Aires wurden im Fahrzeuginnern Durchschnittstemperaturen von 26 °C ermittelt. Auf Deck dagegen mußten wir bei 45 °C eine Äquatortaufe über uns ergehen lassen, die es in sich hatte. Selbst der DAFEX bekam seinen Teil ab, indem die Seeteufel von Rex Oceanum ihm einen toten fliegenden Fisch auf die Kühlerhaube klatschten.

Selbst in Argentinien vermeinten wir trotz des geschäftstüchtigen, heißen „Empfangs" noch den Schmierseifengeschmack der Taufe zu verspüren. Fünf aufregende Wochen mußten wir im Hafen von Buenos Aires auf den Entscheid der dortigen Regierung zu unserem Plan, über den 3900 m hohen Cumbrepaß nach Santiago de Chile zu fahren, warten. Das waren Wochen, die mit Gesuchen, Protesten, Training und Lernen ausgefüllt waren. Tag und Nacht hielten wir an unserem S 4000-1 Wache, und trotzdem wurden die Ventilkappen der Reifen „demontiert".

Daß aber auch andere größere Dinge demontiert werden können, erfuhr ich von den Fahrern der typisch argentinisch verschnörkelten camiones especiales – Sattelschlepper mit einem Ladevermögen von 15 bis 20 Tonnen und mehr. José erzählte: Um die hohen Einfuhrzölle für Kraftwagen zu umgehen, läßt der jeweilige Besitzer seinen Wagen für unbestimmte Zeit im Zollgelände stehen. Währenddessen mietet er sich einen „Pfleger". Dieser „pflegt" nun, indem er nach und nach alle möglichen leichttransportablen Teile aus dem Hafen schmuggelt. Die Karosserie, die zuletzt übrigbleibt, braucht der Besitzer dann nur bei passender Gelegenheit zu ersteigern und hat somit einen ganzen Batzen Pesos gespart.

2 *Eingerahmt war dieses unvergeßliche Bild von den blendendweißen Schneegipfeln, Klüften und Schluchten.*

Unser S 4000-1 wurde in diesen Wochen schon rings um die Planken mit einem weißen Strich – dem Kennzeichen der Nachtfahrer in Argentinien – bemalt, auf den wir später unsere Fahrtroute zeichneten. Doch auch das nutzte nichts: Unser Plan wurde nicht genehmigt. Das Fahrzeug wurde eines Morgens von Pedro und seiner Brigade mit südamerikanischem Temperament an Land gehievt. Ich durfte den DAFEX zu einem Zementdampfer fahren, auf welchem er durch die Magalhães-Straße nach Valparaiso, dem größten Hafen Chiles, befördert werden sollte. Wir wurden in einen Düsenklipper „COMET 4" – den letzten von fünf der Argentina Aerolinas – gesetzt, um nach hundert herrlichen Flugminuten über die ausgedörrte Pampa, Salzseen und die vergletscherten Eisriesen der Hochkordillere in Santiago de Chile, dem Ziel unserer Träume, zu landen.

Die Zeit des Wartens auf unseren Expeditionswagen und die Ausrüstung nutzten wir zu Streifzügen durch Santiago und zum Fotografieren und Filmen.

Die Schlagader der chilenischen Metropole ist die Alameda Bernado O'Higgins – benannt nach einem Freiheitskämpfer Chiles. In jeder Richtung vier- bzw. fünfspurig, bietet sie den dahinjagenden Fahrzeugen eigentlich genügend Platz. In der Stunde nach Feierabend jedoch, so von 18 bis 19 Uhr, ist die Straße dennoch vollgestopft mit Autos aller Typen und Jahrgänge. Chromblitzende „Buicks" und „Mercedes", teilweise leicht verbeult, Wagen der Mittelklasse wie VW, „Borgward", „Ford Taunus", „Opel Kapitän", GMC und Willy's Jeep, aber auch so mancher klapprige „Opel P-4" und „BMW Dixi" suchen ihren Weg. Für europäische Begriffe sehen sie alle recht mitgenommen aus: Zum größten Teil fehlen die Winker, oder es sind die Kotflügel abgerissen, vorn und hinten – egal. Die Stoßstangen werden im wahrsten Sinne des Wortes als solche benutzt, ganz abgesehen davon, daß die Heckstoßstangen der japanischen Reisebusse bevorzugte kostenfreie Beförderungsplattformen für die vielen kleinen Schuhputzerjungen sind.

Auch in Santiago de Chile besteht die leidige Parkplatznot. Beim Parken darf dort der Wagen niemals angebremst werden, denn ein Fahrer, der einen Parkfleck braucht, schafft ihn sich dadurch, daß er erst mit dem Bug die vor ihm, dann mit dem Heck die hinter ihm stehenden Fahrzeuge etwas zusammenschiebt und in die entstandene Lücke schlüpft. Abschleppen gibt es nicht, nein, ein defekter Wagen wird einfach mit einigem Scheppern geschoben.

Die Straßenbahnen wurden rigoros abgeschafft. Dafür gibt es die O-Busse, überlange japanische Reisebusse, die etwas kleineren „colectivos" und die Schnellbusse bzw. Kollektivtaxis von VW oder „Mercedes", die sogenannten „libras" – Häschen. Übrigens würde unser Robur LO 2500 sich unter diesen „libras" sehr gut machen. Durch seine Fahreigenschaften, die Frontlenkerbauweise und sein gefälliges Äußere wäre dieses moderne Fahrzeug eine starke Konkurrenz für gleichartige Fabrikate ausländischer Firmen.

Eine Fahrt mit einem dieser relativ billigen „libras" ist ein kleines Abenteuer für sich. Die Busse gehören meist Privatgesellschaften und befahren zwar bestimmte Linien, doch ohne feste Haltestellen. Möchte man nun mit solch einem Kollektivtaxi fahren, winkt man einfach am Straßenrand. Eines der zu Hunderten dahinjagenden Autos fegt blitzschnell heran. Jeder Fahrer ist stets bemüht, soviel Fahrgäste wie möglich zu befördern, ist er doch am Verdienst beteiligt. Man bezahlt bei dem Fahrer, möglichst passend, dieser hält die linke Hand hinaus, schaltet, kassiert, schaltet, reiht sich in das Höllentempo ein, gibt die Fahrscheine aus und fegt schon wieder nach rechts zum Bürgersteig, weil er einen neuen Fahrgast entdeckte. Möchte man aussteigen, wird an einer vielfach geknoteten Schnur gezogen und dadurch eine Fahrradklingel betätigt, die dem Fahrer als Haltezeichen dient. Wie sehr Santiago gerade auf diese „libras" angewiesen ist, sahen wir an den Auswirkungen eines mehrstündigen Streiks der Busfahrer.

Die „grüne Welle" und eine Unzahl sehr charmanter Carabineros regeln den Verkehr. Grundsätzlich gibt es in geschlossenen Ortschaften eine Geschwindigkeitsbeschränkung auf 45 km/h.

Doch versuchen alle Autofahrer, besonders aber die Kraftfahrer der Busse und Taxi, die grüne Welle einmal zu überspringen, indem sie mit guten 70 „Sachen" fahren. Deutliche Bremsspuren an den Kreuzungen bezeugen indes ihren Respekt vor den Ampeln und den schrillen Pfeifen der Carabineros. Bei Rot darf die Kreuzung nicht befahren werden; man darf auch nicht nach rechts abbiegen. Die Fußgänger allerdings kümmern sich um das Farbenspiel der Ampeln nicht im mindesten und schlängeln sich munter durch das dichteste Verkehrsgewühl. Überholt wird links oder rechts, je nachdem, wo sich gerade eine Lücke zum Durchkommen zeigt.

3

Blinker oder Winker, selbst wenn sie noch am Fahrzeug sind, werden grundsätzlich nicht benutzt. Will man nach links, hält man den linken Arm waagerecht zum Fenster hinaus; will man nach rechts, hält man den Arm hoch. Ein leichtes Abwedeln nach unten bedeutet soviel wie: Achtung! Ich bremse! Es gelten nur diese Handzeichen, sie haben sich in ganz Südamerika eingespielt, und – es klappt.

Natürlich habe ich auch mal kleine Karambolagen gesehen, aber was sich danach abspielte, war typisch chilenisch. Die Fahrer besahen den jeweiligen Schaden, diskutierten ein wenig, fielen einander in die Arme und klopften sich gegenseitig auf die Schultern. Meistens gingen sie anschließend einen Kaffee trinken. Und das alles nur aus Freude, weil kein größerer Schaden entstanden war.

Die Seitenstraßen sind generell als Einbahnstraßen eingerichtet; wer von rechts kommt, hat die Vorfahrt. Die Verkehrssicherheit ist durch diese Regelung stark erhöht worden.

Mittlerweile waren einige Wochen ins Land und Percy und ich nach Valparaiso gezogen, um unseren S 4000-1 und das Expeditionsgut aus dem Zoll zu ziehen.

Wir betraten eine riesige Lagerhalle, trauten unseren Augen nicht. Da stand der DAFEX – weißgrau, über und über von Zement eingestaubt. Die Kotflügel waren wie Ziehharmonikabälge zusammengeschoben. Mit viel Liebe und Waschmittel gab ich dem Wagen die ursprüngliche Orangefarbe und mit einem Hammer den Kotflügeln eine annähernd betriebssichere Form zurück.

Nachdem wir für unser Carnet de Passage, das uns freundlicherweise vom Automobilclub der ČSSR ausgestellt worden war, dreizehn Stempel mit den dazugehörigen Unterschriften „besorgt" hatten, wurde getankt und gestartet. Mein erstes zaghaftes Wedeln mit der Hand, und überglücklich brummten wir beide los. Auf einem vierspurigen Betonband, durch einen 2 km langen Tunnel, kletterten wir auf 36 Serpentinen bis in eine Höhe von 1500 m. Mit dem vierten Gang überholten wir mühelos ebenfalls schwerbeladene Lastwagen der Typen Studebaker, Volvo, Büssing und Ford. Jedesmal, wenn wir souverän an einem „Südamerikaner" vorbeizogen, winkten wir den Fahrern zu, worauf diese mit dem offensichtlich internationalen Aufblenden ihrer Scheinwerfer antworteten.

4

3 . . . kletterten wir auf 36 Serpentinen bis in eine Höhe von 1500 m.

4 In Gdynia . . .

5 . . . werden sämtliche Chromteile des S 4000-1 mit einer gehörigen Fettschicht bestrichen, die Batterie abgeklemmt und der Kraftstoff aus Sicherheitsgründen abgelassen.

5

Während dieser ersten 200 km sahen wir nur wenige Verkehrszeichen, und die waren sehr verständlich, aber auch zweckmäßig angebracht. Die städtische Höflichkeit kam auf der Landstraße allerdings nicht zum Zuge; der Stärkere nahm die größten Rechte in Anspruch. Die Kapitäne der Landstraße besetzten stolz die Fahrbahnmitte, während die kleineren Personenwagen bisweilen durch den weichen Sand oder auf dem Geröll des Straßenrandes fahren mußten. Um ihre Kraft und Größe auch nachts deutlich sichtbar zu machen, fahren die Lkw als die reinsten „Lichterbäume" einher; 15 Begrenzungsleuchten und mehr sind an der Vorderfront der Fahrzeuge montiert. Außerdem blenden sie höchst selten ab.
Vom Gipfelpunkt des Passes oberhalb von Santiago ging es in ebenfalls 36 sehr engen Steilkurven mit einem Höllentempo hinab, denn jetzt drückten die „Südamerikaner" auf ihre Gaspedale, um mit dem „camion aleman", dem deutschen Lastwagen, ein privates Autorennen zu veranstalten. Heulend pfiffen die griffigen Geländereifen in den Kurven. Hupen trompeteten. Sand und Steine wurden zur Seite geschleudert. Die Handflächen wurden feucht. Zwar gewann der S 4000-1 diese Tour, doch Percy und mir standen die Schweißperlen auf den Gesichtern.
Die zweite Feuertaufe, den Feierabendverkehr in der Stadt, bestand am gleichen Tag der S 4000-1 gleichfalls ohne Beanstandungen. Hier war das synchronisierte Getriebe von großem Vorteil. Fortlaufendes Schalten wegen der Verkehrsdichte und der Fahrweise läßt einen das Fahren ein zweites Mal erlernen.
Die erste Kreuzung. Rot! Neben uns Lkw, Personenwagen der Typen Ford, Fiat, Dauphine und wie sie noch heißen, dazwischen Vespa-Roller und Motorräder – aus Zschopau und Suhl. Ein allseitiges Zuwinken und Staunen über das fremde Fahrzeug: „Was? Dieser Wagen kommt aus Ostdeutschland? Sieht sehr robust aus!" Lachend rufen wir zurück: „Ja, DDR-Fahrzeuge auf den Straßen der Welt!" Gelb – Grün. Aufheulend jagen die Automobile los. Also zweiten Gang hinein und unsere 90 PS hielten munter mit.
Lautes Freudengeheul unserer Freunde empfing uns vor dem Hotel Grillon. Fritz hielt diesen Höhepunkt auf dem Tonband fest. Percy orakelte: „Manne fährt, als ob ihm der Teufel im Nacken säße. Zu Hause nimmt ihm die erste weiße Maus der VP die Fahrerlaubnis ab." Bei 43 °C wurde das Expeditionsgut ummagaziniert. Dann fuhren wir mit zwei chileni-

6

schen Bergsteigern und 2 t Ladung in die lang ersehnte Gebirgswelt. Beim Durchfahren der sauberen und durch Riesenkakteen abgegrenzten Ortschaften, in La Obra, Guayacán, San José de Maipo, winkten uns die Menschen freundlich zu. Wir antworteten mit dem Doppelhorn. Hielten wir, um in einer der vielen Eßbars ein Sandwich mit viel Ají, das hundertmal schärfer als Paprika ist, zu verspeisen, umringten uns die Kinder. Die Älteren standen etwas abseits, um die „alemanen" und den „camion rojo", den roten Lkw, zu begutachten. Unsere chilenischen Bergsteigerfreunde wußten wahre Wunderdinge von dem S 4000-1 zu erzählen. Grinsend standen wir daneben, kauten, fotografierten und nickten zustimmend.

Sehr bald ließen wir die Asphaltstraßen hinter uns und bewegten uns über Sandwege mit Schlaglöchern. Anhalter wurden mitgenommen. In Staubwolken gehüllt galoppierten Gauchos vorbei. Ihre bunten, handgewebten Ponchos flatterten, im Takt des Galopps klirrten die handtellergroßen silbernen Spornräder. Trotz unserer Staubfahne nickten sie stets freundlich oder lüfteten leicht den Sombrero.

Nach etwa 100 km Fahrstrecke mußten wir in San Gabriel in das Valle de Yeso – Tal des Gipses – abbiegen. Hier gab es nur einen furchtbar ausgefahrenen Weg. Im Yesotal wird seit einiger Zeit Gipsstein gebrochen. Die schweren Fahrzeuge, die den Bruch abfahren – die Fahrer arbeiten mitunter bis zu 16 und mehr Stunden am Tag –, haben sich in dieser Wildnis eine für sie passende Fahrrinne geschaffen. Grobes, scharfkantiges Granitgeröll wechselte mit Gipsgestein, Schiefer, Lava und Staub. Das schönste war das in Tiefe und Breite wechselnde Waschbrettmuster. Es war ein Rütteln und Schütteln, daß wir meinten, wir würden die Ladefläche verlieren, auf der ja noch unsere vier Freunde „saßen". Durch Sprechfunk standen wir mit ihnen in Verbindung und erhielten hin und wieder ein Lebenszeichen.

Nun schon gewohnheitsmäßig wollte ich mit scharfem Tempo drauflosfahren, aber das war hier doch unmöglich. Links ging es steil abwärts – bis zu 100 m – zum Rio Yeso, rechts zogen Felswände mit der gleichen Steilheit hoch. Dazwischen lagen große Granit- und Gipsbrocken von Steinschlägen. Eingerahmt war dieses unvergeßliche Bild von den blendendweißen Schneegipfeln, Klüften und Schluchten. Am Wegrand standen 5 bis 6 m hohe Riesenkakteen. Unermüdlich kletterte unser

6 . . . ringsum die Planken mit einem weißen Strich bemalt, auf den wir später unsere Fahrtroute zeichneten.

7 Chromblitzende „Buicks" und „Mercedes" . . . aber auch so mancher klapprige „Opel P-4" und „BMW Dixi" suchen ihren Weg.

8 Bei 43 °C wurde das Expeditionsgut ummagaziniert.

7

8

S 4000-1 auf diesem halsbrecherischen Pfad höher und höher, eine gewaltige Staubfahne hinterherziehend. Kurze Steigungen von mehr als 20%, tiefe reißende Bergbäche waren für den S 4000-1 keine Hindernisse. Unser DAFEX zeigte sich als Bergsteiger mit Ausdauer und Können. Nach Stunden, in etwa 2000 m Höhe, machten wir an einer Baustelle Rast. Wir erkundigten uns nach den Möglichkeiten der Weiterfahrt auf diesem Weg, gaben Auskünfte über Marke und Daten der Maschine, aber auch die strapazierfähigen Reifen fanden ihre Bewunderer. Die relative Luftfeuchtigkeit betrug hier knapp 12%. Der niedrigere Luftdruck ließ das Kühlwasser schneller als unter normalen Verhältnissen verdampfen, weshalb ich etwa einen Eimer Wasser nachfüllen mußte.

Die Weiterfahrt wurde von den Bauarbeitern als fast unmöglich bezeichnet. Lachend fielen ihnen unsere Bergkameraden ins Wort: „Dieser camion schafft viel schlimmere Sachen!"

Nach weiteren 25 km Fahrt auf einer extremen Versuchsstrecke, auf die so manches Automobil-Werk stolz sein könnte, war wirklich kein Weiterkommen. Der Höhenmesser zeigte 2850 m an. Die Kameraden, die hinten über die Planken sprangen, erkannten wir im ersten Moment nicht wieder. Staub- und schweißverkrustet, die farbigen Perfekt-Helme auf den Köpfen, lachten sie uns mit weißen Zähnen an.

Wir fanden einen idealen Platz für unser Basislager und den in dieser Umgebung sehr fotogenen S 4000-1. Um uns die Fünf- und Sechstausender, die Gipfel des „Loma Larga" und „Marmolejo". Etwas abseits schoß mit Getöse der Rio Yeso zu Tal. Gleich neben dem Basislager sprudelten herrliche kalte Mineralquellen aus der Erde. Über allem brannte die Sonne unvermindert mit 28 °C.

Am nächsten Tag quälten uns Moskitos und kleine Fliegen, so daß wahre Kämpfe um die Fahrerkabine des Lkw entbrannten. Selbstverständlich hatte der Fahrer den Vortritt. Fritz Uhlig und der Expeditionsleiter erkundeten mit den Chilenen das Gelände. Fritz Rudolph belichtete die ersten Filme. Währenddessen untersuchten Klaus und ich den S 4000-1 auf die Folgen dieser staubigen Rütteltour. Es mußten sämtliche Schrauben und Muttern nachgezogen werden. Die Luft-, Öl- und Kraftstofffilter mußten gereinigt werden. Wir tankten Minoldiesel, ließen aus dem Kühler das Wasser ab, prüften den Reifendruck. Infolge der Höhe maßen wir einen durchschnittlichen Druck von 4,5 at Überdruck. An den Profilen waren deutlich von dem spitzen Schotter verursachte kleine Schnitte und Risse sichtbar.

Der DAFEX bekam seine wohlverdiente Ruhe, diente als Expeditionsbüro; für uns begann die Arbeit.

Nach 14 Tagen, in denen wir die erfolgreiche Erstbesteigung des Punta Hoff (5035 m) und die für Chile sensationelle Erstdurchsteigung einer 800 m hohen steilen Eiswand am Cerro Bello (5200 m) geschafft hatten, mußten unsere zwei chilenischen Kameraden nach Santiago zurückgebracht werden.

Trotz der Tour, die mir mit dem nun leeren Viertonner bevorstand, freute ich mich auf diese Fahrt. Also Rasieren, Waschen und den Wagen flottgemacht. Es ist wohl selten, vielleicht noch nie vorgekommen, daß ein Fahrer als Kühlwasser reine Selters benutzte. Wir konnten es uns erlauben, war doch nur Mineralwasser in unerschöpflichen prickelnd frischen Mengen vorhanden. Es wurde – mit den eingebauten Glühkerzen vorgeglüht – einmal (!) gestartet, und die 90 PS des S 4000-1 begannen nach 2 Wochen Ruhe zuverlässig zu rumoren. Dann kam die reizvolle Tortur über Schotter, Lehmwege und Wellblechpisten, durch Bäche und über wacklige Brücken. Als wir durch die ersten überfüllten Straßen Santiagos fuhren, verstand ich, wie einem Eremiten zumute sein muß, wenn er das erste Mal wieder mehrere Menschen sieht . . .

9

10

9 Dann fuhren wir mit zwei chilenischen Bergsteigern und 2 t Ladung in die langersehnte Gebirgswelt.

10 . . . umringten uns die Kinder. Die Älteren standen etwas abseits . . .

11 Unsere chilenischen Bergsteigerfreunde wußten wahre Wunderdinge von dem „camion rojo", dem roten Lkw, zu erzählen.

11

12

In der Mittagsglut der Sonne begann in der Stadt der Asphalt zu kochen. Der Melonenverkäufer am Plaza Baquedano hielt, den Kopf auf die Früchte gebettet, sein Mittagsnickerchen. Die Kaffeehäuser waren zum Bersten gefüllt. Kleine Jungen mit Zeitungen oder Coca-Cola-Bauchläden suchten im Schatten der Palmen Schutz. Die barfüßigen Mandelverkäufer kühlten mit Wasser die Kacheln des Bürgersteiges. Würdevolle Beamte standen mit ihren Strohhüten und in dunklen Anzügen vor den Bankhäusern.
Zweimal hatten die gestrengen wachsamen Hüter des Gesetzes unsere Fahrt in der City gestoppt. Lastkraftwagen dürfen zu bestimmten Stunden die engere Innenstadt nicht befahren. Auf Umwegen und über ungezählte Kreuzungen, vorbei an vielen Carabineros waren wir auf dem Weg zu den Wohnungen der Bergsteiger. Da, eine Kreuzung. Ich wollte gerade noch ... Rot! Bei etwa 60 „Sachen" das Bremspedal durchgetreten! Die Fürstenwalder zeichneten ihr Profil in den Santiagoer Asphalt und brachten den S 4000-1 ohne jegliches Schlingern zum Stehen – jedoch einen Meter hinter dem weißen Strich, also schon auf der Kreuzung. Ein Polizist winkte mir bedeutsam zu. Nach Landessitte drückte ich zurück. In diesem Moment bummste es hinten.
Der Busfahrer klopfte später nur mit einem Hammer die Beule aus und mir mit der Hand auf die Schulter. „Aleman, es ist doch nichts passiert!" lachte er. Süßsauer lächelnd stand ich daneben und mußte unwillkürlich daran denken, was Berliner Autofahrer in der gleichen Situation gesagt hätten. Am nächsten Tag zum Yeso-Tal und nach etwa 3 Wochen von dort zurück nach Santiago verliefen die Fahrten ebenso glatt wie bisher. Lediglich ein eingeklemmter Lavablocken zwischen den Zwillingsreifen ließ sich nur mühevoll mit Eispickel und Wagenheber entfernen.
Die Kameraden packten unser Gepäck für die Weiterfahrt nach Süden um. Klaus und ich machten den DAFEX für die lange Reise startklar. Klaus kontrollierte unter dem Wagen liegend das Fahrgestell und stellte mit Erschrecken fest, daß wir die linke vorderste Federbride verloren hatten. Daß die andere, einzige, auf der letzten Tour noch gehalten hatte, spricht für ihre Qualität. Federbriden befanden sich selbstverständlich in den fünf Ersatzteilkisten – nicht!
Chilenische Freunde halfen uns, indem sie kostenlos Ersatz anfertigten. Mit vielen guten Ratschlägen und mehr oder weniger guten Landkarten versehen, konnte die Fahrt beginnen. In dem gürtelschmalen Land gibt es sowieso nur zwei Möglichkeiten:
Al sur o al norte – nach Süden oder nach Norden.
Über Rancagua, San Fernando, Curico und Talca nach Linares ging die Fahrt. Auf einem 300 km langen, vierspurigen Betonband der „carretera panamericana" – der Panamerikanischen Straße – lief der S 4000-1 bei einer Zuladung von 2,5 t mit einer Reisegeschwindigkeit von 70 km/h, maximal 80 km/h. Die Temperaturen der Luft von durchschnittlich 32 °C – am Boden bis zu 46 °C – und der Wechsel der relativen Feuchte in den Extremen von 13 bis 98 % hatten keinerlei Einfluß auf den Wagen. Öldruck und Kühlwassertemperatur waren dank der eingebauten Regeljalousie normal.
In Linares waren wir für einige Tage Gäste des bekannten Malers Pedro Olmos und seiner charmanten Gattin. Señor Olmos führte uns durch Werkstätten des chilenischen Kunstgewerbes und durch Betriebe, die das herrliche, aber teure Sattelzeug herstellen. Wir sahen in Silberschmieden, wie die reichverzierten Sporen gegossen wurden, besuchten ein Weingut, aßen und tranken ausgiebig vom vino tinto, dem Rotwein. In Linares fielen wir jedoch nicht nur durch unseren gesunden Appetit auf, sondern vor allem mit dem robusten S 4000-1, seinen klotzigen Reifen und – dem Staatsemblem unserer Republik. Völlig unter dem Einfluß der von Bonn betriebenen Propaganda stehend schüttelten die Leute verwundert ihre Köpfe: „Solch ein starker Wagen! Uns erzählt man vom Osten ganz andere Dinge!" Angebote zum sofortigen Kauf des Wagens für etwa 7000 US-Dollar waren nicht selten.

13

12 ... kletterte unser S 4000-1 auf diesem halsbrecherischen Pfad höher und höher ...

13 Wir fanden einen idealen Platz für unser Basislager ...

14 Währenddessen untersuchten Klaus und ich den S 4000-1 auf die Folgen dieser staubigen Rütteltour.

15 a b ... und die für Chile sensationelle Erstdurchsteigung einer 800 m hohen steilen Eiswand am Cerro Bello ...

14

Weiter ging die Fahrt, vorbei an Eukalyptushainen. Wälder sind fast gar nicht zu finden. Weinfelder, Äcker, Koppeln und die Privatflugplätze – alles ist eingezäunt mit regelrechten Mauern aus ganzen Baumstämmen. Der Raubbau am Waldbestand Chiles ließ in den letzten Jahren den Grundwasserspiegel erheblich sinken.

Schlaglöcher und Baustellen stoppten jetzt sehr oft das Tempo. Der Beton machte immer mehr dem Sand Platz. Riesige Schafherden standen mitunter in einer hohen Staubwolke vor uns und blockierten einige hundert Meter weit die Straße. Pkw überholten uns, ließen sich wieder überholen. Die Insassen betrachteten so von allen Seiten interessiert den fremden Wagentyp.

Umgeben von Thermal- und Schwefelquellen, die nur in geringem Maße für Heilzwecke ausgenutzt werden, liegt Chillan. Auf Knüppelwegen fuhren wir zu solch einem Bad. Unter Palmen, Araucarien und Eukalyptusbäumen, umgeben von den Sträuchern des starkduftenden Jasmin und einigen dürftigen Blockhütten, sprudelte das heilbringende Naß in ein Schwimmbecken. Trotz der kühlen Temperatur war das Bad relativ gut besucht. Ein anderes Bad mit weit höherem Luxus war den Preisen entsprechend weniger besucht.

In Chillan wurde es uns ein weiteres Mal bewußt: Chile ist ein herrliches Reiseland, hat viele lohnende Ziele, doch die Möglichkeiten werden noch nicht genutzt . . .

Hinter Chillan bestand die Straße nur noch aus faustgroßem Kieselschotter, tiefen Fahrrinnen, Schlaglöchern und Waschbrettmuster in allen Variationen. Aus der „Traumstraße der Welt“, die von Alaska im Norden Amerikas bis hinunter nach Feuerland führt und in Puerto Montt endet, wurde für uns eine Alptraumstraße. Staubwolken zogen hinter uns her oder hüllten uns ein, wenn riesige, schwerbeladene Sattelschlepper entgegenkamen. Staub, Sand, Schlamm. Geschoßartig emporgeschleudert flogen kleine Steine gegen unsere Frontscheibe. Wir setzten die Steinschlaghelme auf. Mit Karacho und dem festen Vertrauen zu unserem S 4000-1 ging es in die Nacht hinein. Gespenstisch flogen von dem Scheinwerferlicht aufgescheucht scharenweise Falken und Fledermäuse in die Finsternis.

In Temuco, dem Zentrum der noch verbliebenen Ureinwohner Chiles, der Mapuches, übernachteten wir auf einem Militärgelände. Von hier aus unternahm unsere Gruppe mit dem Direktor des Museo araucano – einem Indio-Museum – eine Exkursion nach Puerto Saavedra am Pazifik. Über die Wegverhältnisse zu dieser letzten Indianerreservation möchte ich nur höflich schweigen. Im Zeitalter der Raumfahrt ziehen hier auf Schotter-, Lava- und Geröllwegen einachsige Karren dahin, beladen mit den Früchten des Meeres, Algen – zum Verkauf gebündelt. Die Räder – armdicke Scheiben werden aus dem Stamm einer Araucarie geschnitten und mit Steinmessern durchbohrt, damit sie auf die Holzachsen geschoben werden können – quietschten und ächzten unter der schweren Last. An der Küste tobte ein Orkan. Mit verhängten Zügeln jagten indianische Reiter mit wehenden schwarzen Ponchos an der tosenden Brandung vorbei. Wir rollten durch die zerstörten Straßen Saavedras, der Stadt, die vor Jahren in wenigen Sekunden von einem Erdbeben und einer Sturmflut vollkommen zerstört wurde. Sand knirschte zwischen unseren Zähnen, wirkte auf der Haut wie Schmirgelpapier. Staub drang in Augen und Ohren.

Wieder schwarzer Dünensand. Wir mußten durch. Also die Augen zugedrückt und Gas gegeben.

Als ich die Augen wieder öffnete, waren die Räder bis zu den Achsen eingegraben.

Wir ließen unseren DAFEX zurück, gelangten zu Fuß zu den Siedlungen der Araucaner, „Mapuches“, wie sie sich in ihrer Sprache bezeichnen.

15 a

15 b

6

16 In Linares waren wir einige Tage Gäste . . .

17 Riesige Schafherden standen mitunter in einer hohen Staubwolke vor uns . . .

18 Im Zeitalter der Raumfahrt ziehen hier auf Schotter-, Lava- und Geröllwegen einachsige Karren dahin . . .

19 . . . bestand die Straße nur noch aus faustgroßem Kieselschotter . . .

20 „Leute, das Ding hält!“

Als wir später durch den schwarzen Sand zurück stapften, rollte immer noch die See gegen das Land. Gischt schäumte auf. Wie große, tränende Augen lagen Riesenquallen im nassen Sand.
Von Temuco sollte es geradewegs nach Villarrica gehen. Doch hieß es: Umleitung! Die wievielte war das eigentlich schon? Wir ahnten nur dunkel, was uns erwartete.
Die Regenzeit brach an. Am Straßenrand erblühte jetzt in leuchtendem Rot die Nationalblume Chiles, die Copihue.
Der S 4000-1 schlitterte auf verschlammten Lehmwegen vorwärts und sah aus, als ob wir ihn aus einer Lehmgrube gebuddelt hätten. Die kleinste Anhöhe mußte mit mehrmaligem Anlauf genommen werden. Die Räder drehten durch, mahlten wie auf Schmierseife, brachten das Fahrzeug aber weiter. Andere Autos wurden von keuchenden Ochsen abgeschleppt. In den nächsten Tagen rutschten wir noch mit Gummistiefeln, Äxten und Spaten bewaffnet durch die Lehmbrühe, um den Wagen weiterzubringen. Doch auch uns schlug die Stunde. Selbst einem Raupenschlepper machte es später Mühe, uns in diesem mitunter knietiefen Schlamm weiterzubugsieren. Zusammen mit dem Schlepper glitten wir einmal seitlich auf eine recht unsolide aussehende „Brücke“ zu. Bremsen war zwecklos. Wir lenkten die Fahrzeuge in einen Graben. Danach waren die Kotflügel und die Stoßstange eingedrückt, die Abschleppstange hatte die Form eines Korkenziehers. Nach einer eingehenden Besichtigung fuhren wir mit vereinter Kraft über diesen morschen Bohlenhaufen, der dann auch hinter uns zusammenbrach. Aber wir kamen hinüber und somit auf eine bessere Seite, soweit man das Waschbrettmuster auf Kieselschotter mit unzähligen Schlaglöchern so bezeichnen konnte. Überdimensionale Schneeschieber waren gerade dabei, die Fahrrinnen wieder einmal zu planieren.
In abendteuerlicher, nächtlicher Irrfahrt auf Lavawegen erreichten wir kurz vor unserem späteren Lagerplatz in etwa 1200 m Höhe am Vulkan Villarrica wiederum eine „Brücke“.
Schneetreiben, minus 12 °C. Percy öffnete die Tür und – trat ins Leere. Fritz beschwor uns: „Bis hierher und nicht einen Meter weiter!“ Wir anderen versuchten uns selbst zuzureden: „Leute, das Ding hält!“ Daß der wacklige Unterbau wirklich hielt, verwunderte uns wenig später um so mehr, als wir auf der Gegenseite im Licht der Scheinwerfer ein Schild „2 To maxima“ entdeckten. Es lag ein Stück weiter am Straßenrand. Nach der Besteigung des Vulkans fuhren wir vorbei an Ochsenkarren, Mulareitern und geländegängigen Fahrzeugen durch die Erdbebengebiete von Valdivia und Osorno bis nach Puerto Montt. Dort wurde der

7

18

19

20

Weiterfahrt zu Lande ein natürliches Ende gesetzt, denn dort beginnt die zerrissene Inselwelt der Eisberge und Fjorde Feuerlands.

Der DAFEX wurde abermals einer eingehenden Durchsicht unterzogen, erregte ebenso wie in allen anderen Provinzstädten des Südens die Aufmerksamkeit und das Interesse von Laien und Fachleuten. Gleichzeitig erschienen in den einschlägigen Tageszeitungen Artikel über uns mit Bildern, die uns vor dem S 4000-1 zeigten.

Später, als wir mit einem Schafschererdampfer aus Punta Arenas – wo wir als Gäste der ENAP, der staatlichen chilenischen Erdölgesellschaft, den Südzipfel des amerikanischen Kontinents besuchten – zurückgekehrt waren, fuhren wir dann wieder auf der längsten Straße der Welt „al norte".

Diesmal waren wir mit einem Tempo von rund 70 km/h zwischen anderen Lkw „eingebaut" und mußten mithalten. Waschbrettpiste, Regen, Fahrrinne, Kälte, hochgeschleuderte Steine. Im Straßengraben sahen wir des öfteren umgekippte Studebaker-Lkw.

Abends, nach diesen Höllenfahrten, schlugen wir bei naßkaltem Wetter am Straßenrand unser Zelt auf. Wenn die Benzinkocher zischten und die Freunde das Abendbrot zurechtmachten, gehörte schon einige Überwindung dazu, zerschlagen und übermüdet, wie man war, noch die notwendigen Arbeiten am Fahrzeug zu erledigen. Kraftstoff- und Ölschwierigkeiten hatten wir nicht, denn Chile verfügt über ein weitverzweigtes Netz von Tankstellen dreier Konkurrenzgesellschaften.

Am größten Wasserfall Chiles, dem Salto del Laja, zweigte eine ausgewaschene Sandstraße entlang der Küstenkordillere nach Concepcion ab. Anfangs sackten die Räder oft bald bis zu den Achsen ein. Doch nachdem wir etwas Luft aus den Reifen gelassen hatten, wurde der S 4000-1 auch mit diesem Untergrund fertig.

Es folgte der letzte Wegabschnitt entlang der Pazifikküste, über San Antonio, Viña del Mar – ein luxuriöser Badeort mit Spielkasino – nach Puerto Pichichangui, wo es vor etwa 80 Jahren das letzte Mal geregnet hat, und zurück zum Hafen von Valparaiso. Auf dieser landschaftlich schön gelegenen, rege befahrenen Straße mußte eine vorgeschriebene Geschwindigkeit zwischen 40 bis 60 km/h gefahren werden, um den dichten Verkehr nicht zu behindern.

21

22

Nach sechs Monaten und 7266 km Fahrstrecke (42,4% Beton- und Asphaltstraßen – 57,6% schlechte Land- und Hochgebirgswege mit extremen Erschütterungen und Staubeinwirkungen) wurde der S 4000-1 mit viel Schwung durch einen Kran auf das Motorschiff FREDERICO SCHWAGER verladen. Um auch die Vorderräder anzubremsen, saß ich in der Fahrerkabine und, als ein Seil riß, mir das Herz in den Kniekehlen. Aber es ging noch einmal gut. Wir nahmen Abschied von den zahlreichen chilenischen Freunden, dem vino tinto, den Eisriesen der Anden, dem feurigen anmutigen Nationaltanz, der Queca. Wir sagten „Hast la vista!" den Menschen eines Landes, die ebenso wie das freie Kuba in nicht allzuferner Zeit die Flamme der Freiheit, des Rechts, der Unabhängigkeit entzünden werden.

Die SCHWAGER glitt aus dem Hafen, die letzten Rufe verklangen: „Viva Chile! Viva Alemania democratica!"

Dreizehn Tage und Nächte stand der Expeditionswagen an Deck. Während der Fahrt durch den Panamakanal ergaben Temperaturmessungen an den Reifen maximal 51 °C.

Ja, und dann erlebten wir noch sechs Wochen lang Kuba, das „Territorio libre de america", die freie Insel der Bärtigen.

Andere Menschen mit anderem Temperament, die sich andere, im Vergleich zu Chile bessere Lebensbedingungen geschaffen haben, empfingen uns. Aus dem Lautsprecher des „Berlin" klangen die Batchanga, Boleros, Cha-Chas und die Volkslieder, die das neue, schönere Leben besingen. Zwischen Cienfuegos, La Habana, Santa Clara und Santiago de Cuba fuhren wir auf vorbildlichen, vierspurigen Betonstraßen, die größtenteils erst nach der Revolution fertiggestellt wurden.

Der S 4000-1 ist der Lastwagentyp, der die Straßen Kubas beherrscht. Der Kollege Pelz vom VEB-Ernst-Grube-Service in Havanna bestätigte unsere Beobachtungen: Die Viertonner werden beim Transport von Ananas, Baumaterialien oder Zuckerrohr größtenteils überladen, zuweilen mit bis zu 10 t (!), und mit guten 90 km/h gefahren. Unbegreiflich war uns die erreichte Geschwindigkeit, und auch Gerhard Pelz meinte lachend: „Die müssen irgendwie noch nachträglich einen Himmelfahrtsgang eingebaut haben!"

Selbst in den Sümpfen der Playa Girón oder in den Bergen der Sierra de Purial und Sierra Maestra sind die Sandstraßen in einem relativ guten Zustand. Doch sind wir mit dem S 4000-1 auch durch Gebiete wie bei Baracoa an der NO-Küste des Landes gefahren, die eher für einen Panzer geeignet waren.

Brücken sind sehr selten. So mußten wir dann wohl oder übel durch die Flüsse fahren, wobei mitunter das Wasser selbst in die doch ziemlich hochgelegene Kabine des S 4000-1 eindrang. Durch solche Badefahrten trat dann auch die erste und letzte Panne des Wagens auf: Es mußten der Regler und eine Einspritzdüse ausgewechselt werden.

Die Temperaturen? Nachts sank das Quecksilber nie unter 28 °C, und am Tage kam es schon vor, daß die „Fürstenwalder" am kochenden Asphalt anklebten.

Trotz der ungewohnten Hitze und der Milliarden von Moskitos hat uns Kuba begeistert. Der Abschied von diesem Land und seinen freien Menschen, unter denen wir wie in Chile viele Freunde fanden, fiel uns schwer. Vergessen waren die kleinen Dispute mit den Milizionären an den Kreuzungen und am Tunnel von Castel el Morro, wenn ich vergeblich versucht hatte, die Fahrgepflogenheiten der Kubaner nachzuahmen. Doch immer noch lag das knackende Geräusch in den Ohren, wenn abends die Reifen über die von den Scheinwerfern angelockten Langusten fuhren, die zu Tausenden bei anbrechender Dunkelheit die Karibische See verließen und über die Via Blanca krochen . . .

Am Kai von Havanna winkten das Ehepaar Pelz, Milizionäre, unbekannte schöne Kubanerinnen und unsere Begleiter Victor und Saul. Saul, der bei der Fahrt durch die Sierra eines Tages von der recht hohen Pritsche des DAFEX gesprungen war, weil er dachte, der Wagen würde nach einer Steilkurve eine kleine Brücke verpassen, rief mir noch nach,

ich solle in Deutschland vorsichtiger fahren. Nach insgesamt 10 anstrengenden Reisemonaten bekam der DAFEX schließlich in Rostock wieder Heimatboden unter die Reifen, die ihre nun schon etwas abgefahrenen Profile in den Sand des neuen Überseehafens gruben.
Zwar waren am Lack und den Chromteilen keinerlei Schäden aufgetreten, doch mußte wegen der Aufzeichnung unserer Reiseroute auf den Planken der Wagen neu lackiert werden. Lediglich die Abkürzung DAFEX – DDR-Anden-Feuerland-Expedition – ließen die neuen, stolzen Besitzer stehen, und das ist nun das einzige, was diesen Weitgereisten von anderen S 4000-1 unterscheidet.
Wenn er jetzt so an mir vorbeibrummt, wird mir doch etwas schwer ums Herz. Sehe ich ihn irgendwo in Berlin stehen, gleiten meine Finger über seine Motorhaube. Im stillen danke ich all den Kollegen, die dieses Fahrzeug herstellten, und denke daran, wie oft der S 4000-1 für uns Heimstatt und welch ein treuer, zuverlässiger Weggefährte er war . . .

23

21 . . . armdicke Scheiben werden aus dem Stamm einer Araucarie geschnitten und mit Steinmessern durchbohrt, damit sie auf die Holzachsen geschoben werden können . . .

22 . . . waren die Räder bis zu den Achsen eingegraben.

23 Anfangs sackten die Räder oft bis zu den Achsen ein . . .

24 Überdimensionale Schneeschieber waren gerade dabei, die Fahrrinnen wieder einmal zu planieren.

25 Vergessen waren die kleinen Dispute mit den Milizionären an den Kreuzungen . . .

24

25

M. ZIELINSKI

Erlebnisse in Mittelasien

Mit ROBUR LO 2500 A und Simson-Moped SR II E durch den Kaukasus zum Dach der Welt

Nicht immer sind Geräusche Musik. Welcher Automobilbesitzer hört es schon gern, wenn Blech gegen Blech scheppert und kleine Lack- und Glassplitter auf der Straße sowie verbeulte Chromteile erkennen lassen, daß ein zeitweiliger Abschied von dem bisherigen Stolz bevorsteht? Die Augen schimmern feucht, trocken fragen die „weißen Mäuse" nach woher und wohin und ob die Verkehrsordnung vergessen wurde.
Ich saß in einem tadellosen Dienst-WARTBURG, fuhr im Rahmen der zugelassenen Höchstgeschwindigkeit, schnitt aber eine Kurve und dabei einem MOSKWITSCH den linken Vorderkotflügel ab . . .
Der weißbemützte Oberwachtmeister blickte von meiner bisher unbefleckten Berechtigungskarte hoch: „Zielinski? Fuhren Sie nicht auch schon einen S 4000 durch Südamerika?" Grinsend schloß er mit der alten Geschichte, daß er vor einer Apotheke Pferde mit Magenbeschwerden gesehen habe. Ohne besondere Schnelligkeit senkte sich die Hand meines Freundes und Helfers auf die weiße Karte und hinterließ zwei feuchtglänzende, blaue Stempelchen. „Zu löschen in vier Monaten. Tschüß!"
Wütend über mich selbst und in Erinnerungen Trost suchend, blätterte ich abends in meinem zerknitterten, ölbeschmierten Fahrtenbuch . . .

Berlin, 21. April 1964

Vergebens versuche ich, durch unser vollgestopftes Expeditionssekretariat zu kommen. Hinter einer Schreibtischbarrikade schwitzt Karl beim 76. Telefongespräch des Tages. Dabei brüllt er so laut, daß er normalerweise auf die Telefonleitung verzichten könnte. Aber heute hat er einen unschlagbaren „Lärmgegner": Fritze bemüht sich unterhalb des Fensters, mit klapperndem Werkzeug aus einem SIMSON-Moped mindestens 20 Phon mehr herauszuholen und fünf PS hineinzuzaubern. Armes SR II E!
Und immer noch treffen Testmaterialien ein: Kathi-Suppen, Schuhe aus Meißen, Viebahns Fruchtkonzentratschnitten, Glashütter Uhren, superleichte Sturmanzüge von Synthetex, von Erseila Kernmantelseile. Aus Prag kam die Admira 16, von Berlin-Kosmetik die Lippenpomade und aus Kuhschnappel Floßmannbrot. Nur die Roburwerke schickten noch nicht den ROBUR LO. Dafür haben wir aber von der Minoldirektion 500 l Benzin spendiert bekommen. Morgen soll ich nach Zittau fahren und den Wagen abholen und gleichzeitig aus Bretnig die Ruleu-Zelte, die Sebnitzer Angelruten und Glasfaserskistöcke, von Pentacon die Kameras, vom Zeisswerk die Kiste mit Objektiven, von ORWO die anderthalb Zentner Filme und vom Magdeburger Konsumwerk die Tropenanzüge mitbringen. Übermorgen abend kann ich im Sekretariat berichten.
Übermorgen abend erst?

1 ROBUR LO 2500 A vor dem Grabmal der Timuriden in Samarkand

2

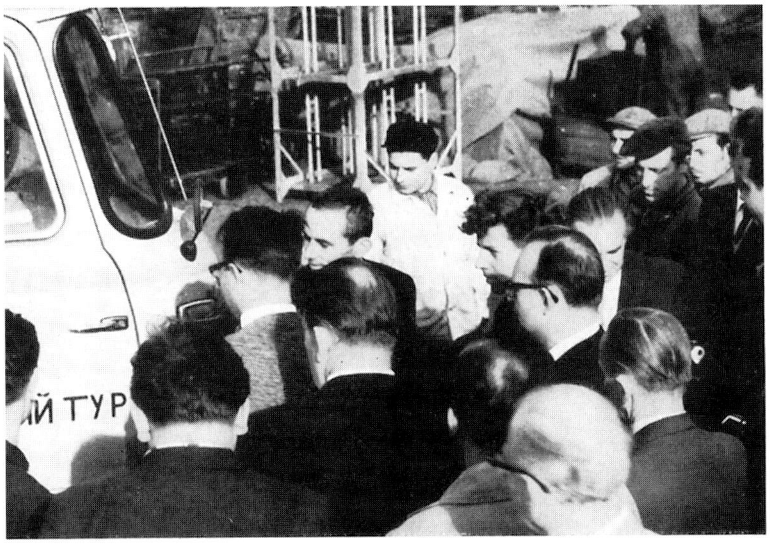

3

Zittau, 22. April 1964

Händeschütteln. Formalitäten, Unterschriften, Einweisungen. Aber dann seh' ich „IHN", den langersehnten ROBUR LO 2500 A – endlich! In der strahlenden Aprilsonne blinzeln mich die chromblanken Scheinwerfer an, der Lack blitzt mit meinen Augen um die Wette. Kollegen der Versandabteilung rücken einige gutverschlossene Ersatzteilkisten auf die Pritsche. Roburwerbechef Reckziegel drückt mir mit vielen Wünschen die Hand und ich das Gaspedal zum Start in Richtung Berlin durch.

Berlin, 1. Mai 1964

Herrliches Feiertagswetter. Mitten im endlosen Demonstrationszug rollt auch die DDR-Mittelasientour 64 über den Berliner Marx-Engels-Platz: Expeditionsleiter und Dolmetscher Karl Kokoschko mit einer riesigen Fahne der Gesellschaft für Deutsch-Sowjetische Freundschaft, der sportliche Leiter und Vegetarier Karl Däweritz (Kalle), der Moped-Tester und „Tagebuchhalter" Fritz Uhlig, Wanderkoch und zweiter Kameramann Günter Kalkbrenner (Kalki) und ich als Roburlenker und Expeditionskameramann.

Pniewy (VR Polen), 28. Mai 1964

Ein Tag von historischer Bedeutung – für uns. Alles war beisammen, die Testmaterialien, Zeitungs-, Buchvor- und Fernsehverträge, die dicke Mappe der Zollisten, genügend Stempel, ausreichend Unterschriften, eine aufgefüllte Reisekasse vom Presseamt und dem Deutschen Wanderer- und Bergsteigerverband und Empfehlungsschreiben des Generalsekretariats des ADMV. Die Berliner Zeitung und das Komitee für Touristik und Wandern der DDR, also unsere Schirmherren, gaben das Startzeichen. Das große Erlebnis konnte beginnen.

Nun liegen schon 286 teils sonnenschöne, teils wolkenbruchreiche Kilometer hinter uns. Das erste Lager dieser Fahrt wird abends unbekümmert irgendwo am Straßenrand errichtet und – schnell wieder abgebrochen: Ameisen ziehen unter uns eilig ihrer Wege und wir mit unseren Luftmatratzen doch lieber nach anderen, trockenen, tierlosen Plätzen.

2 Formalitäten, Unterschriften, Einweisungen in den ROBUR-Werken Zittau

3 „Expeditionsleiter und Dolmetscher Karl Kokoschko (oben) ..., der sportliche Leiter und Vegetarier Karl Däweritz (Kalle – 2.v.l.), der Moped-Tester und ‚Tagebuchhalter' Fritz Uhlig 2.v.r.), Wanderkoch und zweiter Kameramann Günter Kalkbrenner (Kalki – 1.v.l.,) und ich als Roburlenker und Expeditionskameramann (1.v.r.)"

4 „... an den goldenen Zwiebeltürmen der vierhundertjährigen Basilius-Kathedrale ..."

4

Moskau, 1. Juni 1964

Genau 1923 km haben wir in vier Tagen auf der Fahrt von Berlin bis hierher zurückgelegt. Die Straßen sind einschläfernd gut, keine Kurve nach rechts, keine nach links, kein Berg, keine Senke, es geht stur geradeaus. Die Beschilderung und die Verkehrszeichen sind international. Das Netz an Raststätten und Tankstellen ist dicht, die Limonade relativ teuer. Benzin wird fast verschenkt (man hat die Auswahl zwischen 93oktanigem Sprit „Extra" und 66er „Klingelbrühe").

Zünftig haben wir unser Domizil im neuerbauten Motel „Warschau" am Autobahnring aufgeschlagen. Unter unseren Fenstern flutet der Verkehr. Lastwagen zuckeln, gebremst durch das Überholverbot für Lkw, an den Rändern der sechsspurigen Straßen. WOLGA, MOSKWITSCH, SIL, SIM jagen mit unvorstellbaren Geschwindigkeiten vorbei, überholen links und rechts. Dazwischen schnurren SAPOROSHEZ, Eigenbauten, Motorroller, Motorräder, Mopeds. Als Berliner bekommt man Alpdrücken. Wo bleiben die Verkehrsunfälle? Bisher sah ich keine! Dafür aber reaktionsschnelle Polizisten, die mit markerschütternden Pfeifsignalen und lässigen Armbewegungen die jagende Herde Tausender Pferdestärken dirigieren. Und die Fußgänger? Für sie gibt es offenbar keine strengen oder lächelnden Polizistengesichter, existieren keine roten und grünen Ampelzeichen. Das Ziel ist klar: Man springt zwischen den Autos hindurch, verursacht ein Konzert quietschender Bremsen, zwinkert dem rotbemützten, meist schnurrbärtigen Gesetzeshüter zu und – hat schon die andere Straßenseite erreicht. Unvorstellbar! Dabei sind genügend Fußgängertunnel vorhanden!

Moskau, 3. Juni 1964

Stadtfahrt. Eingeklemmt zwischen zwei Obussen können wir die Geschwindigkeitsbegrenzung von 60 km/h nicht einhalten. Zwischendurch zwingen uns die Fußgänger immer wieder zu bremsen, daß ich das Gefühl habe, der Aufbau rutscht vom Fahrgestell. Hält das eigentlich der ROBUR durch? Er hält, auch wenn ich an jeder mit automatischen Ampeln geregelten Kreuzung bei zwei Tonnen Zuladung mit schleifender Kupplung im zweiten Gang Blitzstarts hinlege. Wenn in den nächsten Tagen das Verteilergetriebe unseres Allradgetriebenen wegfliegt – es würde mich nicht wundern.

25 km sind es vom Motel bis zum Zentrum, doch selten zeigen die Bauzäune zu beiden Seiten kleine Lücken. Überall Kräne, Gerüste, Bagger, Baumaschinen, Dozer. Selbst an den goldenen Zwiebeltürmen der vierhundertjährigen Basilius-Kathedrale stehen die Gerüste für den Frühjahrsputz. Der warme, blühende Frühling ist in die Weltstadt Moskau, den riesigen Bauplatz, eingezogen. Der Flieder blüht, und die Röcke der Mädchen wippen im Takt zu den klappernden Pfennigabsätzen, die Augen der Männer klatschen Beifall.

Überall, wo der ROBUR auftaucht, steht er sofort im Mittelpunkt des Interesses. Die Standard-Antworten über Maschine, Leistung, Geschwindigkeiten, Verbrauch kann ich bald perfekt in russisch geben. Singend graben die „Fürstenwalder" ihr Profil in den Asphalt vor dem Hotel „Moskwa". Neben uns parkt ein weißer Tschaika. Wir gucken – grüßen: „Hallo! How are you, Marlene?" Amerika lächelt zurück.

Und wenn wir sonst nirgends in Moskau Menschen treffen würden, dann ganz bestimmt vor dem rotgranitenen Mausoleum Lenins. Unübersehbar, ohne Ende schiebt sich langsam eine hunderttausendfüßige Menschenschlange vorwärts. Immer? Immer! Jeden Tag stehen sie, stundenlang, in sich gekehrt, trotz Hitze oder Nieselregen. Unterbrochen wird die Stille nur von den dumpfen Glocken des Spasskiturms und der stündlichen Ablösung der Ehrenwache junger Rotarmisten vor dem Grabmal, in dem der Begründer des Sowjetstaates ruht. Wenn es Abend wird, müssen Tausende umkehren, aber gewiß stehen sie morgen wieder . . .

Moskau, 4. Juni 1964

Die „Moskowskaja Prawda" hat für die MAT 64 gleichfalls die Schirmherrschaft übernommen. Valerij Denizow, Sportreporter, ein schwarzäugiger, schnurrbärtiger, temperamentvoller Grusinier, ist unser sechstes Expeditionsmitglied geworden.

In einem weißgekachelten Autoreparaturkombinat untersuchen zwei Motorenschlosser – ehemalige Panzerfahrer – unser Fahrzeug, füllen kostenlos Öl und Benzin in alle dafür vorgesehenen Öffnungen. Kurze

5 *„Das hier in den Lenin-Werken gebaute Sattelschlepper-Pritschenfahrzeug . . ."*

6 *„. . . ist mit nach vorn abklappbarer Kabine konstruiert."*

Probefahrt! Da jagt ein SIL-Fahrer hinter uns her. Zeitweilig auf dem Trittbrett stehend, winkt er uns zu: „Germanski, ja? Viele Grüße an Brandenburg!“ Sssssst, weg ist er.

Nachtrag: Nachmittags rasen mit schrillen Fanfarensignalen und knatternden blutroten Fahnen zahlreiche Omnibusse an uns vorbei, fröhliche Pioniere hinter den Fenstern. Sie haben drei Monate Ferien. Mit der einen Hand lenke ich den ROBUR immer dichter an einen der Busse heran, greife mit der anderen in eine Tüte und verteile ROBUR-Abzeichen und kleine Wimpel. „Drushba“ und „Sah ein Knab' ein Röslein stehn . . .“ schallt es zu uns herüber.

Mit 70 km/h fahren die Kinder dem Süden entgegen – wir auch.

Mzinsk, Fernstraße 4, 6. Juni 1964

Endlose Kornfelder wechseln mit scheinbar ebenso unendlichen Viehweiden. In größerem Abstand blitzsaubere Dörfer mit hellen Neubauten und den typisch russischen Blockhäusern. Funkelnde Fenster, frisch gestrichene grüne Blumenkästen, Hängegeranien, davor blühende Obstbäume, winkende, arbeitende Menschen.

Was die sowjetischen Kraftfahrerkollegen durch das prinzipielle Standlicht in geschlossenen Ortschaften an Energie einsparen, das schießen sie auf der Landstraße mit allen verfügbaren Lampen wieder in die Gegend. Notgedrungen visiert man die entgegenrasende Lichterkette an, plötzlich Finsternis, dann wieder stechende Helligkeit. Bald kennt man nur noch ein Hilfsmittel: Augen zu und vorbei.

Der Verkehr ist dicht, ebenso dicht das Netz der Tankstellen und Werkstätten. In Mzinsk wollen wir in eine Tankstelle einfahren. Da – ein Fußgänger. Ich bremse, der ROBUR steht, aber auf der Ladefläche krachen Kalle, Fritze und Kalki auf das Gepäck und reißen die hinterste Spriegelstange mit. Tanken und anschließend Spriegelstange richten, Stahlrohre einführen und verschweißen. Kostenpunkt einschließlich Stundenlohn für zwei Mann – 17 Kopeken. Unmöglich! Das sind rund 45 Pfennig!

Rostow am Don, 9. Juni 1964

Gleichmäßig stampft eine Magdeburger Dieselmaschine. Der Bug eines Fischkutters zerschneidet die Wasser des Don. Ein Luftkissenboot „Rakete“ überholt uns. Ich sitze neben Pjotr Vlasenkow, dem Chefredakteur der „Asowschen Nachrichten“. Wir sehen versonnen die tomatenrote Sonne versinken, sind satt und fahruntauglich. Ein Fischkombinat ließ uns russische Gastfreundschaft mit der Fischsuppe „Uchu“ und einer ganzen Batterie „Moskowskaja Wodka“ erleben. Obwohl der Vegetarier Kalle bei der „Uchu“ genug zu Lachen bot – wir sind heute doch etwas gebremst . . .

Zwischen Orjol und Kursk sahen wir gestern einen T 34. Stumm, anklagend spießt sein Geschützrohr in den Himmel. Der Panzer wurde als Mahnmal von den Arbeitern des Kursker Autowerkes aufgestellt. Eine Plakette an dem Granitsockel erinnert an die blutigen Kämpfe im Kursker Becken. Dahinter überwucherte Schützengräben, Granattrichter, Glaskästen mit Bildern und Dokumenten.

. . . Fritze schreckt uns hoch, auf seiner weitgereisten Klampfe stimmt er das Lied von der Freundschaft der Völker an .

Sotschi. 13. Juni 1964

(Die Stiefmütterchen im Blumenkalender stimmen)

Weißblühende Agaven, Stechpalmen, Pinien, steile Zypressen, Rosen, schwarzgekleidete grazile Grusinierinnen, Touristen aus aller Herren Ländern, auf sauberen Straßen jagende Autos aller Klassen und gemütlich trippelnde Eselchen aller Größen, am Straßenrand gelegentlich sich suhlende Wasserbüffel. Ultramoderne Panoramakinos, Cafés, Sanatorien, Fremdenheime, Hotels, subtropische Parkanlagen, Selbstbedienungskombinate, Andenkengeschäfte. Über allem der Salzgeruch des Schwarzen Meeres und sein Rauschen vermischt mit Tanzmusik. Zwar hat Sotschi an seinem 140 km langen Strand genügend Campingplätze, aber diesmal beziehen wir doch im Hotel „Sotschi“ jeder ein Bett für 1 Rubel 30 Kopeken. Kalkis und Kalles Bad wird als Dunkelkammer und Benzinkocherküche, unser Zimmer als Schreibbüro und Karls Loggia als Empfangssalon eingerichtet.

Gerne würden wir uns den Bolschoi-Achunberg, den wunderschönen Rizasee, die Agura-Wasserfälle oder die Heilquellen in Nowaja Mazeta ansehen, aber wir müssen arbeiten und bald weiter.

Adler, 15. Juni 1964

Zu dritt fahren wir zum 30 km entfernten Adler, zum Staatsgut „Jushnyje Kultury“ (Südliche Kulturen). Adler gehört immer noch zu Sotschi, denn Sotschi erstreckt sich über 140 km. Ein Meer von Tulpen, Tausende Orchideen überdacht von Zitrusbäumen, Palmen und 498 anderen tropischen und subtropischen Pflanzen und Bäumen. Wir fotografieren viel, suchen aber immer wieder nach dem „Gruß aus Sachsen“! Ein grusinischer Gärtner führt uns schließlich zu den Nachkommen eines

7

8

Geschenks des ehemaligen Sachsenkönigs August: Enttäuschend blaßrosarote Rosen.
Fritze, der mit Valerij und Karl per Hubschrauber nachgekommen ist, kriecht knüppelbewaffnet durch knackende Bambushaine. Er sucht Riesenschlangen, obwohl ihn vor einigen Tagen eine 180 cm lange Viper angriff, die erst im letzten Moment von einem sowjetischen Kraftfahrer erschlagen wurde.

Suchumi, 16. Juni 1964
Die Küstenstraße nach Suchumi führt immer 200 m bergauf, dann über einen kleinen Paß und ebenso viele Meter wieder bergab. Bei 35 °C ist der Asphalt weich wie Kalkis Grießpudding. Schlangen liegen plattgewalzt auf der Straße wie bei uns auf der Autobahn manchmal die Hasen. Die Straße wird verbreitert, Tankstellen und – speziell für Autotouristen – Campingplätze werden angelegt. Zu verfehlen sind die Plätze nicht, denn Camping heißt auch auf russisch „Camping". Wir haben uns in einem komfortablen Touristenlager ausgebreitet und bieten dem internationalen Publikum kostenlos eine DDR-Camping-Show. Morgen wollen wir die Affenfarm der sowjetischen Akademie der medizinischen Wissenschaften auf dem Trapeziaberg besuchen. Dort wurde zum Beispiel das Serum gegen die spinale Kinderlähmung erforscht und hergestellt, das auch in unserer Republik zur Anwendung kam.

Kutaissi, 18. Juni 1964
4269 hitze-, staub-, regen-, rüttelreiche Kilometer hat der ROBUR bisher überstanden. Jetzt scheint uns eine Durchsicht und Ölwechsel angebracht. Deshalb führen uns Journalisten zur Geburtsstätte des „Kolchida", dem Autowerk von Kutaissi. Das hier in den Lenin-Werken gebaute Sattelschlepper-Pritschenfahrzeug ist mit nach vorn klappbarer Kabine konstruiert. Während unser Schmuckstück auf der „Prophylaxis"-Rampe die Arbeiter und Ingenieure anstrahlt, bewirtet uns der Werkdirektor und Träger des Leninordens Genosse Kiknadse mit fünfsternigem grusinischem Kognak und eisgekühltem grünem Tee. Der ROBUR wird um und um gekrempelt, ein spanisch sprechender Ingenieur zeigt mir eindringlich, in welchen Kanister er Getriebe- und in welchen er Motorenöl gefüllt hat. Dann werden sämtliche Behälter mit Benzin vollgetankt. „Towaristsch Kiknadse, ist das 93er Sprit?" Lachende Antwort: „Nein! Wir fahren doch nicht mit Wasser!"

Tbilissi, 22. Juni 1964
Der Sprit von Towaristsch Kiknadse muß Raketentreibstoff gewesen sein.
Was uns in Grusinien außer den Menschen, ihrer Gastfreundschaft und dem großartigen Aufbau bisher am meisten fesselt, sind die historischen Kultur- und Baudenkmäler. So werden in der Goldkammer des staatlichen Museums in Tbilissi die Reste der goldenen, perlen- und edelsteinbesetzten Ikone des Doms von Gelati, Goldplaketten aus dem 11. Jahrhundert und kostbare Gemälde mit Emaillearbeiten aufbewahrt. Wir sind begeistert von der Schönheit jahrhundertealter Kultur.
Die Tbilisser interessieren sich mehr für unseren ROBUR. Nach jedem Parken müssen wir uns kampfesmutig zum Wagen vorarbeiten und dabei 1001 technische Fragen beantworten.

9

7 *„Wir sind begeistert von der Schönheit jahrhundertealter Kultur (Dom von Gelati)."*

8 *„. . . bis zum 2225 m hohen Semjonowkapaß . . ."*

9 *„. . . Rallyemeister Tigran Tigleranjan. Kurzinterview: Interessiert sich für Wartburgautos . . ."*

Valerij muß in Moskau ein Radrennen ausrichten. Tränenvoller Abschied. Auch wir verlassen die Hauptstadt Grusiniens.
Mit steilerhobenem Daumen schwört eine Milizpatrouille, die Straße nach Jerewan sei glatt, flach und somit „otschen charascho". Na, dann los! Fritze, mit profunden Kenntnissen der sächsischen Sprache, einigen Brocken Russisch, im Rucksack Kalkis „Kraftproviant" und die filmgeladene Pentina fm, knattert mit dem SIMSON-Moped los, gefolgt vom ROBUR LO.

Jerewan, 26. Juni 1964

Der Milizionärsdaumen hatte bestimmt einen Knick! Die Straße war zwar gut, führte aber mitunter durch Bergbäche, durch Erdrutschgebiete und zog bis zum 2225 m hohen Semjonowkapaß hoch. Talwärts ging's am klargrünen Sewansee, an riesigen Kraftwerken am reißenden Rasdan vorbei hinab zum Fuße des Ararat, nach Jerewan. Fritze hatte unterwegs Sorgen mit dem leeren Tank. Er hielt einen Tankwagen an, und die Fahrer ließen einen dicken Strahl des wertvollen Kraftstoffs einfach über das Moped laufen, bis der Tank voll war. Die gleiche Prozedur mit einem Öltanker ergab ein Mischungsverhältnis von fast 1:1!! Subtropische Hitze. Oberhalb der schönen Stadt wurde eine supermoderne Tourbasa aus Tuffgestein gebaut. In der wohnen wir, gleich neben dem Sender „Radio Jerewan" (Hier strich der Lektor drei Witze!).

Jerewan, 27. Juni/1. Juli 1964

Exkursion nach Garni, zu den monumentalen Ruinen des heidnischen Tempels aus dem 1. Jahrhundert. Ausflug zum armenischen Kloster Gegard. Die Bauten stammen aus dem 12. Jahrhundert, aus den Felswänden sind Altäre, Kirchen und Opferstühle von einzigartiger Schönheit herausgemeißelt. Im Kloster beten katholisch-orthodoxe Gläubige – sowjetische Glaubensfreiheit in Aktion. Um Gegard herum tanzen, singen, schmausen und schmusen junge Menschen beim Wochenendausflug. Wir schmausen mit. Mit armenischen Alpinisten besteigen wir die Aragaz-Kette (4010 m). Bei der Anfahrt zur Aragaz-Wetterstation (2325 m) kann ich endlich einmal alle Register des ROBUR ziehen. Der Wagen hält sich tapfer, nur Karl hat Höhenbeschwerden.
Besuch der ausgegrabenen Urartur-Festung im sowjetisch-türkischen Grenzgebiet. Die Wissenschaftler geben an, sie sei etwa siebenhundert Jahre vor unserer Zeitrechnung gebaut worden.

10

Jerewan, 2. Juli 1964

Adieu Armenien. Abschied von unserem Freund Michael Arutunjansk, der uns stets freundlich und selbstlos half, die versteckten Perlen seines Landes aufzuspüren. Händeschütteln auf dem Leninplatz, mitten im Kreisverkehr. Plötzlich schreiende Bremsen neben uns. Polizei? Nein! In einem Wolga hält neben uns der Taxifahrer und mehrfache Rallyemeister Tigran Tigleranjan. Kurzinterview: Interessiert sich für Wartburgautos; die Musik Beethovens ist ihm mehr als der Autosport; ausgezeichnet als „Meister des Sports" für seine Rallyeerfolge 1963/64: Die Strecke Jerewan-Tbilissi-Baku bewältigte er allein mit dem Wolga in weniger als 48 Stunden. Länge der Route: 2700 km!

Irgendwo in Aserbaidshan, 3. Juli 1964

Flimmernde Hitze. Die Augen sehen nur die müllbraunen Ausläufer Transkaukasiens, die ausgedörrte Steppe, stachlige Riesendisteln, wunderschöne Blüten der Blume Kabar, die Stahlmasten und Trossen der Hochspannungsleitung und – den eingefahrenen Nagel im linken hinteren Reifen unseres ROBUR. Die Straßenbeschilderung ist mäßig. Die freundlichen Zurufe der Kraftfahrer erleichtern uns die Entscheidung an unbeschilderten Straßengabelungen. Schlaglöcher, drei steile Pässe, Wellblechasphalt, Staub, die Sprungschanze einer Abfahrt, die im 70-km/h-Tempo überfahren vier Meter reinen Flug verursacht, und die unaufhörlich entgegenjagenden Tankfahrzeuge inspirieren uns zu nie gekannten Wortgebilden. Wie sagte doch der Direktor der Tourbasa in Jerewan? „Die Straße nach Baku ist prima! Gefahr besteht, daß euer Fahrer schläft ein!"

Baku, 7. Juli 1964

Die leiernde Stimme des Muezzin auf dem vierhundertjährigen Minarett des Palastes der Schirwanschahs ist verstummt. Statt dessen donnern die Bagger, singen die Erdölbohrer, klatschen die Wellen des Kaspischen Meeres an die Stahlpfähle der Erdölstadt Neftjanije Kamni. Die Zeit ist knapp, aber wir wollen die „Stadt der Winde" filmen. So organisieren die aserbaidshanischen Journalisten einen Lotsen für den dichten Stadtverkehr, Oberinspektor Aljev Hanmorad.
Vorsichtshalber haben wir den ROBUR vorher in der Touristenstadt „Junost" entladen. Der Oberinspektor rast mit seiner K 750 los. Wir überfahren Trennungslinien, beachten weder den Gegenverkehr noch Stop- und Halteverbotschilder, fotografieren den Regierungspalast, ignorieren die Richtungsanzeiger bei Einbahnstraßen, filmen die phantastische Chemiestadt und rasen weiter. Mit Winken, Lachen – auch wenn er einmal seinen „Feuerstuhl" abwürgt – und freundlichem Drohen sorgt unser Lotse für eine ungehinderte schnelle Stadtrundfahrt, wobei wir gegen die elementarsten Regeln der Straßenverkehrsordnung verstoßen.
Aljev bringt uns schließlich zu seinem Freund, einem Basardirektor. „Fünfsternige" und einige tausend Kalorien stellen unsere Kondition auf eine harte Probe. Nach Stunden erst sind wir wieder in der Touristenstadt. Fazit: Auch die sowjetische Miliz – Dein Freund und Helfer. Baku – das Tor Mittelasiens. Wir sind hindurch geschlüpft. Ade Europa!

Aschchabad, 12. Juli 1964

Prasselnd rollen die Räder der IL 18 auf der Betonpiste des Aschchabader Flugplatzes aus. Die Kabinentür wird geöffnet – Hochofenhitze (46 °C). Salam Aleikum – Frieden wünschen wir dir, Turkmenistan. Herzlich wie alte Freunde empfangen uns Vertreter des Journalistenverbandes. Turkmenisch-persische Weisen spielen zwei Männer auf ihren Rubabs, kugelbäuchigen, fünfsaitigen Streich-Zupf-Instrumenten, und ein Junge bläst dazu in allerhöchsten Tönen auf einer Duduk. Die meisten Männer schreiten würdevoll einher, in den langen gesteppten „Koinek" gehüllt, auf den Köpfen die zottige, aus Karakul gefertigte „Telpek" in den Dimensionen eines Wassereimers. Als Fußbekleidung tragen sie lange weiche Rauhlederstiefel.

In zwei SIM-Limousinen erleben wir die erste Stadtbesichtigung. Asphaltierte Straßen, gesäumt von betonierten Wassergräben, den Lebensadern für Bäume, Sträucher, Blumenrabatten, Menschen und Tiere, dahinter helle, moderne Wohnbauten, Geschäfte, Banken, Kaufhäuser, eine Teppichfabrik, Reklame an den Fronten neuerbauter Panoramakinos, ein Schwimmbad, Cafés, überall Limonadenstände, großflächige Parkanlagen vor den Universitätsgebäuden – alles ist so unorientalisch, enttäuschend neu und modern. Nikolai, Chefredakteur der „Turkmenski Prawda", erzählt nachdenklich: „1948 zerstörte ein gewaltiges Erdbeben jahrhundertealte Baudenkmäler und 90 Prozent der Neubauten. Aber Menschen aus allen Teilen der Sowjetunion eilten herbei, brachten den Verwundeten Hilfe, halfen die Trümmer beseitigen. Durch ihre Arbeit gaben sie uns wieder Mut. Nun ist Aschchabad neu erblüht. Und daß die Stadt noch immer wächst, das verdanken wir hauptsächlich dem Kara-Kum-Kanal. Der ‚Karakumski' und unsere Menschen werden eines Tages das große Werk vollenden, von dem Lenin einst träumte: Die Wüste, der schwarze Sand, wird ein blühender Garten sein!"

Stickig heiße Luft schlägt uns durch das geöffnete Wagenfenster entgegen. Eilig fahren große SIM-Limousinen und überdimensionale Lastwagen mit breiten, mannshohen Reifen über den kochenden Asphalt. Wie wird sich hier der luftgekühlte ROBUR halten???

Aschchabad, 14. Juli 1964

Gestern traf auf dem Bahnhof mit einem Güterzug ein Journalist aus Krasnowodsk mit dem ROBUR ein. Große Wiedersehensfreude. Ein Griff – der Anlasser zog durch, und die Maschine begann mit dem vertrauten Lied. Bei 46 °C, mit weißem Perlonhemd und wassergekühlten Hosen bekleidet, schlugen wir die Bremsklötze weg, zerschnitten Halteseile. Die Räder konnten mittelasiatischen Boden begrüßen. Bei den anschließenden Stadtfahrten erreichte die Kühlung des ROBUR die Minimumgrenze. 330 km ist Mary von hier entfernt. Da wollen wir morgen hin.

11

12

10 „Auch die sowjetische Miliz – Dein Freund und Helfer."

11 „. . . am Straßenrand gelegentlich sich suhlende Wasserbüffel."

12 „. . . auf den Köpfen die zottige, aus Karakul gefertigte ‚Telpek' in den Dimensionen eines Wassereimers."

Mary, 15. Juli 1964

Auf einer relativ guten Straße zuckeln wir mit maximal 50 km/h Geschwindigkeit der Oasenstadt entgegen. Rechts liegt die Kopet-dag-Kette, die Grenze zum Iran, davor die ersten grabendurchzogenen blühenden Gurkenfelder und Maiskulturen. Zur Linken sehen wir das träge vorwärtsschiebende lehmgelbe Wasser des Kara-Kum-Kanals – nur an den Ableitungsschleusen zu den Bewässerungsabzweigungen kommt etwas Leben in die Fluten – und die hängenden Trossen der Stromleitungen. Dürstende Weite in der flimmernden Glut. Kein Wind, kein Hauch. Wo sollte da der Windflügel vor dem Motor noch Kühlung herzaubern? Immer wieder grinst mich die rote Warnlampe des Fernthermometers höhnisch an. In solchen Momenten heißt es Halten und „Auskühlen" der Maschine bei 59 °C Bodentemperatur!
Was ist Wasser? Oder noch besser: Was ist Bier? Schaumig, klar, kühl, Schweißrinnen am Glas . . .

13

13 „– nur an den Ableitungsschleusen zu den Bewässerungsabzweigungen kommt etwas Leben in die Fluten –"

14 „. . . auch ihre große Zeit ist vorbei . . ."

15 „Stunden brauchten wir, um den ROBUR auf den Leichter zu bugsieren."

14

15

Sachmet, 16. Juli 1964

Im hohen C heult die Maschine, die schmalen Geländereifen zersäbeln den feinen Zuckersand wie eine Brotschneidemaschine. Um eine breitere Lauffläche zu haben, gehen wir bei allen Reifen mit dem Druck um ein at zurück. Wir schaufeln Sand, und der Sandsturm peitscht unsere Haut wie mit grobem Schmirgelpapier. Mit steilerhobenen, buschigen Schwänzen jagen Wüstenratten vor uns weg. Wo nehmen in dieser ausgebrannten Öde die Saxaul- und Weinkrautsträucher noch die Kraft zum Leben her?

Hin und wieder schwanken mit Wasserschläuchen beladene Dromedare durch den heißen Sand. Aber auch ihre große Zeit ist vorbei, denn Eisenbahn, Flugzeug und Auto lösten sie als Verkehrsmittel ab. In einem Jeep kommt uns ein Kolchosdirektor entgegen, hält, reicht uns saftige Arbusen und bietet sein Haus mit unermüdlicher Überredungskunst an. Doch wir müssen die Gastfreundschaft ablehnen. Wahrscheinlich haben wir noch nie einen Menschen so beleidigt wie in diesem Moment.

Erschöpft erreicht die MAT 64 die Siedlung Sachmet, einen Umschlagplatz zwischen Eisenbahn und Kara-Kum-Kanal. Für die 125 km brauchten wir genau 14 Stunden.

Einige Kraftfahrer gucken verwundert, als wir sagen, wir wollen nach Buchara. Unter dröhnendem Lachen erzählt einer, daß vor vier Monaten zwei Jeepfahrer von Tschardshou kamen: „Sie hoppelten einfach den Bahndamm entlang. Nur kurz vor Sachmet hätte sie beinahe eine Diesellok erwischt.“ Einige Arbeiter lästern über die kleinen Differentialgetriebe und die schmalen Reifen des ROBUR. Ich entgegne mit todernster Miene, daß dadurch der Wagen wenigstens 150 Sachen fahren könne, weil der Windwiderstand geringer wäre. Die anderen von uns beobachten angestrengt ein Camäleon, das zwischen unseren Sandaletten umherhuscht . . .

Sachmet, 17. Juli 1964

Mit eigener Kraft kommen wir nicht weiter! Karl hat den „Admiral“ der Kanalflottille kennengelernt, und dieser bestimmte: „Morgen wird euer ROBUR auf einen Leichter verladen. Ihr werdet mit ihm nach Nietschka gebracht!“ Allerdings sind derartige Leichter höchstens einen Meter breiter als unser Wagen!

17

Kalki kochte heute zum 25. Mal Kathi-Erbsensuppe, als Verzierung schwamm odendrauf ein pillendrehender Mistkäfer – allerdings ohne Pille.

Nietschka, 20. Juli 1964

Stunden brauchten wir, um den ROBUR auf den Leichter zu bugsieren, und hätten uns die fünfundzwanzig Arbeiter und der „Admiral“ nicht geholfen, wir wären nie auf den Kahn ’raufgekommen. Dann schwammen wir zwei Tage durch die Wüste. Hier in Nietschka ging die Ent-

18

19

17 „. . . die vier Türmchen der Medresse Tschar-Minar.“

18 „Bunte Knäuel von Menschen . . .“

19 „. . . vermischt mit den Rufen fliegender Händler . . .“

20 „. . . und dem I-A-Geschrei vor zweirädrigen Karren eilig dahintrippelnder Eselchen . . .“

ladung reibungslos vonstatten. Als wir gleich weiterfahren wollten, hinderten uns einige Ingenieure daran – hier fährt man wegen der Hitze nur nachts. Also fuhren wir nach Einbruch der Dunkelheit los, aber nach mühevollen 20 km gab die Kupplung ihr Leben auf. Wanja, ein Kraftfahrer der Kanalgesellschaft, konnte uns mit seinem SIM nicht abschleppen, versprach Hilfe für den nächsten Morgen.
Stockdunkle Wüstennacht. Vor dem Schlafengehen badeten und tranken wir im Kanal. Fritze versuchte unsere niedergeschlagene Stimmung zu heben: „Aber das muß man den Turkmenen lassen: Für ihren Kanal haben sie einen duften, weiten Strand!"

Heute morgen schleppte uns Sascha mit seinem SIL 152 zur Siedlung zurück. Sascha hatte dem SIL eine tolle Kühlung, speziell für Wüstenfahrten, eingebaut: Auf der Pritsche steht ein 200-l-Faß, gefüllt mit Wasser, ein Schlauch führt zum Einfüllstutzen des Kühlers. Ein Ablaufhahn des Kühlers ist geöffnet, und so hält das ständig nachlaufende Wasser die Maschine relativ kühl.
Den ganzen Tag schufteten zwei Ingenieure, ein Mechaniker und ich, um die Kupplung zu reparieren. Sandwinde wehten, Moskitos und Fliegen stritten sich um unsere Körper. Jetzt sinkt langsam der Sonnenball und das Quecksilber im Thermometer. Erneut werden wir die 120 km

21 „. . . nachdem wir bereits fünf andere Pässe von mehr als 3300 m Höhe bezwungen haben . . .“

lange, weglose Wüstenstrecke bis zur Tschardshouer Asphaltstraße in Angriff nehmen. Wanja und Sascha haben den größten Teil unseres Expeditionsgepäcks auf ihre SIL und SIM geladen. Die Uhren werden verglichen, die Kompasse eingestellt, die Karawane kann starten.

Tschardshou, 23. Juli 1964

Kurz vor Tschardshou glühten die Kupplungsfedern durch. Wieder halfen mir Mechaniker, den Schaden zu reparieren, und wieder bezahlten wir – nichts. Diese Nachtfahrt werde ich nie vergessen, wie wir uns den Weg suchten, wie Kamele im Scheinwerferlicht auftauchten und erschreckt davonrannten, wie Wanja für uns als Talisman eine handtellergroße Spinne (schwarze Valanga) fing und wie wir uns freuten, als wir die feste Straße erreichten. 120 km in 10 Stunden durch die Wüste! Ein endlos erscheinender Weg! Und diese Wüste dehnt sich mit 300000 km^2 Fläche vom Amu-Darja bis zum Kaspischen Meer aus. Herzlicher Abschied von Wanja und Sascha.

Buchara, 25. Juli 1964

Der lehmgelbe Amu-Darja ist etwa fünfmal so breit wie die Elbe bei Dresden, und irgendwie mußten wir hinüber. Turkmenische Journalisten organisierten eine Fähre. Am anderen Ufer arbeiteten wir uns durch einen Sumpfgürtel. Schließlich versackten die Räder des ROBUR bis an die Achsen. Pjotr half mit einem Kettentraktor. Anschließend waren wir Gäste eines Baumwollsowchos. Der Wagen wurde mit dreiundneunziger und wir mit fünfundvierziger Sprit betankt. „Rachmat, ihr turkmenischen Freunde. Vielen Dank."
Ein umgekippter Grenzstein mitten im „Strand" des Karakumski und zwei Stunden später auf dem „Festland" Reiskulturen, Mais und unendliche, blühende Baumwollfelder – der erste Gruß Usbekistans. In einem knietiefen, goldhaltigen Flüßchen schüttelte der ROBUR den Wüstenstaub ab. Selbst unser Nichtschwimmer Karl sprang todesmutig in das Geplätscher, als er sah, wie wir uns für Buchara „stadtfein" machten.
Aber nun erleben die „Orientsucher" die gleiche Enttäuschung wie in Aschchabad: Neubauten neben riesigen Bauplätzen, endlose Gasleitungen unter Starkstromtrossen bestimmen das Bild. Etwas später kommen wir am schlanken Kaljan-Minarett vorbei, drängeln uns mit dem ROBUR unter den Basarkuppeln des Taki-Saragan hindurch, erblicken im letzten Sonnenstrahl die vier Türmchen der Medresse Tschar-Minar. Was wir nicht erblicken, ist ein Campingplatz. Also hinein in das Hotel „Intourist".

Karawanserei in der Hungersteppe, 9. August 1964

Der Verkehr im farbenprächtig-historischen wie im sozialistischen Buchara ist schnell und dicht. Winker werden nicht benutzt, statt dessen fliegen entweder links oder rechts die Autotüren auf. Das genügt, weil es anerkannt wird. Aus kleinen Handwerkergassen schießen Lastwagen ohne Rücksicht mitten in den flutenden Hauptstraßenverkehr. Bunte Knäuel von Menschen, lärmende Maschinen, hupende und klappernde Autos, schrille Polizistenpfiffe, laute Musik vermischt mit den Rufen „fliegender" Händler und dem I-A-Geschrei vor zweirädrigen Karren eilig dahintrippelnder Eselchen – ein ohrenbetäubender Lärm, überdacht von einem blaßblauen Himmel, umweht vom Schaschlikduft. Zwischen alldem das SIMSON-Moped mit Fritze als Fahrer und Kalle als Sozius. Sie knatterten vom bizarr geformten Mausoleum der Samaniden zur Chanaka des Nadir-Divan-Begi, einer Moschee, die der Jugend als

22 „. . . das Moped, unser treues Mula."

23 „. . . hält neben uns mit blubberndem Motor ein knallgelber Bus, Ikarus de Luxe."

24 „. . . vielen Dank, liebe Freunde . . .“

Hoffnung zurück, irgendwo für unser „Mula“ und den ROBUR ein paar Liter Benzin zu ergattern. Kraftfahrer zeigen uns riesige verstaubte Behälter. Mit versandeten Eimern schöpfen wir klarste „Klingelbrühe“, nicken zur fachmännischen Feststellung, daß der ROBUR eine „charoschi maschini“ ist, und wollen schließlich nicht glauben, daß wir die 160 l Sprit nicht zu bezahlen brauchen. Nur eine Geste? Mehr! Schließlich ruft Kalki ungeduldig: „Mensch, mach'n Diena und hau ab nach Dushanbe! Der Weg is noch lang!“

Auf dem Dach der Welt, 21. August 1964

Fritze erkundet mit dem „Mula“ die besonders exponierten Stellen. Dort, wo die Kalkwände den Wagen zu sehr an den Abgrund zum Serawschan drücken, steckt er ein Fähnchen als Zeichen für Kalle und Kalki, mich mit dem ROBUR millimeterweise vorwärts zu lotsen. Der Wagen schwankt bedenklich, die Handflächen werden feucht. Karl fuhr mit einem Krankenwagen der Roten Armee mit. „Die kennen die Strecke besser!“ rief er zum Abschied. Doch nun stehen wir alle am Schnittpunkt der geographischen Koordinaten 6° östl. Länge und 9° nördl. Breite in genau 3364 m Höhe. Das ist, nachdem wir bereits fünf andere Pässe von mehr als 3300 m Höhe bezwungen haben, der höchste Punkt, den wir mit den Fahrzeugen unserer Expedition erreichen können. Das ist Rekord – Höhenrekord für ROBUR und SIMSON! Freude und Stolz über die gute Arbeit der Werktätigen aus Zittau und Suhl und über unsere eigene Leistung erfüllen uns.

Billardclub dient, und sie wären wohl auch noch zur 120 km entfernten Erdgasstadt Gasli gefahren. Aber diese Strapaze wird uns allen abgenommen: Wir unternehmen im Jeep einen Ausflug zu dieser ultramodernen Wüstenoase, einer Stadt der Jugend, wo wir schon heute dem Kommunismus ins Gesicht schauen. Bei der Rückfahrt nach Buchara sehen wir von weither das Kaljan-Minarett, den Turm des Todes, der selbst von den räuberischen Horden Dschingis-Khans stehengelassen wurde. Eine Boje im Sandmeer.

Hungersteppe, 10. August 1964

Wir ruhen noch immer an der 900jährigen Karawanserei. Der Wasservorrat reicht. Wir loben Kalkis Kathi-Suppen-Kochkünste und drücken kleine schwarze Spinnen tot.
Anmerkung: Wie wir in Dushanbe von einem tadshikischen Professor erfahren, sind die erbsengroßen Spinnen äußerst giftig!

Im Katastrophengebiet Eini (Pamir), 15. August 1964

Eisgepanzerte Pamir-Riesen mit wehenden Schneefahnen auf den Häuptern blicken auf uns herab. An den Berghängen kleben die handtuchschmalen Schotterstraßen mit den engen Öhren der Haarnadelkurven. weit unten poltert der Serawschan zu Tal. Erdhobel, Bulldozer und 25-t-Lastwagen beseitigen den Bergschutt, der nach einem Erdrutsch einen 18 km langen See aufstaute, der Samarkand beinahe das Leben gekostet hätte. Nur noch eine getrocknete Schlammkruste hoch über uns läßt das vergangene Unheil ahnen. Arbeiter winken uns zu, wir winken mit der

25 „Mit kasachischen Alpinisten bestiegen wir den Pik Komsomol . . .“

Kurz vor Leninabad, 22. August 1964

Es ist geschafft – das Moped, unser treues Mula. Nach stundenlangen Abfahrten war die Maschine glühend heiß. Da kam ein Zufluß des Syr-Darja, die Spuren der Straße führten hindurch, Fritze folgte ihnen, – knick knack – aus. Kurbelwelle defekt. Betrübt winkte er am anderen Ufer. Also hinüber. Auch beim ROBUR lief das Wasser durch die Kabine, und ich wunderte mich doch ein wenig, wie gut der luftgekühlte Motor die Umstellung auf Wasserkühlung verkraftete. Der 17. Keilriemen segnete bei dieser Gelegenheit das Zeitliche.

Kamschickpaß im Tienschan, 2268 m, 27. August 1964

Soll man das Himmelsgebirge mit dem Pamir vergleichen? Nein! Es ist genauso schön, wenn auch ein wenig flacher. Die Straßen sind so gut, daß den Schlaglöchern das Gütezeichen „Q" zukommt. Der linke Vorderstoßdämpfer ging von uns. Ich liege mit Kalki unter dem Wagen, da hält neben uns mit dunkel blubberndem Motor ein knallgelber Bus, IKARUS de Luxe. Ungarische Ingenieure laden uns ein, die Annehmlichkeiten einer eingebauten Klimaanlage zu genießen. Innentemperaturen von 20 °C lassen die draußen brütende Glut vergessen. Wir trinken Budweiser, knabbern Wikana-Kekse, essen jugoslawischen Thunfisch, tauschen ADMV- und Ikarusabzeichen aus, fachsimpeln über diese und jene Motorkühlung und streiten uns, ob die moderne Metropole Taschkent oder das betonierte Glas-Schmuckkästchen Dushanbe schöner sei.

26 *„. . . sie wären wohl auch noch zur 120 km entfernten Erdgasstadt Gasli gefahren."*

27 *„Wir ruhen noch immer an der 900jährigen Karawanserei."*

Bei aller Unterschiedlichkeit der Ansichten sind wir uns aber darüber einig, daß beide eine Reise wert sind.

Frunse, 11. September 1964

Kirgisische Freunde fahren uns mit einem Kleinbus am Bergfluß Tschu entlang zum Issyk-Kul-See. Über dieses klarblaue Auge im Tienschan könnte man Bücher schreiben. Hohe Maisstauden, unübersehbare Opiummohnfelder, reifes Korn, knackendfrische Alma-Ata-Äpfel, heißblütige Pferde auf den Koppeln, Tienschan-Tannen. Am Fuße der Felsen „Sieben Ochsen" liegt ein Höhenkurort, ein Paradies, eingerichtet vom ersten sozialistischen Staat der Welt für seine Menschen.

Wir besuchen einen Schafzuchtkolchos in Sari. Die Heldin der sozialistischen Arbeit und Trägerin des goldenen Sterns Mari Dschumodiilowoi lädt uns schlicht „zum Tee" ein. Wir ziehen die Sandaletten aus, betreten einen mit vielen Teppichen ausgelegten Raum. Zusammengerollte Steppdecken zeigen die Gastfreundschaft an, es sind 22. Das bedeutet für 22 Gäste Kost und Logis. Der Samowar summt. Eine weiße Decke wird ausgebreitet, und dann wird aufgetragen: bergeweise Mürbeteigtaschen, Brotfladen, geschlagener und ungeschlagener Bienenhonig, Blaubeeren, Gurkensalat, Tomatensalat, Arbusen, Melonen, Kwaß, Konfekt, Bonbon, Zucker, Lauch, Kognak- und Wodkaflaschen, Schüsseln mit fetttriefendem Hammelfleisch. Eigentlich wollten wir doch noch weiter . . .

Wir trinken Tee, trinken Wodka, fragen nach den Sorgen, den Problemen. Wir essen für zehn. Als wir richtig satt sind, wird zum „Paij" aufgetragen. Neue Schüsseln mit Fleisch, andere Teller mit köstlichen Salaten und Schalen mit saurer Kamelmilch. Ein ganzer Hammel wird für uns zerteilt, und Karl als erster bekommt den Kopf mit Zähnen, Haut und Augen. Da es Karl schwerfällt, zu dolmetschen und gleichzeitig den Kopf aufzuessen, gibt er ihn dem Hausherrn. Dieser, über diese Ehre beglückt, schneidet ein Auge aus dem Hammelkopf und schiebt diese Delikatesse dem Karl in den Mund. Nun sind wir alle so richtig satt. Doch jetzt wird erst noch zum „Bischbarmak" getafelt (Rezept: selbstgemachte Nudeln vermengt mit Lauch, kleingewiegtem Magen, Därmen, Zwiebeln, 1 kg Knoblauch, Pfeffer). Hinein mit dem „Bischbarmak", hinein mit der superfetten Hammelbrühe und schön nachgespült mit „harten Sachen". Dann trinken wir erst einmal ordentlich Tee.

28

29

30

Am nächsten Tag in einem anderen Sowchos die gleiche Mast.
„Tscharmir rachmat" – Auf Wiedersehen und vielen Dank, liebe Freunde am Issyk-Kul. Wir werden eure „Meschmandustlik", eure Gastfreundschaft nie vergessen!

Alma Ata, 12. September 1964

Mit kasachischen Alpinisten bestiegen wir den Pik-Komsomol (4376 m) und veröffentlichten darüber einen Bericht in einer sowjetischen Zeitung. Die Kasachische Gesellschaft zur kulturellen Verbindung mit dem Ausland nahm uns heute als ihre Ehrenmitglieder auf und lud uns natürlich auch zum Tee, sprich Bischbarmak, ein.
Aber alles ist nun doch schon überschattet von Abschiedsstimmung. Glutrot winkt uns der Gipfel des Pik Komsomol zum Adieu. Karl fragt mich, welcher Mensch, den ich hier in der Sowjetunion auf der langen Fahrt kennengelernt habe, mir am meisten in Erinnerung geblieben ist. Ich kann es nicht sagen, es sind zu viele, und alle waren uns Freunde...

31

28 „... poltert der Serawschan zu Tal."

29 „... nicken zur fachmännischen Feststellung, daß der ROBUR eine ‚charoschi maschini' ist ..."

30 Da kam ein Zufluß des Syr-Darja, die Spuren der Straße führten hindurch ..."

31 „... fragt mich, welcher Mensch hier in der Sowjetunion mir am meisten in Erinnerung geblieben ist."

32 *„Ich kann es nicht sagen, es waren zu viele, und alle waren uns Freunde . . .“*

Kurz vor Minsk, 24. September 1964

Im Zuckeltrab kommt uns ein Fuhrwerk entgegen, „der letzte Wagen des Westens“ lesen wir. Seit drei Jahren ist der Kalifornier, Mister Leon Gilles, mit seiner Familie, dem Planwagen und den zwei PS unterwegs. Sein Ziel ist Moskau, wir kommen von dort.

Berlin, 26. September 1965

Wieder daheim. Es gilt, ein Resümee zu ziehen: Wir fuhren in 121 Tagen durch 11 Republiken der UdSSR über insgesamt 16 000 km und legten weitere 7000 km auf Fähren, Schiffen, mit Eisenbahnen, Flugzeugen, Omnibussen, Geländewagen und zu Fuß zurück. Der ROBUR verbrauchte dabei 4907 *l* Kraftstoff aller Qualitäten, und 27,5 *l* Motorenöl – wobei er über 6000 km versehentlich mit Getriebeöl im Motor und mit Motorenöl im Getriebe fuhr. Das Moped SR 2 E legte im Kaukasus, im Pamir und im Tienschan über 4000 km zurück. Fritze bot dem Maschinchen alles an, vor allem die verschiedensten Öl-Kraftstoff-Mischungsverhältnisse von 1:1 bis 1:40; der Verbrauch ist unbestimmt. Der ROBUR LO 2500 A rollte auf glatten Asphaltstraßen, holperte über Wellblechpisten, wühlte sich als erstes ausländisches Fahrzeug durch die Wüste Kara-Kum, zwängte seine roten Aufbauten durch die schmalen Durchfahrten der Hochgebirge – er teilte mit uns Leid und Freud, und Leid hatten wir wenig. Unser „Mula“ schließlich war ein braver Held mit gutem Herzen.
Wem sollen wir mehr danken für die unvergeßlichen Erlebnisse unserer Mittelasientour – den vielen selbstlosen Freunden in der Sowjetunion oder den Förderern zu Haus? Den Arbeitern der 89 Betriebe, die uns ausrüsteten? Den Arbeitern und Ingenieuren in Zittau und Suhl? Jedem müßte man Dank sagen können, jedem die Hand drücken . . .

33 *„. . . der letzte Wagen des Westens . . .“*

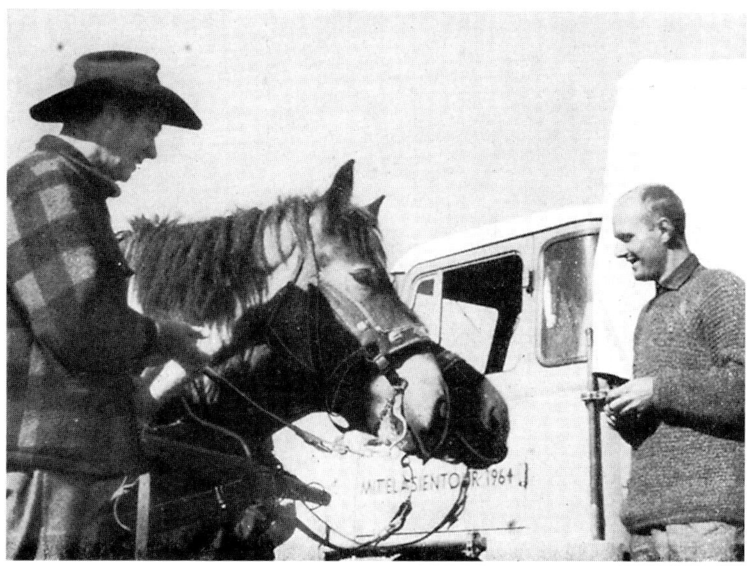

Für Massenverkehr und Fernreise

Dipl.-Ing. Hans-Joachim Kirsche

Für Massenverkehr und Fernreise

Der Kraftomnibus

International wie national zeichnet sich seit rd. 20 Jahren eine überdurchschnittliche Zunahme des Kraftverkehrs ab. Sie besitzt ihre Ursache im immer noch steigenden Anteil des Kraftverkehrs am gesamten Transportumfang, woraus eine Erhöhung des Bestandes an Straßenfahrzeugen im öffentlichen Güter- und Personenverkehr und im nichtöffentlichen Verkehr resultiert. So erhöhte sich nicht nur die Anzahl der auf unseren Straßen fahrenden Pkw, sondern auch die Anzahl der Lkw und der im Stadt-, Überland- und Fernreiseverkehr eingesetzten Kraftomnibusse (Tab. 1).

Für die Bewohner vieler Landgemeinden ist der Kraftomnibus (Kom) das einzige öffentliche Verkehrsmittel, mit dem der nächstgelegene Ort mit Bahnhof, die Kreisstadt bzw. die umliegenden Gemeinden zu erreichen sind. Ebenso bedeutsam ist der Linien-Kom heute und in nächster Zukunft für den öffentlichen Personennahverkehr in Ballungsgebieten bzw. in mittleren und größeren Städten, vor allem im Berufsverkehr. Und im Ausflugsverkehr des Reisebüros der DDR sowohl zu Reisezielen innerhalb der DDR als auch in die befreundeten sozialistischen Staaten steigt die Anzahl der mit Kraftomnibussen beförderten Personen Jahr für Jahr an. Selbst auf Fernreiserouten – sie sind größtenteils Einzelbeispiele – wie der internationalen Kom-Linie Erfurt-Dresden-Praha-Budapest-Balatonföldvar oder den Linien London-Brüssel-Köln-Poznań bzw. Budapest-Bańska Bystrica-Zakopane haben sich Kom Positionen erobert.

Doch noch einige Angaben zur bedeutungsvollen Rolle des Kom-Verkehrs in unserer Republik. Wenn wir davon ausgehen, daß laut Angaben des Statistischen Jahrbuchs der DDR (Ausgabe 1973) im Jahr 1972 in der DDR 1223 Mill. Personen mit Kom befördert wurden, so fährt jeder Bürger unserer Republik – vom Säugling bis zum Greis – jährlich etwa 72 mal in einem Bus.

Aus der Zahl von 18 964 Mill. geleisteten Personenkilometern geht hervor, daß jeder Bürger im Jahr 1115 km im Kraftomnibus gefahren ist und daß jede Fahrt im Durchschnitt über 15 km führt.

Andere Zahlen lassen erkennen, daß mehr als die Hälfte der beförderten Personen auf den Berufsverkehr entfällt; 1972 waren es 661 Mill. Durch die Zahl der Arbeitstage geteilt ergibt, daß täglich 2 754 000 Werktätige den Kom im Berufsverkehr benutzen.

Andererseits verwenden aber auch immer mehr Werktätige ihren privaten Pkw für Fahrten zwischen Wohnung und Arbeitsstelle, so daß in den Ballungsräumen und größeren Städten zu den Hauptverkehrszeiten eine regelrechte Pkw-Lawine über die Straßen rollt, die den öffentlichen Personenverkehr oft genug benachteiligt.

Vorrang des öffentlichen Verkehrs

Im Interesse der Mehrzahl der die öffentlichen Verkehrsmittel Benutzenden kann eine Entscheidung über den Vorrang nur so lauten: der öffentliche Verkehr hat Vorrang vor dem nichtöffentlichen!

Tabelle 1: Bestand an zugelassenen Kraftfahrzeugen in der DDR

	1950	1955	1960	1965	1970	1972
Lkw	93 454	94 104	117 759	146 679	185 888	205 811
Zugmaschinen und Traktoren	11 574	59 148	85 612	150 331	194 024	202 713
Spezialkraftfahrzeuge	3 342	5 554	13 943	18 917	42 997	49 667
Pkw	75 710	117 072	298 575	661 584	1 159 778	1 400 390
KOM	1 925	4 644	9 365	12 254	16 686	17 774

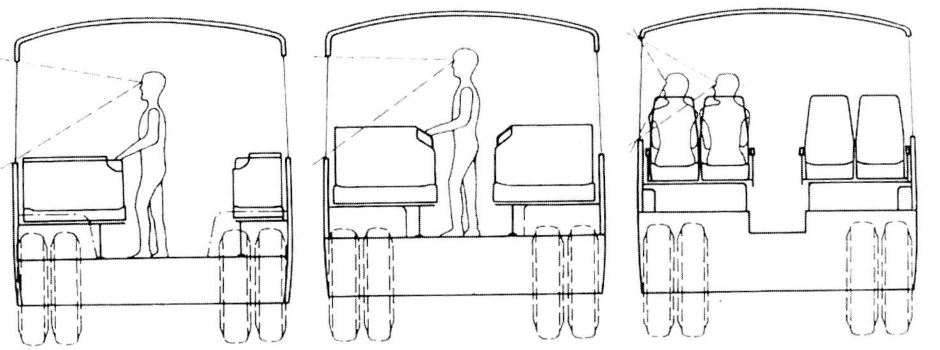

1

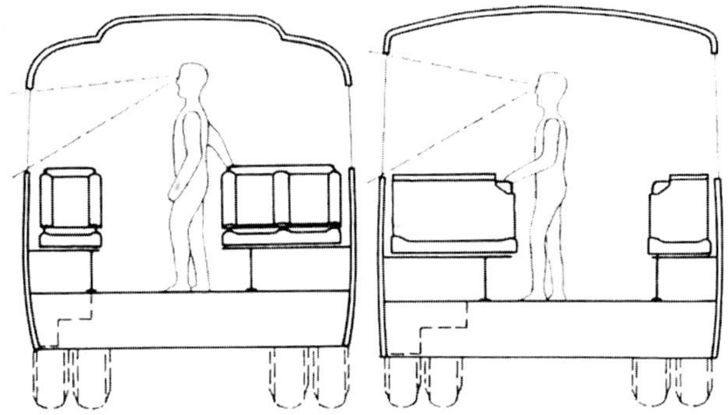

2

Nur so kann der Stadtverkehr heute und noch viel mehr in Zukunft durch eine Umorientierung vom individuellen auf das öffentliche Verkehrsmittel aufrechterhalten werden. Ob dieser Prozeß erfolgreich bewältigt wird, hängt vor allem davon ab, wie attraktiv und komfortabel der öffentliche Personenverkehr gestaltet wird.

1 Stadtbus, Überlandbus und Reisebus im Querschnitt
2 Blickwinkel für stehende Fahrgäste bei Stadtverkehrsbussen (Mitte der 50er Jahre im Vergleich zu Ende der 60er Jahre)
3 Früher wenig Unterschied zwischen Reisebus und Linienbus

Denn: mit Mühe eroberte Stehplätze im überfüllten Kom lassen natürlich keinen Pkw-Besitzer auf die Idee kommen, das eigene Fahrzeug zu Hause stehen zu lassen. Die Forderung nach mehr Komfort und Attraktivität – ganz besonders im Berufsverkehr – ist vor allem durch zwei Gründe zu belegen. Erstens sieht der sozialistische Staat eine Hauptaufgabe darin, den Menschen das Leben zu erleichtern, und dazu gehört, auch jedem Bürger die Fahrt von und zur Arbeitsstelle so angenehm wie möglich zu machen. Zweitens besteht ein Zusammenhang zwischen der Attraktivität der öffentlichen Verkehrsmittel und der Benutzung individueller Pkw. Viele Werktätige würden auf den Gebrauch des Pkw im Berufsverkehr verzichten, wenn die öffentlichen Verkehrsmittel ihnen das Fahren angenehmer machen würden.

Zunehmende Verkehrsbedürfnisse

Nicht nur die erfolgreiche Lösung des eben geschilderten Problems, sondern auch noch einige weitere Veränderungen werden ein weiteres Anwachsen der Beförderungsleistungen durch Kom bringen. Es sind dies der noch weitergeführte Verkehrsträgerwechsel Schiene-Straße, d. h. Stillegung unwirtschaftlicher Nebenstrekken der DR und die Übernahme der Reisendenbeförderung durch Kom der Kraftverkehrsbetriebe, ferner die Einrichtung neuer Kom-Linien infolge des Aufbaus und der Erweiterung von Wohnungsvierteln und Stadtteilen entsprechend dem Wohnungsbauprogramm unserer Republik und schließlich das weiter ansteigende Freizeitbudget der Bevölkerung, das zur Zunahme des Ausflugs- und Reiseverkehrs an Wochenenden und in den Urlaubsmonaten führt.

3

Wenn auch mancherorts die eingesetzten Kom – darunter auch im Berufsverkehr – nicht immer den Anforderungen entsprechen, da sie zum Teil überaltert und deshalb moralisch verschlissen sind, so kann der Fahrzeugbestand auch nicht von heute auf morgen vollkommen erneuert werden. Die von uns geplante Entwicklung – resultierend aus den zunehmenden Verkehrsbedürfnissen – und die ökonomischen Möglichkeiten unserer Gesellschaft müssen in richtigen Relationen zueinander stehen. Dementsprechend werden auch dem öffentlichen Personenkraftverkehr der DDR neue Kom zugeführt. Durch die Abstimmung im RGW beziehen die Kraftverkehrsbetriebe unserer Republik ausschließlich Kraftomnibusse der ungarischen IKARUS-Werke, über deren Entwicklung bereits mehrfach berichtet wurde (Motor-Jahr 70, Seite 58ff, Motor-Jahr 74, Seite 31 ff). Mit der Entwicklung der Kom-Typenreihe IKARUS 200 sind, ausgehend von den grundsätzlichen Anforderungen der Verkehrsbetriebe hinsichtlich Beförde-

4 Anteile der Busse (in Prozenten) hinsichtlich Türanzahl, Stehraumhöhe und Durchsichtshöhe
5 Reisebusse IKARUS 255

rungskultur, angemessenem Platzangebot und Einsatzökonomie, bestimmte Grundparameter berücksichtigt.
Aussagen über die zukünftige Entwicklung des Kom als Massenverkehrs- und Fernreisemittel müssen die konkreten Verhältnisse der Gegenwart und die zukünftigen Erfordernisse unserer Verkehrspolitik zum Ausgangspunkt haben. Zusammenfassend aus den geschilderten Überlegungen ist zu sagen: Ziele unserer Verkehrspolitik sind die attraktivere Gestaltung des Berufs- und Linienverkehrs und die quantitativ und qualitativ bessere Befriedigung der Bedürfnisse an vom Reisebüro der DDR organisierten Ein- und Mehrtagesfahrten.
Unter diesen Gesichtspunkten sollen im folgenden Entwicklungstendenzen des Kom eingeschätzt werden, vor allem in zweierlei Hinsicht: zum ersten die technische Entwicklung des Kom, eingeschlossen der Fahrkomfort, in bezug auf die spezifischen Einsatzbedingungen der Kom, zum zweiten verkehrsorganisatorische Maßnahmen zur Verbesserung des Kom-Verkehrs in Großstädten und Ballungsgebieten. Für die Kraftverkehrsbetriebe sind natürlich noch weitere Aspekte bedeutungsvoll, besonders hinsichtlich Wirtschaftlichkeit im Einsatz, Wartung, Pflege, Instandhaltung sowie angemessener Lebensdauer bzw Laufleistung.

Technische Entwicklungstendenzen
Seit einigen Jahren existiert ein internationaler Katalog von Empfehlungen an die Kom-Hersteller zur Verbesserung des Komforts. In diesem Katalog sind genannt: größere Seitenscheiben, die auch den stehenden Fahrgästen freie Sicht nach außen bieten, wirksame Minderung der Motorgeräusche, Klimaanlagen, die für angenehme Temperaturen im Sommer und Winter und für die richtige Luftfeuchtigkeit sorgen; niedrige Trittstufen und ebene Fußböden im Fahrgastraum; den jeweiligen Belastungen angepaßte Federungssysteme (Luftfederung); schneller Fahrgastwechsel durch mindestens zwei Doppeltüren.

4
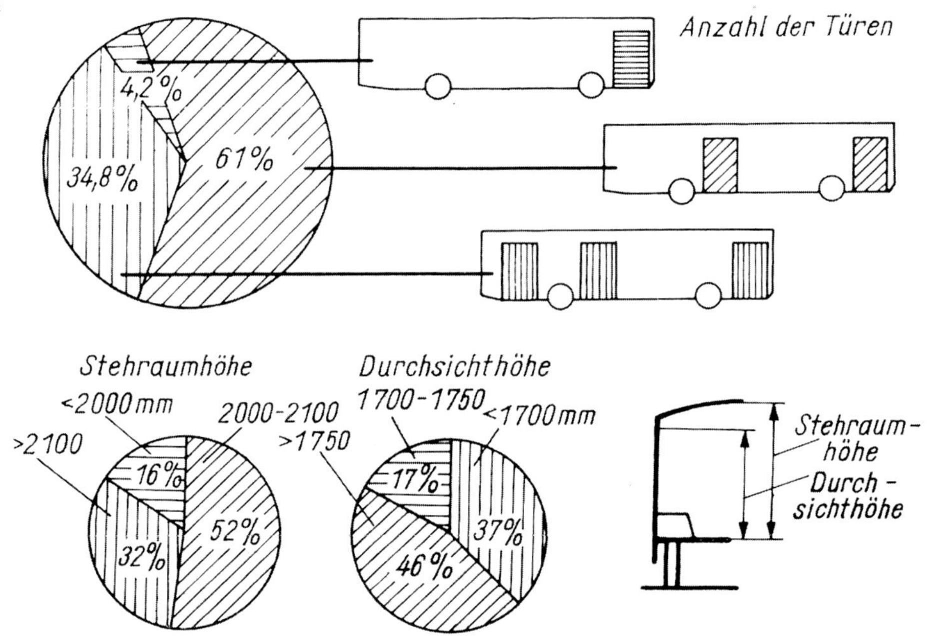

5

Die Kom der ungarischen IKARUS-Werke aus der Baureihe 200 entsprechen schon weitgehend diesen internationalen Empfehlungen, was auch dem Laien schon rein äußerlich beim Vergleich der älteren Typen mit den neuen auffällt.
Alle Fahrzeugtypen weisen selbsttragende Karosserien, Unterflur- oder Unterflurheckmotoren, Lenkungen mit Servohilfen und hydromechanische Schaltungen auf, teilweise auch Luftfederung. Die Baureihe 200 umfaßt 12 verschiedene Typen mit Längen von 8,75 m bis 18 m für Einsatzzwecke verschiedener Art bzw. Kombination:
– Stadtlinien- und Vorortlinienbus (Typ 220)
– Überlandlinienbus (Typ 230)
– Überlandlinien- und Luxusbus (Typen 250, 252, 255)
– Stadtlinienbus (Typ 260)
– Vorortlinienbus (Typ 262)
– Gelenkbus in Stadt- und Vorortlinienausführung (Typen 280, 282).

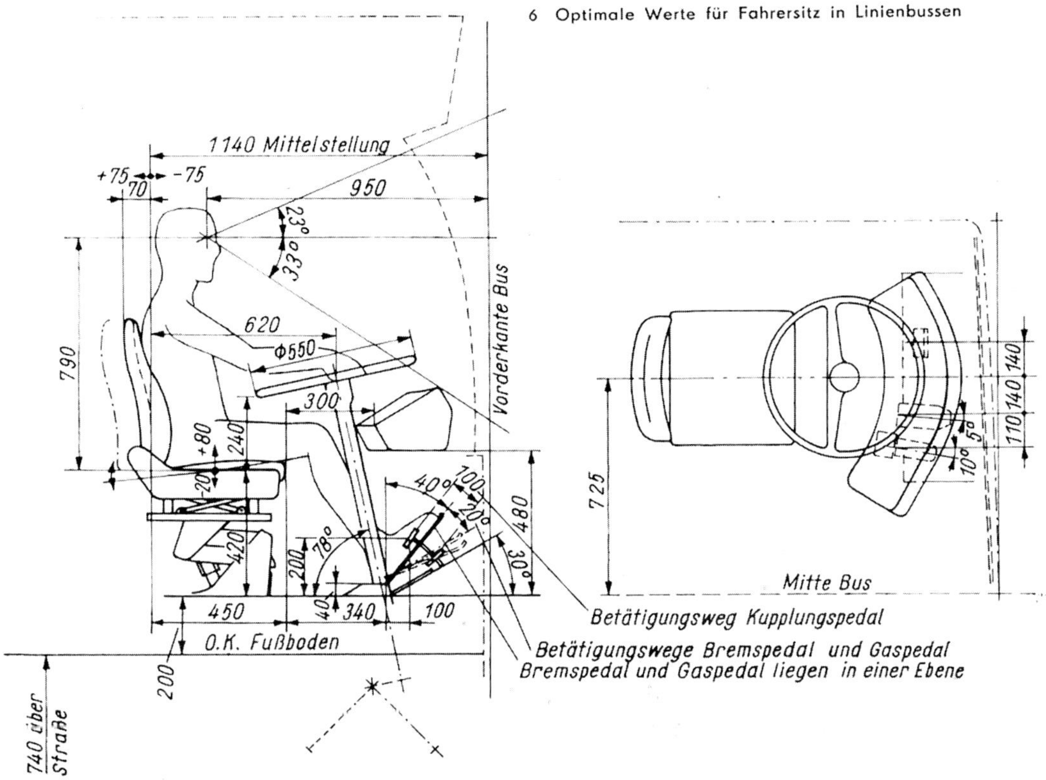

6 Optimale Werte für Fahrersitz in Linienbussen

Es ist nicht die Federung, die in ihrer Auslegung das wichtigste Merkmal dieser Differenzierung (natürlich neben dem zweckgerechten Aufbau) geworden ist, sondern es sind Triebwerk, Achsanlenkung und Getriebe.

Bedeutungsvoll für die Kom-Entwicklung war der Einsatz von Triebwerken mit höheren Leistungen. Von den ursprünglich benutzten 75 oder 100 PS im Linien- oder Reise-Kom ist heute nicht mehr die Rede. Selbst die kleine Kategorie der Reise-Kom um 8 bis 10 m Länge weist bereits Motorleistungen von 125 bis 150 PS auf (IKARUS-Typen 210, 220, 230), in den 11-m- und 12-m-Fahrzeugen, den am meisten gebauten Größen, finden sich Motoren zwischen 160 und 200 PS.

Das Masse-Leistungs-Verhältnis nähert sich in Verbindung mit Leichtbauprinzipien denen der Pkw, so daß solche Kom ein schnelles Anfahrvermögen und eine hohe Steigleistung erreichen. Im Überlandverkehr eingesetzte Kom müssen auf ebener Straße eine Höchstgeschwindigkeit von mindestens 80 km/h erreichen, wogegen die erreichbaren Höchstgeschwindigkeiten bei Stadtlinienausführungen 65 km/h und bei Reiseausführungen 100 km/h nicht zu überschreiten brauchen. Schnelles Anfahrvermögen und hohe Steigleistung beeinflussen wesentlich die Durchlaßfähigkeit im Stadtverkehr, besonders an den Knotenpunkten, sie verbessern die Fahrplangestaltung und lassen die Überland-Kom im hügeligen Gelände an Steigungen nicht zu Hindernissen für einen flüssigen Verkehr werden.

Unterflurmotor und automatische Getriebe

Größe und Lage des Triebwerks im Kom bestimmen über die Ausnutzung der Flächen für Sitz- und Stehplätze, über die statischen Verhältnisse, die Bodenfreiheit der Fahrzeuge und den Aufwand an Kardanwellen.

In der Geschichte des Fahrzeugbaus wurden viele Stellen für die Unterbringung des Triebwerks genutzt: die Frontpartie, das Heck, der Raum unter dem Fahrzeugboden. Im modernen Nutzfahrzeugbau dominiert heute eindeutig die Unterfluranordnung in der Mitte oder in den beiden Varianten Unterflurfront und Unterflurheck. Auf diese Art der Triebwerksanordnung haben sich auch die ungarischen IKARUS-Werke eingestellt. Aus einer Analyse von Forderungen der Kraftverkehrsbetriebe aus 20 Ländern geht hervor, daß 50 % auf die Unterflur-Heck-Anordnung entfallen, 33 % auf die Unterflur-Anordnung und 17 % auf die Unterflur-Front-Anordnung.

Trotz vieler Verbesserungen stellt das mehrstündige Befahren einer Stadtlinie für den Kom-Fahrer immer noch Schwerarbeit dar. Sie wird hervorgerufen vor allem durch das Lenken, obgleich große Kom über Lenkhilfen verfügen, aber auch durch das Schalten der Gänge.

Eine spürbare Erleichterung kann hier erst der Einsatz automatisierter Getriebe bringen, wobei der Fahrer auf einfache Art und Weise nur über das Fahrpedal die Automatik beeinflußt. Bei Gefällefahrt ist kein Zurückschalten mehr erforderlich, da die Bremse unabhängig vom geschalteten Betriebszustand ist. Solche vollautomatischen Strömungsgetriebe mit Leistungsteilung nutzen über einen großen Fahrbereich die Vorzüge des hydraulischen Drehmomentenwandlers, wie hohe Anfahrzugkraft, stetige stoßfreie Beschleunigung und automatische Anpassung an die Belastung, aus. Das Prinzip der Leistungsteilung erlaubt, die Leistung des Motors im Augenblick des Anfahrens rein hydraulisch, dann mit zunehmender Fahr-

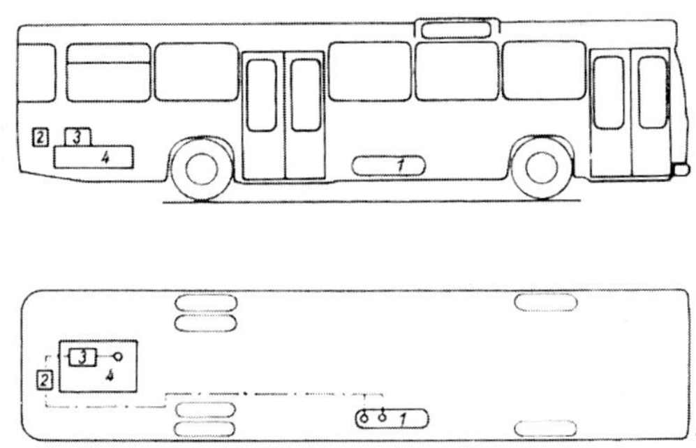

7 Mit Erdgas betriebener Linienbus
1 Cryo-Tank, 2 Wärmeaustauscher, 3 Mischer, 4 Motor

geschwindigkeit hydraulisch abnehmend und mechanisch zunehmend bis etwa zur Umschaltung in den mechanischen Betriebszustand zu übertragen.

Solche vollautomatischen Getriebe bringen auch für den Verkehrsbetrieb Vorteile, z. B. höhere Lebensdauer des Motors durch Wegfall der Motorbremse, geringere

8

9

8 Gelenkbus IKARUS 280
9 SETRA-Gelenkbus SG 180 von Kässbohrer

Unterhaltungskosten für die Fahrzeugbremse; Vorteile für den Fahrgast sind weiches stoßfreies Fahren, weich einsetzende Bremse, wodurch die stehenden Fahrgäste nicht gefährdet werden, und schließlich Vorteile für die Umwelt: kein Motorqualm durch zu niedrige Motordrehzahlen, der Lärm der Auspuffbremse entfällt, das Quietschen der Bremsen wird verhindert.
In vielen Städten hat die Einstellung von Straßenbahnlinien, ausgelöst durch die negativen Einflüsse der Straßenbahn auf den Verkehrsfluß in Zentren, zur Einrichtung von Kom-Linien als Ersatz geführt. Unweigerlich verbunden damit ist aber eine weitere Belastung der Luft mit Abgasen, vor allem an solchen Knotenpunkten und in Straßen, die von mehreren Kom-Linien befahren werden und gleichzeitig auch die Hauptverkehrsströme des individuellen Pkw-Verkehrs aufnehmen.

Seit geraumer Zeit spielt deshalb die Suche nach neuen, umweltfreundlicheren Omnibusantrieben eine größere Rolle. Der bereits bekannte Kom mit Elektroantrieb und Stromentnahme aus der Oberleitung (Obus) hat z. Z. keine sehr große Verbreitung gefunden, und es muß nach Verbesserungen der herkömmlichen Busantriebe oder nach völlig neuen gesucht werden.

Alternativen zum Dieselmotor?
Der heute im Kom allgemein eingesetzte Dieselmotor besitzt hinsichtlich der Schadstoffanteile im Abgas vor allem ein Problem: die Verbrennung. Für sie ist charakteristisch, daß die Gemischbildung erst im Verbrennungsraum erfolgt und dafür nur ein sehr kurzer Zeitraum zur Verfügung steht (30° Kurbelwellenwinkel – der übliche Wert für die Voreinspritzung – wird bei 2500 U/min in 0,002 s durchlaufen). Um in dieser kurzen Zeit eine möglichst vollständige Verbrennung zu erreichen, muß der Dieselmotor mit hohem Luftüberschuß arbeiten. Eine starke Verwirbelung der Ansaugluft im Verbrennungsraum und gute Zerstäubung oder Wandanlagerung und Verdampfung des eingespritzten Kraftstoffs bewirken, daß jedes Kraftstoffteilchen genügend Sauerstoff vorfindet. Eine Möglichkeit zur Verbesserung liegt in der Bewältigung der optimalen Mischung von Kraftstoff und Luft im Verbrennungsraum, die bei der Zweistufenverbrennung erfolgt und eine beachtliche Abgasverbesserung bewirkt, allerdings auch einen höheren Kraftstoffverbrauch. In der Erprobung befinden sich ferner Dieselmotoren mit teilweiser Rückführung gekühlter Abgase in die Ansaugluft und mit überhöhtem Luftüberschuß durch Aufladung sowie Dieselmotoren mit Stufenkolben, die beide ein besseres Abgasverhalten zeigen.
Eine wesentlich erleichterte Gemischbildung wird erzielt, wenn der Kraftstoff nicht in flüssigem, sondern in gasförmigem Zustand ist und das Mischen mit der angesaugten Luft nicht im Motor, sondern in einem vorgeschalteten Mischer und damit fast kontinuierlich geschieht. Dadurch erhält man ein bei allen Betriebszuständen farb- und geruchloses Abgas. Als Gas – in flüssiger Form ist die Mitführung am wirtschaftlichsten – kommen Propangas und Erdgas in Betracht. Bessere Abgaswerte sind mit Erdgas zu erzielen, das jedoch in drucklosem Zustand erst bei −161 °C flüssig wird (Propangas bereits bei Raumtemperatur und relativ geringem Überdruck). Während flüssiges Propangas deshalb bei einem Druck von weniger als 15 at bei allen auftretenden Außentemperaturen ohne Wärmeisolierung mitgeführt werden kann, benötigt flüssiges Erdgas gut isolierte Behälter. Da Gasmotoren einen höheren Verbrauch und geringere Leistungen als Dieselmotoren haben und der Preis für das Gas ebenfalls höher als für Dieselkraftstoff liegt (unter Zugrundelegung des Heizwertes als Vergleichsbasis), treten höhere

Tabelle 2: Schadstoffanteile von Omnibusantrieben

Motorart	Schadstoffanteile (g/PS)		mittlerer Kraftstoffverbrauch (kg/100 km bzw. kWh/100 km)	Leistung des konventionellen Dieselmotors (%)
	CO	CH/NO_x		
Benzinmotor	34	20	—	—
Dieselmotor	6,7	9	24···29	100
Dieselmotor mit Zweistufenverbrennung	2,5	5,7	26···32	88
Dieselmotor mit Stufenkolben	3,9	7,65	34···29	100
Dieselmotor mit Abgasrückführung und Aufladung	3	3,5	24···29	100···120
Propangasmotor	4,7	8,7	35···38	75
Erdgasmotor	1,4	5,0	32···35	75
Elektroantrieb	—	—	200···250	—

Betriebskosten auf. Die völlige Geruch- und Rußfreiheit und das durch die Fremdzündung bewirkte niedrige Verbrennungsgeräusch sind aber Vorteile, die für den Gasmotor sprechen. Dazu kommen noch Sauberkeit und weicher Verbrennungsablauf, die die Lebensdauer erhöhen.

Die Gasturbine dürfte aus wirtschaftlichen Gründen als Busantrieb nur dort in Betracht kommen, wo relativ hohe Leistungen bei möglichst kontinuierlicher Belastung erforderlich sind, und das ist nur im Fernverkehr der Fall. Für den Antrieb von Stadt-Kom ist sie also in absehbarer Zeit nicht einsetzbar. Die Abgaszusammensetzung ist allerdings der des Dieselmotors infolge der kontinuierlichen Verbrennung weit überlegen.

Der Stirlingmotor (Heißgasmotor) arbeitet geräuscharm und – ohne die außerhalb des Motors befindliche Anlage für die Erzeugung der Wärmeenergie – ohne Abgase. Seine Entwicklung ist jedoch noch längst nicht abgeschlossen.

Die größten Vorteile hinsichtlich sauberer Luft bietet natürlich der Elektromotor durch seine völlige Abgasfreiheit. Das Problem für den Einsatz in Busantrieben ist die Speicherung des Stroms in Batterien. Um den Gegenwert von 100 kg (etwa 115 l) Dieselkraftstoff in Form von elektrischer Energie in Bleibatterien zu transportieren, benötigt man nach dem heutigen Stand etwa 15 000 kg und ein Volumen von 7 m^3. Das schränkt Nutzlast und Reichweite sehr ein und erhöht die Betriebskosten.

Elektrobusse mit reinem Batterieantrieb waren während der Olympischen Sommerspiele 1972 in München im olympischen Dorf eingesetzt, wo viel unterirdisch gefahren werden mußte.

Um die Beförderungskapazität im Bus nicht einzuschränken, waren die Batterien in einem Einachsanhänger untergebracht. Die Reichweite derartiger Busse beträgt 80 bis 100 km.

Der Hybridantrieb stellt eine Synthese dar von einem aus mitgeführten Batterien gespeisten Fahrmotor und einem Diesel-Generator-Aggregat. Während im Stadtgebiet der elektrische Fahrmotor aus den Batterien betrieben wird, liefert bei Fahrt in den Außenbezirken das Diesel-Generator-Aggregat den Strom für den Fahrmotor und gleichzeitig für das Aufladen der Batterien. Versuchsfahrzeuge mit Hybridantrieben erreichten Höchstgeschwindigkeiten von 70 km/h, die im Stadt- und Vorortverkehr ausreichend sind.

Vergleichswerte hinsichtlich der Abgaszusammensetzung der hier für künftige Busantriebe in Frage kommenden Arten sind der Tabelle 2 zu entnehmen.

Aufbauten – von außen und innen betrachtet

Bei den Aufbauten dürfte auch in Zukunft die selbsttragende Verbundweise dominieren. Entweder findet ein käfigartiges Gerippe aus Vierkantstahlrohren mit Spanten, Längs- und Querträgern als Aufbau Verwendung, in dem die Achsen, Triebwerke und Getriebe verankert sind, oder die andere Grundform ist ein gleichartiger Aufbau, der auf einer Bodengruppe aufgeschweißt wird und praktisch das Fahrwerk darstellt. Seit einigen Jahren laufen Versuche, Kunststoffe – in erster Linie Glasfasermatten mit Aussteifungen – in den Aufbauten einzusetzen, jedoch steht der Kostenaufwand konträr zur Reparaturfreundlichkeit.

Kunststoffe in der Innenausstattung (Sitze, Innenverkleidungen, Fußbodenbeläge, Heizungskanalisolierungen) haben jedoch quantitativ und qualitativ zugenommen, selbst manche Türgriffe sind schon mit weichem Kunststoff überzogen. Kombiniert mit einem farbenfreudigen Design, bieten selbst die stark beanspruchten Stadtlinien-Kom ein freundlicheres Bild als noch vor rd. fünf Jahren. Wie die Palette der IKARUS-Baureihe 200 erkennen läßt, dominiert der zweiachsige Eindecker. Trotzdem ist ein Trend zu Großraum-Kom unübersehbar – seien es die Doppeldecker mit ihrem hohen Fahrgastaufkommen, das besonders bei hoher Verkehrsdichte in größeren Städten vorteilhaft ist, seien es die Gelenkbusse oder die Anderthalbdecker. Alle drei Konstruktionen haben heute ihren Platz als Stadtlinien-Kom und sogar als Fernreise-Kom.

Für flüssigen Busverkehr in den Städten

Eine Betrachtung über zukünftige Entwicklungstendenzen für den Kom im Stadtverkehr kann nicht abgeschlossen werden, ohne die in einigen Städten bereits praktizierten Busspuren einzubeziehen. Denn alle Maßnahmen der Kom-Hersteller in bezug auf höhere Anfahrkräfte, schnellere Beschleunigung und damit kürzere Reisezeiten bleiben ohne Erfolg, wenn sie von den Wartezeiten an den Lichtsignalanlagen infolge des starken Individualverkehrs „geschluckt“ werden. Busspuren sind aber nicht an jedem

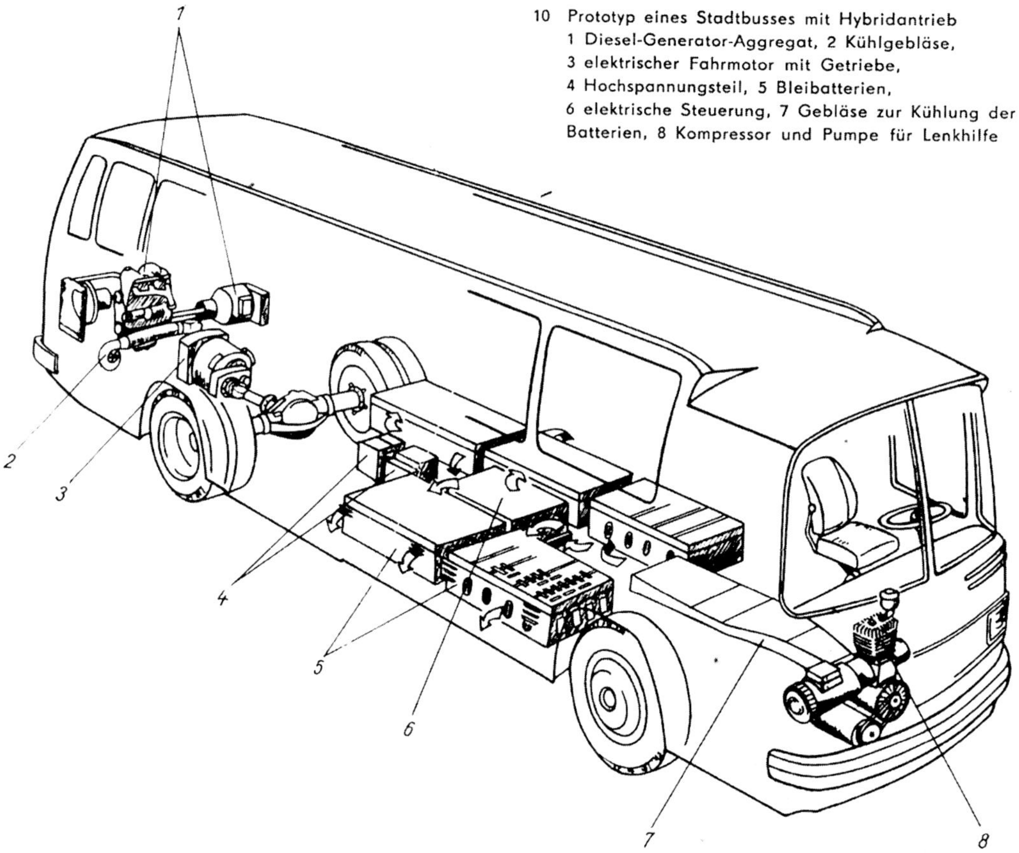

10 Prototyp eines Stadtbusses mit Hybridantrieb
1 Diesel-Generator-Aggregat, 2 Kühlgebläse,
3 elektrischer Fahrmotor mit Getriebe,
4 Hochspannungsteil, 5 Bleibatterien,
6 elektrische Steuerung, 7 Gebläse zur Kühlung der Batterien, 8 Kompressor und Pumpe für Lenkhilfe

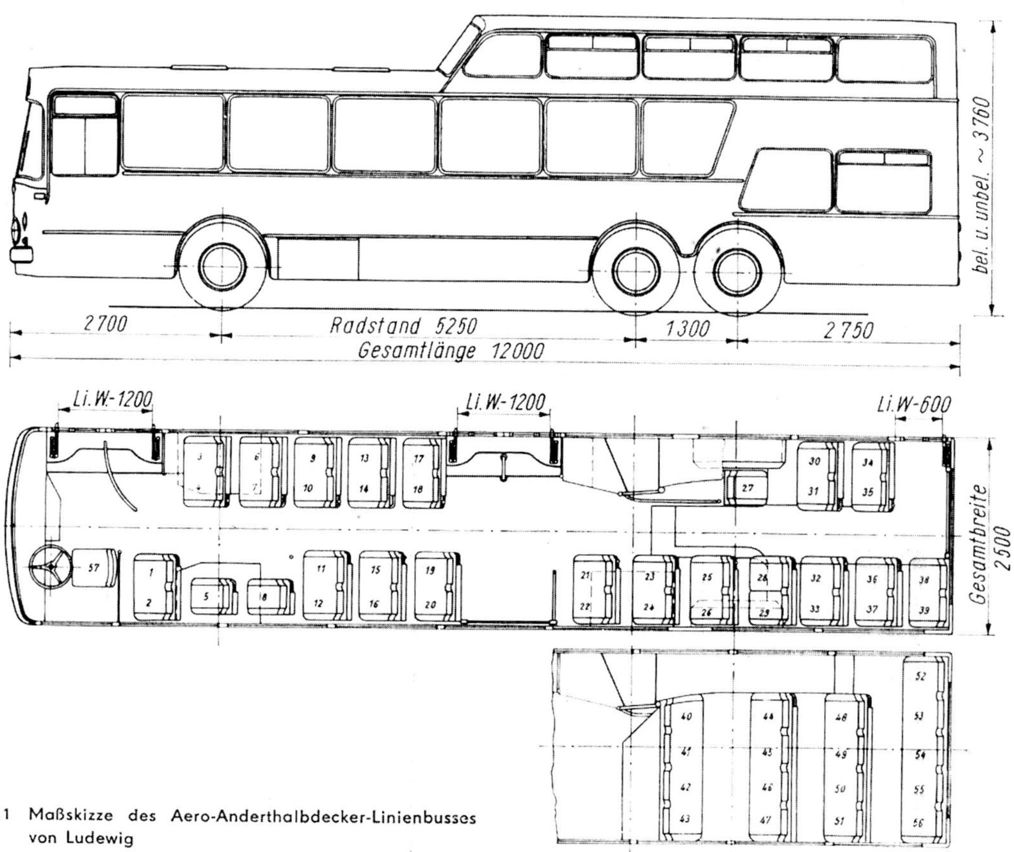

11 Maßskizze des Aero-Anderthalbdecker-Linienbusses von Ludewig

Knotenpunkt notwendig, sondern nur dort, wo der öffentliche Personenverkehr echte Vorteile daraus zieht. Eine weitere Voraussetzung ist eine genügende Belegung der Busspur, denn andernfalls würde sie vom individuellen Verkehr als eine Beschränkung des Straßenraumes angesehen und nicht respektiert werden. Busspuren sollen weniger dazu dienen, die Geschwindigkeit einer Buslinie zu erhöhen. Der Kom, der auf seiner Linie gemeinsam mit dem Individualverkehr fährt, kann unter den Bedingungen der zulässigen Höchstgeschwindigkeit von 50 bzw. 60 km/h und Haltestellenabständen von etwa 300 bis 500 m keine allzu hohen Reisegeschwindigkeiten erzielen. Das wird von den Fahrgästen, die den Kom im Stadtverkehr für etwa 4 bis 6 km Fahrtstrecke benutzen, auch nicht erwartet. Vielmehr können kurze Fahrplanintervalle die Gesamtreisezeit verkürzen. Das bedeutet im Linienverkehr aber absolute Pünktlichkeit. Die Gewährleistung der Pünktlichkeit ist deshalb die wichtigste Forderung bei der Einrichtung von Busspuren. Als Voraussetzung für die Anlage einer Busspur ist eine ausreichende Busfolge; als Mindestzahl sollten auf einer Busspur 15 bis 20 Kom je Stunde verkehren. Zweite Voraussetzung sind Maßnahmen zur Verkehrsregelung am Ende der Busspuren wie Sonderphasen, Voreilung, Busschleusen mit Vorsignalen bzw. Lage des Endes einer Busspur im Stauraum vor der Lichtsignalanlage.

Der Kom besitzt gegenüber der Eisenbahn oder dem Flugzeug spezifische Vorteile wie schnelle Bedienung in der Fläche, vor allem innerhalb der Städte im Kurzstrecken-Massenverkehr, er gestattet im Ausflugsverkehr das direkte Anfahren landschaftlicher Schönheiten, interessanter Städte oder Erholungsgebiete ohne Wartezeiten und Umsteigen. Seine Einsatzmöglichkeiten eröffnen ihm eine aussichtsreiche perspektivische Entwicklung auf unseren Straßen.

Davon ließen sich auch die RGW-Länder leiten, als sie das ungarische IKARUS-Werk dazu bestimmten, Hauptlieferant für Kom an alle sozialistischen Staaten zu werden und damit zugleich zum größten Kom-Produzenten in Europa!

Gerold Schmidt / Albert Kuniss

Rückblick auf 65 Jahre

Zur Geschichte des Omnibusverkehrs in Sachsen

Ein leistungsfähiges Verkehrswesen ist die Voraussetzung für die Entwicklung der wirtschaftlichen Beziehungen innerhalb eines Landes. Sachsen, das zu Beginn des 20. Jahrhunderts zu den am dichtesten besiedelten Gebieten Deutschlands gehörte, besaß eine ausgeprägte Industrie. Geographische Gestalt und Bodenbeschaffenheit waren dabei ausschlaggebend dafür, daß sich Industrie und Besiedlung im Vorland des Erzgebirges und des Vogtlandes sehr stark entwickelten. Entsprechend dicht war das Eisenbahnnetz der Königlich-Sächsischen Staatseisenbahn im Lande. Die Eisenbahnstrecken folgten jedoch den tiefeingeschnittenen Tälern. Querverbindungen in Ost-West-Richtung fehlten fast vollständig, so daß die Reisenden auf solchen Relationen sehr große Umwege in Kauf nehmen mußten.

Mit dem Aufkommen der ersten Kraftpostlinien im benachbarten Bayern und mit der Inbetriebnahme der ersten sächsischen Omnibuslinie im August 1906 zwischen Mittweida und Limbach wuchs auch in Sachsen das Interesse an diesem neuen Verkehrsmittel. Seine Vorzüge bestanden in der großen Beweglichkeit und dem geringen Anlagevermögen bei der Einrichtung von Linien, so daß sich der Kraftomnibus als ein die Eisenbahn ergänzendes und verbindendes Fahrzeug anbot.

Da die Verkehrserschließung des Territoriums eine Funktion des Staates war und da sich der Verkehr auf Schienen und Straßen als ein mit beträchtlichen Gewinnen verbundenes Geschäft erwies, wenn die materiell-technischen und finanziellen Voraussetzungen in entsprechend großem Rahmen gegeben waren, entfaltete besonders der sächsische Staat eine beachtliche Aktivität auf diesem Gebiet. Dies geschah nicht zuletzt mit dem Ziel der Steigerung der Staatseinnahmen und vollzog sich daher in äußeren Formen, die denen privatkapitalistischer Gesellschaften in nichts nachstanden. Das Unternehmerinteresse des sächsischen Staates zeigte sich besonders im Bemühen um den ausgeprägten Monopolcharakter des Unternehmens und damit im Ausschalten der privaten Konkurrenz. Außerdem aber wurden die Linien nicht nach gemeinnützigen Zielvorstellungen betrieben, wie dies von einigen Gemeinden angesichts des staatlichen Charakters der Gesellschaft erwartet worden war, sondern nach konsequent angewandten gewinnorientierten, betriebswirtschaftlichen Prinzipien. Verluststrecken wurden eingestellt, wobei allerdings die Möglichkeit des Staates zur Umverteilung der Lasten auf die Schultern der Gemeinden vorher noch kräftig genutzt wurde.

Nach den vorbereitenden Untersuchungen zum Aufbau eines staatlichen Kraftverkehrsunternehmens erteilte die sächsische Ständeversammlung ihrer Regierung im Jahre 1912 Vollmacht, die »Staatliche Kraftwagenverwaltung« – im folgenden SKV genannt – zu gründen. Betriebsführung und Verwaltung oblagen der Generaldirektion der Königlich-Sächsischen Staatseisenbahn, während das Finanzministerium die Oberaufsicht hatte. Die ersten 3 Linien der SKV verkehrten ab Mai 1913 im Vogtland, und zwar zwischen Plauen und Eibenstock, Rodewisch und Reichenbach und zwischen Plauen und Ölsnitz. Das neue Unternehmen entwickelte sich erwartungsgemäß also sehr gewinnversprechend. Doch der erste Weltkrieg brachte kurz darauf alle Linien zum Erliegen.

Als nach dem Krieg über die weitere Verwendung der Lkw aus den Beständen des Heeres entschieden wurde, sicherte sich der sächsische Staat in seinem Territorium ebenfalls das Vorkaufsrecht und veranlaßte die Gründung der »Kraftverkehrsgesellschaft Freistaat Sachsen m. b. H.« – im folgenden KVG genannt. Entsprechend den bereits vor dem Krieg entwickelten Unternehmensprinzipien des Staates brachten das Stammkapital dieses Güterverkehrsunternehmens der sächsische Staat, die bezirksfreien Städte und die Bezirksverbände auf. Obwohl die Gesellschafter auch den Gedanken hatten, Personenbeförderung mit Omnibussen durchzuführen, blieb es vorerst nur bei der Instandsetzung der Busse und dem Bau von Karosserien in der Dresdner Hauptwerkstatt der KVG.

Die Sächsische Staatsbahn, die nach dem Krieg ebenso wie andere Ländereisenbahnen stark verschuldet war, ging auf der Grundlage der Verfassung von 1919 ein Jahr später an das Reich über. Der sächsische Staat vereinbarte dabei die Weiterführung der SKV durch die Reichsbahndirektion Dresden nach den gleichen Bedingungen wie vorher.

Die Inflation in Deutschland belastete den Omnibusbetrieb jedoch sehr erheblich. Nachdem die Fahrpreise 14mal erhöht worden und auf 5 Mark je Person und Kilometer angestiegen waren, stellte die SKV ihren Linienbetrieb bis auf 3 Linien ein. Die Reichsbahndirektion Dresden als betriebsführendes Unternehmen kündigte daher den bestehenden Vertrag.

So wurde die KVG am 1. Januar 1923 vom sächsischen Staat mit der Betriebsführung und der Verwaltung der SKV beauftragt. Das gesamte Personal ging auf die KVG über, während die Fahrzeuge und Betriebsanlagen Eigentum des sächsischen Staates blieben und von der KVG verwaltet wurden.

1

1 Dieser zentrale Abfahrtsplatz der SKV-Omnibusse am Dresdner Hauptbahnhof um das Jahr 1930 war einer der ersten Omnibusbahnhöfe Deutschlands

2 In der Erzgebirgsstadt Dippoldiswalde bestanden bereits im Jahr 1928 zahlreiche Umsteigemöglichkeiten in verschiedene Richtungen. In der Bildmitte ein Vomag-Omnibus vom Typ Altenburg, Baujahr 1925

2

Der KVG brachte diese Angliederung eine erhebliche Erweiterung ihres Geschäftsumfanges. Die Gesellschaft wurde in eine Aktiengesellschaft umgebildet, deren Aktienkapital und Stimmenanteile mit Mehrheit dem sächsischen Staat gehörten. Den Rest teilten sich die bezirksfreien Städte und Bezirksverbände, so daß wiederum das Privatkapital ausgeschlossen blieb.

Die Entwicklung der SKV und der KVG zu staatsmonopolistischen Unternehmen entsprach der Zielsetzung des Staates, direkten Einfluß auf den Kraftwagenbetrieb nehmen zu können.

Dabei bediente sich der Staat aller Mittel, auch solcher, die nur ihm allein zur Verfügung standen – wie z. B. bei der Konzessionserteilung. Bei den kleinen Privatunternehmen, die selten mehr als ein Fahrzeug und kaum eine ausreichende Kapitalgrundlage besaßen, hatte er dabei leichtes Spiel. Besonders erbittert gestalteten sich aber die Auseinandersetzungen mit den großen Konkurrenten wie der Deutschen Reichsbahn und der Reichspost. Erstere protestierte immer schärfer gegen den zunehmenden Schienenparallelverkehr mit Omnibussen, letztere war selbst darauf aus, die gewinnbringende Personenbeförderung mit Kraftomnibussen zur Steigerung der Einnahmen zu nutzen. Ihr besonderer Wettbewerbsvorteil bestand darin, daß sie nicht der staatlichen Genehmigung zur Einrichtung von Linien bedurfte. Beide Staatsunternehmen kämpften in Sachsen um jeden Kilometer bis aufs Messer. Parallellinien wurden betrieben, die Kraftfahrer denunzierten einander bei den Direktionen der jeweiligen Gesellschaft, einstweilige Verfügungen wurden erlassen – härter betrieben es auch private Gesellschaften nicht. Als schließlich der Punkt erreicht war, an dem beide Monopolunternehmen nicht einen Zentimeter mehr weiterkamen, teilten sie den Markt untereinander auf: Die SKV erhielt 2 Drittel, die Post ein Drittel aller Linien. Die Reichspostreklame G.m.b.H. gab für Sachsen gemeinsame Fahrplanhefte für beide Unternehmen heraus, und die SKV beförderte auf ihren Linien Postsachen und Briefsendungen. In verschiedenen Omnibussen ließ man dazu verschließbare Behälter und Briefkästen einbauen, die von den Postangestellten an den Haltestellen gefüllt und am Zielort entleert wurden.

Mit der technischen Vervollkommnung der Kraftfahrzeuge und der ständigen Erneuerung und Erweiterung des Wagenparks der SKV, die nach der Inflationszeit nicht zuletzt unter dem Konkurrenzdruck der Deutschen Reichspost und der Reichsbahn erfolgten, ging auch die Erschließung des sächsischen Landes durch Kraftomnibuslinien voran. Ende der zwanziger Jahre waren die rentabelsten Strecken in Sachsen erschlossen. Die SKV legte dabei größten Wert auf Pünktlichkeit und Zuverlässigkeit im Linienbetrieb. Die Tageszeitungen berichteten, daß man »nach den SKV-Omnibussen die Uhr stellen« könne. Die KVG schulte das Personal sehr intensiv und verlangte unter dem Druck der Arbeitslosigkeit zur damaligen Zeit eine eiserne Disziplin und einen widerspruchslosen Gehorsam gegenüber erlassenen Anweisungen. So entwickelte sich der Kraftomnibus-Linienbetrieb der SKV zu einem über die Landesgrenzen hinaus bekannten staatsmonopolistischen Musterbetrieb. Die Ausweitung des SKV-Liniennetzes hatte noch eine zweite Ursache. Vor jeder Linieneröffnung schloß die KVG mit den beteiligten Gemeinden oder Bezirksverbänden sogenannte »Gewährleistungsverträge« ab, nach denen die Gemeinden u. a. eine Wagenhalle für den Omnibus bereitzustellen hatten und bei eventuellen Mindereinnahmen auf der Linie durch Zahlung von Zuschüssen einstehen mußten. Diese betrugen in der Regel 10 bis 25 Pfennige je gefahrenen Kilometer. Manche Gemeinde, in der sich ein echter Verkehrsbedarf entwickelt hatte, konnte aus finanziellen Gründen erst viel später einer Linieneröffnung zustimmen. Während des Betriebes stand die Rentabilität der Linie immer im Blickpunkt, und die Gemeinden hatten berechtigtes Interesse an der vollen Nutzung des Verkehrsangebotes. Sie unterstützten daher auch alle Werbemaßnahmen, um »ihre Linie« vor Unrentabilität zu bewahren. Trotzdem kam es vor allem in den Jahren der Weltwirtschaftskrise zur Einstellung mancher Linien, weil die Gemeinden das Defizit nicht mehr decken konnten. Eine besondere Buchhaltung der SKV berechnete Einnahmen und Ausgaben für jede einzelne Linie, um den exakten Nachweis zu erbringen. Diejenigen Gemeinden, die abseits der Linien lagen und deren Verkehrsaufkommen nur gering war, blieben durch die kapitalistische Verkehrspolitik damit unerschlossen.

Zur Verbesserung des Betriebsergebnisses orientierte sich die KVG auch auf die Durchführung von Sonderfahrten. Als im Jahre 1927 die ehemalige Posthalterei Hofmann in Dresden ihr Geschäft auflöste, übernahm die KVG deren Konzessionen zur Durchführung von Gesellschaftsfahrten und führte in großem Umfang Rundfahrten durch Dresden, die Sächsische Schweiz und das Erzgebirge durch. Im Jahre 1930 richtete sie bei der SKV eine Abteilung für Gesellschaftsfahrten ein, in der ein umfangreiches Programm an Tages- und Mehrtagesfahrten ausgearbeitet wurde. Unter dem Motto »KVG-Ferienreisen – bequem, behaglich und sorgenfrei« erzielte die KVG mit ihrer Werbung große Erfolge. Die Reiseziele im Rheinland, im Schwarzwald, in den Alpen und in den benachbarten Ländern waren sorgfältig ausgewählt und mit allen touristischen Leistungen fest verbunden. Zur Begleitung verpflichtete die KVG besonders geschulte Reiseleiter.

Zur Popularisierung der Sonderfahrten baute die KVG im Jahre 1938 einen eigens für Werbezwecke ausgerüsteten Omnibus mit Projektionsapparat, Wandschirm und Lautsprecheranlage, der auf Ausstellungen, bei Heimatfesten und ähnlichen Anlässen eingesetzt wurde. Die Betriebsstellen veranstalteten darüber hinaus in ihren Territorien Werbeabende mit Lichtbildervorträgen, die sehr gut besucht wurden.

3

Die KVG legte, um ständig konkurrenzfähig zu bleiben, sehr großen Wert auf die technische Entwicklung der Kraftomnibusse. Längst gehörten Karbidbeleuchtung und Vollgummibereifung der Vergangenheit an. Der Einsatz orientierte sich auf die 3 Grundtypen:

- den Büssing-Dreiachser mit 38 bis 44 Sitzplätzen auf stark benutzten Linien,
- den Vomag-Zweiachser mit 33 Sitzplätzen auf Linien in schwierigem Gelände und
- den NAG-Dux-Zweiachser mit 20 bis 24 Sitzplätzen für schwächer benutzte Linien.

In Zusammenarbeit mit den Maybach-Motorenwerken erhielten die Vomag-KOM im Jahre 1927 als erste den 120 PS-Maybach-Motor OS 5 mit dem aus dem brandsicheren

4

3 Die SKV setzte besonders auf den stark frequentierten Strecken Büssing-Dreiachser ein. Dieser KOM vom Typ Dresden II, Baujahr 1928, stellte in der Tiefrahmenausführung zur damaligen Zeit ein sehr attraktives Verkehrsmittel dar. Das Bild zeigt den Aufenthalt des Linienomnibusses in Gottleuba

4 Daimler-Omnibus mit Karosserie der Zwickauer Firma Schumann. Dieser Wagen wurde vor dem ersten Weltkrieg als Eilwagen auf der Linie Plauen–Eibenstock mit Anschluß nach Johanngeorgenstadt für den Ausflugsverkehr eingesetzt

5 In den Kammlagen des Erzgebirges schneiten die Linienomnibusse in harten Wintermonaten – wie hier im Winter 1928/29 bei Zinnwald – oftmals ein

6 Neben der SKV führte auch die Deutsche Reichspost einen umfangreichen Gelegenheitsverkehr durch. Das Wintersportgebiet um Rehefeld war begehrtes Ausflugsziel

5

6

Zeppelinvergaser entwickelten Maybach-Spezialvergaser. Ab 1933 setzte die SKV Büssing-Dreiachser mit je 2 Motoren auf der kurven- und steigungsreichen Linie Dresden – Oberwiesenthal ein. Die 160-PS-Motoren wirkten getrennt auf je eine Hinterachse und konnten bei Bedarf synchron geschaltet werden. Damit überwanden diese KOM vom Typ Fichtelberg mühelos einen Höhenunterschied von 900 m auf der 118 km langen Strecke bei einer Fahrzeit von nur reichlich 3 Stunden.
Von Interesse waren auch die nach 1930 entwickelten Reisebusse mit NAG-Fahrgestell und Zwölfzylinder-Maybach-Motoren mit einer Leistung von 150 PS. Sie waren als Dreiachser mit Vakuum-Vorwählgetriebe, Flettner-Entlüftern und Toilette ausgerüstet. Mit einer Fahrzeugbreite von 2,35 m entsprachen sie den Verkehrsbedingungen im Alpengebiet und konnten so zu Sonderfahrten nach Italien eingesetzt werden.
Ende der dreißiger Jahre wurde der Fahrzeugbestand durch neue, schnellaufende Vomag-Zweiachser mit 300-PS-Maybach-Motoren vom Typ HL 120 und Büssing-Dreiachser mit 170-PS-Motoren ergänzt. Die Firma Gaubschat in Berlin baute auf der Basis des Büssing-Fahrgestells 900 N mit einem Anhänger die sogenannten Gaubschatzüge, die speziell für Fahrten auf der Autobahn vorgesehen waren. Die Aufbauten waren mit einem Faltenbalg und die Fahrgestelle mit einer Spezialkupplung verbunden.
Neben ständigen Versuchen mit neuen Reifentypen und Getriebearten kam besonders im Rahmen der faschistischen Autarkiepolitik im Sinne der bevorzugten Verwendung heimischer Rohstoffe der Umstellung der Betriebsstoffart von Monopolin auf Flüssiggas große Bedeutung zu. 1934 beginnend, stellte die KVG als erstes Unternehmen in Deutschland schlagartig 400 Kraftomnibusse auf diese Betriebsart um, womit sie allerdings lediglich eine Kostensenkung von 5% der Gesamtkosten erzielte.
Die Entwicklung der SKV, durch die Weltwirtschaftskrise unterbrochen, lebte unter dem Einfluß der faschistischen Herrschaft erneut auf. KVG und SKV wurden als typisch staatsmonopolistische Unternehmen voll in den Dienst des Faschismus gestellt. Als im Jahre 1938 die Annexion der Tschechoslo-

7

7 Mitte der dreißiger Jahre erhielten die Omnibusse der SKV neue, moderne Karosserien. Im Bild ein Büssing-Dreiachser Typ Dresden II im Stadtgebiet von Meißen im Jahr 1936

8 Zwischen Oberbärenburg und Kipsdorf verkehrte dieser Vomag-Hochrahmen-Zweiachser vom Typ Sachsen, Baujahr 1925, Motorleistung 70 PS

9 Im Urlauberverkehr nach Spechtshausen setzte die SKV diesen Vomag-KOM Typ Friedrichshafen I mit Gepäckanhänger ein. Der KOM hatte eine Motorleistung von 100 PS, Baujahr 1927

10 Der doppelmotorige 320-PS-Büssing vom Typ »Fichtelberg«

11 Anzahl der Kraftomnibusse und Anzahl der KOM-Linien in der Zeit von 1913 bis 1945

wakei begann, folgten die SKV-Omnibusse unmittelbar den faschistischen Truppen in die nordböhmischen Gebiete, um im Wettlauf mit der Deutschen Reichspost bei der Erschließung des neuen Territoriums am besten abzuschneiden. Auch Rüstung und Militärtransporte brachten der SKV im Linienbetrieb großen Gewinn. Der sächsische Staat gewährleistete bis Ende des Jahres 1944 die volle Einsatzfähigkeit der Fahrzeuge, bis letztlich die Kriegsereignisse auch hier den Linienbetrieb zum Erliegen brachten.

Die Bilanz der SKV nach der Zerschlagung des Faschismus war erschütternd. Zerstörte oder schwer beschädigte Betriebsanlagen und Wagenhallen waren das hinterlassene Erbe. 174 Omnibusse mußten als Verlust abgebucht werden. Von den restlichen Fahrzeugen konnten 2 Drittel nicht mehr eingesetzt werden. Verantwortungsbewußte Arbeiter und andere fortschrittliche Belegschaftsangehörige der SKV begannen sofort mit den Aufräumungs- und Instandsetzungsarbeiten. Bereits am 22. Mai 1945 wurde im Auftrag des Dresdner Oberbürgermeisters der Fahrbetrieb für Versorgungstransporte aufgenommen. Zur gleichen Zeit verkehrten im Vogtland bereits wieder die ersten Linien. In Zwickau wurde an diesem Tag der Linienbetrieb auf den Strecken nach Planitz und Friedrichsgrün wieder aufgenommen. Auch im Leipziger Gebiet rollten bald danach die ersten Linienbusse. Ende des Jahres 1945 verkehrten schon wieder 50 Linien der SKV in allen Teilen des Landes. Zunächst war der Berufsverkehr vorrangig zu sichern. Unzählige Schwierigkeiten überwindend, wurde die Beförderungsleistung ständig gesteigert. Die Anzahl der beförderten Personen erreichte 1949 auf 135 KOM-Linien bereits 21,6 Millionen und kam damit dem Stand von 1937 gleich.

Die KVG und mit ihr auch die SKV hatten sich in ihrer Leitung seit 1945 grundlegend gewandelt. Mit der Neubildung des Aufsichtsrates im September 1945 konnte gewährleistet werden, daß das Unternehmen im gemeinwirtschaftlichen Sinne arbeitete und sich sinnvoll in die volkswirtschaftliche Entwicklung eingliederte. Die Landesregierung Sachsen übte auf die Entwicklung der SKV einen wesentlichen Einfluß aus. Die Orientierung auf die gesamtgesellschaftlich notwendigen Beförderungsleistungen, das neue Verhältnis zur Arbeit und zur gegenseitigen Hilfeleistung waren charakteristische Merkmale der neuen Entwicklung. Die Zeit reifte heran, mit dem Aufbau eines sozialistischen Transportwesens zu beginnen. So wurde zum 1. Januar 1949 die KVG Sachsen AG mit allen ihr angegliederten

8

9

Unternehmen in Volkseigentum überführt. Zugleich erfolgte die Bildung der Vereinigung Volkseigener Betriebe (VVB) Kraftverkehr, die auf der Landesebene die neu entstandenen volkseigenen Kraftverkehrs- und Kraftfahrzeuginstandsetzungsbetriebe erfaßte. Die VVB Land Sachsen Kraftverkehr war dabei zu dieser Zeit das leistungsfähigste Verkehrsunternehmen und bildete die Grundlage des volkseigenen Kraftverkehrs.

Der erste Zweijahrplan setzte dem Kraftverkehr hohe Ziele. So hatte die VVB Land Sachsen Kraftverkehr allein 33 von insgesamt 75 Mill. Personen zu befördern. Besondere Bedeutung kam dabei dem Arbeiterberufsverkehr zu, der für die Entwicklung der sächsischen Industrie lebensnotwendig war.

Die weitere Verkehrsentwicklung forderte einen konzentrierten Einsatz aller vorhandenen Kapazitäten. Nach der Deutschen Reichsbahn, die ihren relativ geringen Omnibusbestand bis zum Jahre 1950 an den volkseigenen Kraftverkehr übergab, erfolgte die Umsetzung von Wagenmaterial und Arbeitskräften der Kraftpostlinien an die VVB Land Sachsen Kraftverkehr bis September 1952.

Mit Abschluß dieser Maßnahmen war der volkseigene Kraftverkehr in Sachsen Hauptträger des öffentlichen Personenkraftverkehrs. Im Auftrage der VVB wurden die von Privatunternehmern befahrenen KOM-Linien selbständig weiter betrieben. Im Jahre 1958 wurden dann zwischen diesen privaten Kraftomnibushaltern und den im Territorium zuständigen Kraftverkehrsbetrieben Kommissionsverträge abgeschlossen.

Am 23.7.1952 beschloß die Volkskammer der DDR das »Gesetz über die weitere Demokratisierung des Aufbaus und der Arbeitsweise der staatlichen Organe in den Ländern der DDR«. Damit wurde der bislang bestehende administrative Aufbau beseitigt und entsprechend den Erfordernissen des Aufbaus des Sozialismus in der DDR umgestellt. An Stelle der Länder wurden 14 Bezirke gebildet, in Sachsen die 3 Bezirke Dresden, Karl-Marx-Stadt und Leipzig, deren Gesamtfläche ungefähr der des Landes Sachsen entsprach.

Auf den Kraftverkehr wirkte sich diese Umgestaltung so aus, daß in den Bezirken Verwaltungen volkseigener Kraftverkehrs- und Kraftfahrzeuginstandsetzungsbetriebe (VVK)

10

11

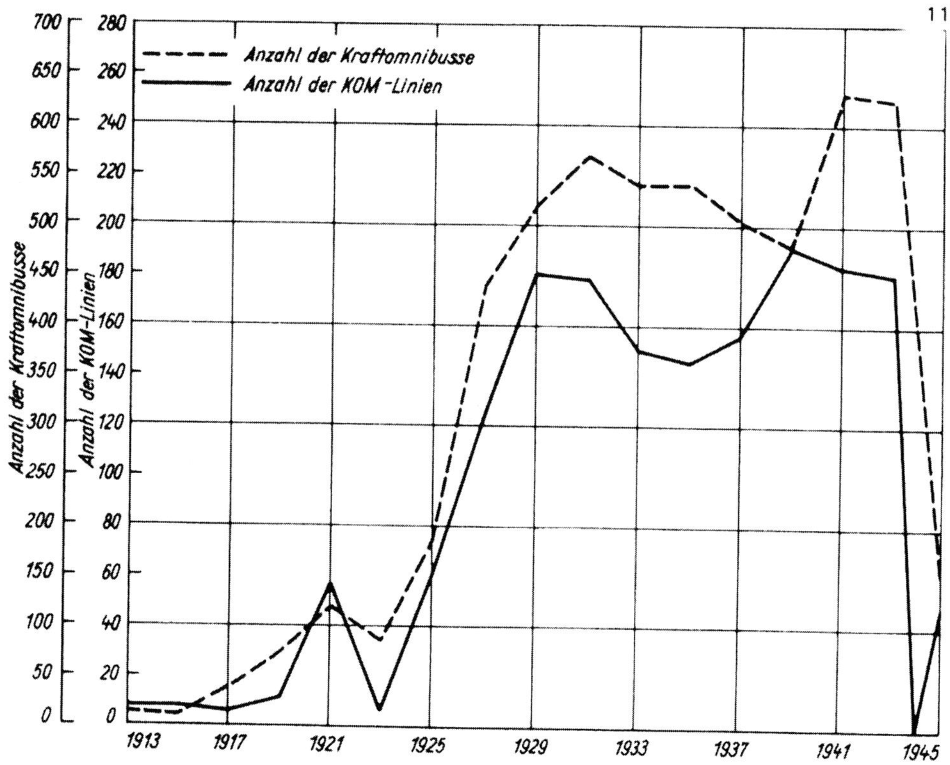

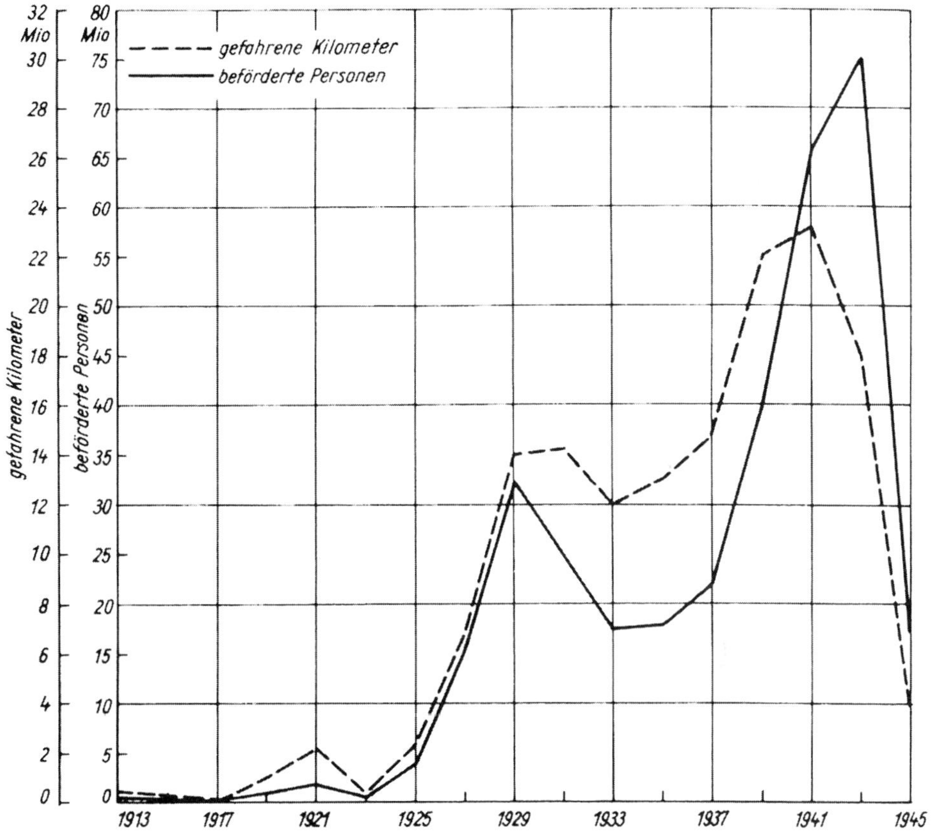

geschaffen wurden, die den Räten der Bezirke unterstanden. Zur besseren Ausnutzung der neuen territorialen Struktur und vor allem zur planmäßigen und komplexen Entwicklung des Kraftverkehrs wurden dann im Juni 1954 aus den VVK und den staatlich gelenkten Autotransport-Gemeinschaften (ATG) die Bezirksdirektionen Kraftverkehr (BDK) gebildet. Ihnen oblag die Koordinierung des Fahrzeugeinsatzes zur optimalen Auslastung und die Entwicklung der Fahrzeugbestände in den Bezirken. Im Zusammenwirken mit den juristisch selbständigen volkseigenen Kraftverkehrsbetrieben nahmen sie maßgeblich Einfluß auf die Verkehrsentwicklung im Territorium. Die von Anfang an einheitliche Leitung des sächsischen Kraftomnibusverkehrs wurde damit von den Bezirken übernommen und dezentralisiert. Der Umfang des inzwischen erheblich angewachsenen Fahrzeugbestandes, die Entwicklung der Technik und die Grundorientierung auf die Sicherung des Berufsverkehrs im Territorium rechtfertigten diese Maßnahmen.
Heute wird der KOM-Linienverkehr in den volkseigenen Kraftverkehrskombinaten Dresden, Karl-Marx-Stadt und Leipzig unter qualitativ neuen Gesichtspunkten rationell und zuverlässig abgewickelt. Die planmäßige und systematische Zuführung insbesondere von ungarischen Kraftomnibussen der Ikarus-Typenserie seit dem Jahr 1952 ermöglichte die Schaffung umfangreicher und leistungsfähiger Zweigbetriebe, Betriebsstellen und Betriebsnebenstellen. Von ihnen ging eine wesentliche Verdichtung des ohnehin schon engmaschigen Liniennetzes aus, so daß heute fast alle Gemeinden und die Neubaugebiete der Städte in den 3 Bezirken durch Kraftomnibuslinien erschlossen sind. Damit wurden auch erstmalig jene Gebiete an das Verkehrsnetz angeschlossen, die nur ein schwaches Beförderungsaufkommen verzeichnen konnten. Bei der außerordentlich hohen Bevölkerungsdichte in den Bezirken Dresden, Karl-Marx-Stadt und Leipzig unterstreichen diese Verkehrserschließungen erneut die Leistungsfähigkeit des Kraftomnibusverkehrs in Sachsen. Der starken Erweiterung des Fahrzeugbestandes mußte zwangsläufig auch der Neu- und Ausbau von Betriebsanlagen folgen. Diese Maßnahmen wurden insbesondere im Bezirk Karl-Marx-Stadt notwendig, wo die alten, ehemals vorhandenen Anlagen durch Kriegseinwirkungen zerstört waren. Neben dem Ausbau von Stützpunkten und Werkstätten sind hier besonders der Autohof und der Omnibusbahnhof Karl-Marx-Stadt zu nennen, die nach neuesten technologischen Gesichtspunkten projektiert und gebaut wurden

13

14

15

16

17

und die für weitere derartige Anlagen in der Republik eine Grundlage bilden. Auch das jüngste Verkehrsbauprojekt, der Omnibusbahnhof in Plauen i. V., ist ein Beispiel guter Verkehrskoordinierung mit anderen Verkehrsträgern.
Viele Investitionsvorhaben wurden für den Kraftverkehr verwirklicht. Als ein Beispiel der

12 In der Zeit von 1913 bis 1945 jährlich gefahrene Kilometer und beförderte Personen

13 Der erste zwischen 1952 und 1954 in der DDR gebaute Omnibus H3B mit 90-PS-Vierzylinder-Dieselmotor bot Sitzplätze für 33 Personen

14 Bei seiner ersten Fahrt zwischen Dresden-Cotta und Cossebaude im April 1964 gab es Blumen für den Kraftfahrer und Gratulationen. Für die Gemeinden waren solche Anlässe Höhepunkte des gesellschaftlichen Lebens

15 Große Bedeutung für die Urlauber im Osterzgebirge hat der umfangreiche Kraftomnibusverkehr zwischen Dresden und Zinnwald. Für solche Kurorte wie Waldbärenburg stellt der Omnibus die einzige Verkehrsverbindung dar. Im Bild ein KOM Typ Ikarus 630 mit Teichmann-Gepäckanhänger

16 Die Rekonstruktion von Regiewerkstätten ist eine Maßnahme zur Verbesserung der Instandhaltungsarbeiten in den Kraftverkehrsbetrieben. Im Bild die KOM-Reparaturhalle in Dresden nach ihrer Überholung im Jahre 1967

17 Im Vordergrund der Verkehrsentwicklung steht die Erschließung der Neubaugebiete durch Kraftomnibuslinien. Im Bild ein KOM vom Typ Ikarus 180 im Neubaugebiet Riesa-Weida

schöpferischen Initiative der Werktätigen bei der Realisierung solcher Maßnahmen muß der Zweigbetrieb Freital des VEB Kraftverkehr Dresden genannt werden, in dem durch umfangreiche VMI-Leistungen ein moderner Busbahnhof mit überdachten Bahnsteigen, ein KOM-Abstellplatz mit Wasch- und Pflegeeinrichtungen, Sozial- und Verwaltungsräumen entstand. 20 Jahre zuvor bestand die gesamte Einsatzleitung des Kraftverkehrs in Freital nur aus einem reservierten Ecktisch in einer öffentlichen Bahnhofsgaststätte. Auch die Werkstatt dieses Zweigbetriebes, die sich vor 15 Jahren im Gelände eines stillgelegten Bergbauschachtes etablierte, verfügt heute über moderne Arbeitsgruben zur Instandhaltung von Gelenkomnibussen und ist mit neuen Arbeitsgeräten ausgerüstet.
Zur Durchsetzung neuer Technologien im Personenkraftverkehr gingen von den sächsischen Kraftverkehrsbetrieben wiederholt wesentliche Initiativen aus, die sich auch auf die Effektivität des Kraftomnibusverkehrs in anderen Bezirken auswirkten.
Der VEB Kraftverkehr Meißen war Initiator der graphischen Wagenlaufpläne im KOM-Verkehr. Im VEB Kraftverkehr Karl-Marx-Stadt wurde die Technologie des schaffnerlosen Verkehrs wissenschaftlich fundiert und planmäßig durchgesetzt.
In Gemeinschaftsarbeit mit dem VEB Kraftverkehr Dresden entwickelte dieser Betrieb auch das elektrische Fahrzielanzeigegerät FZA 130, das von vielen Kraftverkehrsbetrieben übernommen wurde. Die Einführung der Setright-Fahrscheindrucker nahm in Karl-Marx-Stadt und in Meißen seinen Ausgang.
Im Jahre 1966 begann der VEB Kraftverkehr Dresden in Zusammenarbeit mit der Hochschule für Verkehrswesen »Friedrich List« zunächst versuchsweise, später serienmäßig mit dem Einbau von Rotationsfiltern in Ikarus-Kraftomnibusse. Sie führten zur Verlängerung der Ölwechselintervalle und damit zu einer wesentlichen Einsparung von Motorenöl. Außerdem wurde die Ölseparation verstärkt durchgeführt, die bereits seit dem Jahre 1929 bei der SKV große Bedeutung hatte. Die jüngste Rationalisierungsmaßnahme ging vom VEB Kraftverkehr Pirna aus, in der der Fahrplandruck über Organisations-Automaten Optima 528 erfolgte. Mit Hilfe dieser Geräte, deren Tastaturen mit den allgemein üblichen Symbolen für die Kennzeichnung der Verkehrstage ausgestattet wurden, ist eine langfristige Vorbereitung und Speicherung der Fahrplanunterlagen auf Lochband möglich.
Auf der Grundlage der planmäßigen Entwicklung und den bisher erzielten großen Leistungen ist den Werktätigen des Verkehrswesens im Zeitraum 1976 bis 1980 die Aufgabe gestellt, Umfang und Qualität der Personenbeförderungsleistung weiter zu erhöhen. Im Verlauf dieses Planjahrfünfts werden erstmals innerhalb eines Jahres fast 4 Mrd. Personen befördert werden. Dabei stehen der bedarfsgerechte, sichere, pünktliche Berufsverkehr sowie die Erhöhung der Attraktivität und Effektivität des öffentlichen Personenverkehrs im Vordergrund.
Das erfordert die Ausarbeitung neuer, einheitlicher Technologien, insbesondere für

den Fahrzeugeinsatz, die Rationalisierung der Fahrgastabfertigung und der Instandhaltung. Auf diese Aufgaben werden sich die Kraftverkehrsbetriebe der 3 sächsischen Bezirke in den kommenden Jahren besonders orientieren. Dabei geht es ihnen vorrangig um die ständige Erhöhung der Beförderungsqualität und die optimale Ausnutzung der Einsatzzeit für alle Kraftomnibusse bei kontinuierlicher Erhöhung der Grundfondsrentabilität.

Systematisch werden auch in den kommenden Jahren die Arbeits- und Lebensbedingungen der Kraftfahrer, Schlosser und aller anderen Werktätigen in den Kraftverkehrsbetrieben verbessert und das geistig-kulturelle Leben reicher. Neue, moderne Betriebshöfe, Sozialeinrichtungen und Omnibusbahnhöfe werden geschaffen. An Stelle überalterter Fahrzeugtypen treten komfortablere Linien- und Reisebusse der Ikarus-Baureihe 200, die das Reisen angenehmer gestalten.

Die Werktätigen der Kraftverkehrskombinate Dresden, Karl-Marx-Stadt und Leipzig wissen um die Größe der Aufgaben und die dazu notwendigen Anstrengungen. Aus den seit 1945 gemeinsam erarbeiteten Errungenschaften beim sozialistischen Aufbau sind der Optimismus, die Zuversicht und die auf die unbedingte Durchführung des Planes gerichtete Arbeitsatmosphäre gewachsen, mit der die Werktätigen in den volkseigenen Kraftverkehrsbetrieben neue, größere Aufgaben meistern.

Sie sind sich dessen bewußt, daß die Bürger ihres Territoriums von ihnen eine pünktliche, zuverlässige und sichere Beförderung erwarten und werden traditionsgemäß diese Erwartung erfüllen und den guten Ruf des öffentlichen Kraftomnibusverkehrs in Sachsen wahren.

18 Ikarus 280 vor dem 1974 erbauten Torgauer Busbahnhof

Tabelle 1: Entwicklung der Leistungen im volkseigenen Kraftverkehr der Bezirke Dresden, Karl-Marx-Stadt und Leipzig zwischen 1949 und 1975 (in Prozent)

	1949	1951	1975
Anzahl der KOM-Überlandlinien	100	159,3	646,7
Fahrzeugbestand KOM	100	244,3	1 675,0
KOM-Anhänger	100	382,6	126,1
Nutzfahrweite (km)	100	257,4	3115,9
Beförderte Personen	100	223,1	1 633,3

Anmerkung: Die Leistungen der Jahre 1949 und 1951 schließen die der angemieteten Fahrzeuge mit ein

Tabelle 2: Prozentuale Leistungsanteile der Bezirke Dresden, Karl-Marx-Stadt und Leipzig an der Gesamtleistung aller 3 Bezirke per 31. 12. 1975

	Dresden	Karl-Marx-Stadt	Leipzig
Anzahl der KOM	33,6	42,3	24,1
davon Gelenk-KOM	36,4	33,2	30,4
Anzahl der KOM-Anhänger	58,6	27,6	13,8
Beförderungsleistung (Pkm)	32,5	41,7	25,8
Nutzfahrweite (km)	35,1	40,6	24,3
Beförderte Personen	35,4	45,5	19,1

Tabelle 3: KOM-Linien des öffentlichen Kraftverkehrs in den Bezirken Dresden, Karl-Marx-Stadt und Leipzig im Dezember 1975

	Dresden	Karl-Marx-Stadt	Leipzig
Anzahl der Überlandlinien	321	375	177
Linienlänge (km)	8868	8334	4278
Anzahl der Stadtverkehrslinien	40	10	17
Linienlänge (km)	298	70	128
Anzahl der internationalen KOM-Linien	1	2	—
Linienlänge (km)	122	150	—

Fotos: Deutsche Fotothek Dresden (1–3, 6, 7, 17)
Verkehrsmuseum Dresden (4), Mohn (14)
Archiv Kuniß/Schmidt (5, 8, 9, 15, 16)
Archiv Kuniß (10, 13)
ADN/ZB (18)

Der W 50 als Ikarus

In sozialistischer Gemeinschaftsarbeit: Ikarus 211

Kraftomnibusse (KOM) zeichnen sich durch ihre freizügigen Einsatzmöglichkeiten und ihre Wirtschaftlichkeit bei nicht zu großem Verkehrsaufkommen gegenüber anderen Verkehrsmitteln (Obus, Straßenbahn, Stadtschnellbahn usw.) mit aufwendigeren Einsatzvoraussetzungen aus. In der DDR beträgt der Anteil der Ikarus-KOM am KOM-Gesamtpark etwa 85 %, im öffentlichen Kraftverkehr und Städtischen Nahverkehr sogar 91,5 %. Ikarus-KOM werden seit 1952 in steigender Stückzahl importiert. Im Mai 1976 wurde vom ungarischen Partner der 20 000. Ikarus feierlich an das Verkehrswesen der DDR übergeben.

Größenordnungen und Ausführungsarten von KOM

Damit die für KOM typischen Beförderungsaufgaben qualitätsgerecht und mit geringem Aufwand gelöst werden können, müssen unterschiedlich große, dem jeweiligen Verkehrsaufkommen angepaßte KOM eingesetzt werden.

Am zweckmäßigsten lassen sich die KOM bezüglich ihrer Größenordnung nach sogenannten Nennlängen (abgeleitet von der Fahrzeuggesamtlänge) unterscheiden. Die früher angewandte Methode, die Sitzplatzzahl hierfür zugrunde zu legen, hat sich nicht bewährt, da sie zu stark von der Ausführungsart der Fahrzeuge abhängt und damit wenig aussagefähig ist.

Ausgehend von den hauptsächlichen Beförderungsaufgaben, unterscheiden wir KOM, deren Konzeption auf den Einsatz im

– Stadtlinienverkehr
– Vorort- und Überlandlinienverkehr
– Reise- und Touristenverkehr

ausgerichtet ist.

Nach den derzeitigen Erfahrungen kann die Personenbeförderung optimal mit folgenden Größenordnungen und Ausführungsformen durchgeführt werden:

Nenn-Länge	Stadt-Linien	Vorort-Linien	Überland-Linien	Reiseausführung
7 m (6 bis 8 m)			×	×
9 m (8,1 bis 10 m)			×	×
11 m (10,1 bis 12 m)	×	×	×	×
16,5 m (12,1 bis 18 m) Gelenk-KOM	×	×		

Stellung des 9-m-KOM im Programm

Zweifellos haben die Gelenk-KOM (16,5 m) und die Großraum-KOM (11 m) für die Abwicklung des Berufsverkehrs eine wesentlich größere Bedeutung als die mittleren (9 m) und die kleinen (7 m).

Für schwach frequentierte Linien, z. B. in ländlichen Gebieten, im Schülerverkehr und für die Beförderung kleinerer Reisegruppen sind jedoch insbesondere die KOM der Größenordnung 9 m, der der Ikarus 211 angehört, sehr wirtschaftliche Beförderungsmittel.

Die Kosten (Abschreibung, Fahrerlohn, Brennstoff, Öl, Reifen, Instandhaltungskosten) liegen rd. 18 % niedriger als bei einem 11-m-KOM, der mit entsprechend geringerer Auslastung für die gleiche Aufgabe eingesetzt werden müßte; von den Vorteilen der größeren Wendigkeit, der geringeren in Anspruch genommenen Verkehrs- und Parkfläche ganz zu schweigen.

Baureihe Ikarus 200

Das Ikarus-Werk arbeitet zielstrebig an der Realisierung des KOM-Programms ab Größenordnung 9 m auf der Basis einer Typenreihe in einer einheitlichen Bauweise.

Während in den Größenordnungen 11 m und 16,5 m bereits seit mehreren Jahren die bekannten Ikarus 255, 260, 280 das Straßenbild der DDR mitbestimmen, wurde 1976 erstmals in größerer Stückzahl der Ikarus 211 zugeführt.

Damit konnte der Anschluß an die 1972 eingestellte Produktion des Ikarus 311 hergestellt und das Produktions- und Lieferprogramm des Ikarus-Werkes «nach unten» abgerundet werden.

Zunächst wird der Ikarus 211 nur in der Linienausführung in größeren Stückzahlen angeboten. Es ist vorgesehen, auch die Reiseausführung, die für die qualitätsgerechte und wirtschaftliche Beförderung kleinerer Reisegruppen bedeutungsvoll ist, in das Produktionsprogramm für unsere Republik aufzunehmen. Mit dem Ikarus 211 verbindet sich jedoch nicht nur schlechthin die Bedeutung der Ergänzung der Typenreihe, sondern dieses Erzeugnis ist ein Ergebnis einer fruchtbringenden Zusammenarbeit im Rahmen der sozialistischen ökonomischen Integration.

Weiterhin ist die kurze Entwicklungszeit (8 bis 10 Monate) bemerkenswert, in der das Ikarus-Werk und unsere Fahrzeugindustrie

1

gemeinsam dieses Fahrzeug auf die Beine oder besser gesagt auf die Räder stellten.
Nicht unerwähnt bleiben darf in diesem Zusammenhang, daß zwischen dem Ikarus-Werk und seinen größten Abnehmern, zu denen nach der UdSSR die DDR zählt, seit langer Zeit eine sehr enge und nützliche Zusammenarbeit besteht.
Ihr ist es nicht zuletzt zu danken, daß unser Omnibus-Park in qualitativer und quantitativer Hinsicht immer besser auf die ständig steigenden Anforderungen des Verkehrswesens abgestimmt werden konnte.
Die Zusammenarbeit erstreckt sich von den regelmäßigen gemeinsamen Festlegungen bezüglich technischer Verbesserungen an den Fahrzeugen über die Zulieferungen einer Reihe von Aggregaten und Teilen, wie Heizungen, Fahrerschwingsitzen, Türschlössern, Gelenkwellen, Kugelgelenken, Spur- und Schubstangen, Scheinwerfereinsätzen, Scheibenwaschanlagen, Batteriehauptschaltern, Rückstrahlern und dergleichen, bis zum Abschluß von Vereinbarungen über Spezialisierungen in der Produktion bestimmter Erzeugnisse und zur gemeinsamen Produktion des Ikarus 211.

Baubeschreibung des Ikarus 211

Aufbau

Der Ikarus 211 ist für eine Platzkapazität von 41 Personen, darunter 35 Sitzplätze (Fahrer nicht mitgerechnet) zugelassen. Das Fahrzeug ist mit 2 verriegelbaren Schlagtüren ausgestattet, die sich vor der Vorderachse und hinter der Hinterachse befinden. Der Aufbau ist analog zu den anderen Typen der 200er Baureihe in Ganzstahlsegmentbauweise ausgeführt. Große ungeteilte Seitenscheiben, eine in der Mitte geteilte laminierte Panoramafrontscheibe und eine leicht gewölbte durchgängige Heckscheibe sorgen nicht nur für ausgezeichnete Sichtverhältnisse, sondern tragen auch zu dem geschmackvollen, modernen Äußeren des 211 bei.
Bequeme Doppelsitze aus Stahlrohrrahmen mit Polyurethanschaum und Kunstlederüberzug bieten den Fahrgästen einen ausreichenden Komfort. Für den Fahrer ist ein verstellbarer, gefederter Einzelsitz mit Schaumgummipolsterung, Kunstlederüberzug mit atmungsaktivem Gewebeeinsatz vorhanden, der sich auf die jeweilige Körpergröße einstellen läßt. Außerdem befindet sich vorn rechts ein einzelner Notsitz.
Für die stehenden Fahrgäste sind Haltestangen angebracht. Die durchschnittliche Stehplatzfläche je Fahrgast beträgt

1 Ikarus 311, der Vorgänger des Typs 211. Die Produktion des Typs 311 wurde 1972 eingestellt

2 Montage der Karosserie in den Ikarus-Werken. Die Motoren und die Hauptteile für den Ikarus 211 werden von der DDR geliefert

2

3

3 Der Ikarus 211 wurde erstmals der Öffentlichkeit auf der Budapester Industriemesse im Mai 1974 vorgestellt

4 Fahrerplatz des Ikarus 211

5 Blick in den Motorraum des Ikarus 211

5

0,43 m². Die Innenverkleidung besteht aus laminierten Holzfaserplatten (bis zur Gürtellinie), gefärbten Holzfaserplatten in der Dachpartie und PVC-Fußbodenbelag, der im Bereich des Mittelganges durch Ringmuster rutschsicher gestaltet ist.

4

Mit dieser Ausführung der Innenverkleidung wird das Nützliche mit dem Angenehmen verbunden, da sowohl günstige Reinigungsmöglichkeiten als auch ein helles, freundliches Aussehen des Fahrgastraumes erreicht werden.
Für die Unterbringung des Gepäcks dienen breite Gepäckablagen, die im Innenraum beidseitig unter dem Dach einschließlich Kleiderhaken angeordnet sind, und 2 Gepäckräume unter dem Boden zwischen den Achsen, die von rechts zugänglich sind.
Die für den Beförderungskomfort mit entscheidende Belüftung und Beheizung des Fahrgastraumes erfolgt durch 3 allseitig ausstellbare reichlich dimensionierte Dachklappen und eine 15 000 kcal/h leistende Sirokko-Ölheizung. Außerdem ist eine Thermalheizung mit zweistufigem Gebläse für die Defrostung der Windschutzscheiben vorhanden.
Die «Abschirmung» des Fahrerplatzes wird durch ein Rohrgestell und Gardinen hinter dem Fahrersitz vorgenommen. Auf eine gesonderte Fahrertür wird analog zur gesamten Baureihe verzichtet.

Motor
Ansprechende Fahrleistungen bewirkt der im Heck des Ikarus 211 stehend eingebaute W50-Motor (Vierzylinder-Dieselmotor mit 92 kW [125 PS]) des VEB IFA Motorenwerke Nordhausen. Unter Berücksichtigung der zulässigen Gesamtmasse von 9950 kg stehen immerhin 12,6 PS/t als spezifische Antriebsleistung zur Verfügung, die nicht nur für hohe Geschwindigkeit (Höchstgeschwindigkeit knapp 90 km/h), sondern auch für ein gutes Beschleunigungsvermögen sorgt. Der günstige Drehmomentverlauf trägt positiv zu einem stabilen Fahrverhalten bei. Der Kraftstoffverbrauch liegt zwischen etwa 21 l/100 km bei leerem und etwa 25 l/100 km bei ausgelastetem Fahrzeug. Damit beträgt der Aktionsradius, d. h. die Fahrstrecke bei einer einzigen Tankfüllung, rd. 400 km.

6 Der Ikarus 211 in ungarischer Ausführung mit nur einer Fahrgasttür

Kupplung
Die Einscheiben-Trockenkupplung stammt ebenfalls aus der DDR-Fertigung, und zwar wird sie vom VEB Renak-Werke Reichenbach produziert. Mit ihrer hydraulischen

7 Blick in den Fahrgastraum des Ikarus 211

8 Gepäckräume des Ikarus 211

9 Die Sirokko-Heizung des Ikarus 211 ist vorn links leicht zugänglich eingebaut

Technische Daten des	Ikarus 211.51	Ikarus 255.72	Ikarus 280.03
Fahrzeugart	KOM in Überlandlinienausführung	KOM in Überlandlinienausführung	KOM in Überlandlinienausführung
Fahrgestell	selbsttragende Stahlbauweise, geschlossenes geschweißtes Rechteckprofil (Fachwerksbauweise)	selbsttragende Stahlbauweise, geschlossenes geschweißtes Rechteckprofil (Fachwerksbauweise)	selbsttragende Stahlbauweise, geschlossenes geschweißtes Rechteckprofil (Fachwerksbauweise)
Motor	Viertakt-Dieselmotor, 4 Zylinder stehend im Heck angeordnet, Typ 4VD 14,5/12-1 SRW, Hubraum 6560 cm^3, Leistung 92 kW (125 PS) bei 2300 min^{-1}, Drehmoment 43 mkp bei 1350 min^{-1}	Viertakt-Dieselmotor, 6 Zylinder liegend im Heck angeordnet, Typ 2156HM6U (Raba), Hubraum 10 350 cm^3, Leistung 141 kW (192 PS) bei 2100 min^{-1}, Drehmoment 71 mkp bei 1300 min^{-1}	Viertakt-Dieselmotor, 6 Zylinder zwischen den Achsen angeordnet, Typ 2156HM6U (Raba), Hubraum 10 350 cm^3, Leistung 141 kW (192 PS) bei 2100 min^{-1}, Drehmoment 71 mkp bei 1300 min^{-1}
Kupplung	Einscheiben-Trockenkupplung, hydraulisch betätigt, Typ WR 50-60K	Einscheiben-Trockenkupplung, Betätigung hydraulisch mit mechanischer Unterstützung, Typ 082.11 (Csepel)	Einscheiben-Trockenkupplung, Betätigung hydraulisch mit mechanischer Unterstützung, Typ 082.11 (Csepel)
Getriebe	5-Gang-Wechselgetriebe, schrägverzahnt, 2.–5. Gang synchronisiert, am Motor angeflanscht, mechanische Fernschaltung	5-Gang-Wechselgetriebe, 2.–5. Gang synchronisiert, Typ HFGY ASH 70.24-6, mechanische Fernschaltung	5-Gang-Wechselgetriebe, 2.–5. Gang synchronisiert, Typ HFGY ASH 75-8, mechanische Fernschaltung
Achsen	vorn: starre Faustachse, hinten: starre Triebachse mit Kegelradausgleich	vorn: starre Faustachse hinten: starre Triebachse Übersetzung 575	vorn: starre Faustachse Mitte: starre Triebachse hinten: zwangsgelenkte Nachläuferachse
Federung	vorn: Halbelliptik-Blattfedern hinten: Halbelliptik-Blattfedern mit Zusatzfeder	vorn: Halbelliptik-Blattfedern hinten: Halbelliptik-Blattfedern	vorn 2, Mitte 4, hinten 2 Luftfedern
Stoßdämpfer	doppeltwirkende Teleskopstoßdämpfer vorn und hinten	je 2 Teleskopstoßdämpfer vorn und hinten	vorn 2 ×, Mitte 4 ×, hinten 2 × Teleskopstoßdämpfer
Stabilisatoren	vorn Querstabilisator		
Lenkung	hydraulische Kugelumlauflenkung Typ ZIL 130.3401 087	hydraulische Kugelumlauflenkung Typ Csepel 069.04	hydraulische Kugelumlauflenkung Typ Csepel 069.04
Bremsen	pneumatisch verstärkte hydraulische Zweileiterbremse (Betriebsbremse) Federspeicherfeststellbremse Auspuffstaubremse (Motorbremse)	Druckluft-Zweikreisbremse, Simplexbauart (Betriebsbremse) Federspeicherfeststellbremse, Auspuffstaubremse (Motorbremse)	Druckluft-Dreikreisbremse, Simplexbauart (Betriebsbremse) Federspeicherfeststellbremse, Auspuffstaubremse (Motorbremse)
Räder	Scheibenräder 6.50-20 (6 + 1 Reserverad)	Trilex-Räder 8.00-20 (6 + 1 Reserverad)	Trilex-Räder 8.00-20 (8 + 1 Reserverad)
Reifen	Diagonalreifen 8.25-20 14 PR	Diagonalreifen 11.00-20 16 PR	Diagonalreifen 11.00-20 16 PR
Bordspannung	24 V	24 V	24 V
Tankinhalt	100 Liter	250 Liter	250 Liter
Höchstgeschwindigkeit	87 km/h	107 km/h	76 km/h
Kraftstoffverbrauch	etwa 25 l/100 km (volle Auslastung) etwa 21 l/100 km (leer)	etwa 32 l/100 km (volle Auslastung) etwa 27 l/100 km (leer)	etwa 45 l/100 km (volle Auslastung) etwa 35 l/100 km (leer)
Abmessungen			
Länge	8500 mm	11 000 mm	16 500 mm
Breite	2500 mm	2 500 mm	2 500 mm
Höhe	3000 mm (bei geschlossenem Dachlüfter)	3 030 mm (bei geschlossenem Dachlüfter)	3 160 mm
Überhang	vorn 2070 mm hinten 2400 mm	vorn 2460 mm hinten 3170 mm	vorn 2500 mm hinten 2450 mm
Radstand	4030 mm	5340 mm	5400 + 6200 mm
Bodenfreiheit	300 mm (belastet)	300 mm (belastet)	300 mm (belastet)
Spurbreite	vorn 1900 mm hinten 1780 mm	vorn 2000 mm hinten 1835 mm	vorn 2000 mm Mitte 1835 mm hinten 2000 mm
Innenlänge	7700 mm	10 250 mm	15 750 mm
Innenbreite	2300 mm	2 300 mm	2 310 mm
Höhe Fußboden über Fahrbahn	vorn 980 mm hinten 1030 mm	vorn 860 mm hinten 860 mm	vorn 850 mm hinten 850 mm
lichte Breite der Fahrgasttür	vorn 900 mm hinten 880 mm	vorn 870 mm hinten 870 mm	vorn 1080 mm hinten 1080 mm
Einstiegshöhe	1. Stufe 320 mm (vorn) 310 mm (hinten) 2. Stufe 220 mm	1. Stufe 370 mm 2. Stufe 260 mm	1. Stufe 350 mm 2. Stufe 250 mm
Wendekreis-Durchmesser	außen rechts 20,6 m links 20,75 m innen rechts 12,35 m links 12,5 m	außen rechts 22,2 m links 21,85 m innen rechts 11,6 m links 10,9 m	außen rechts 22,35 m links 21,20 m innen rechts 11,70 m links 9,70 m
Massen, Achslasten			
Leermasse	6950 kg	10 170 kg	13 000 kg
Nutzmasse	3000 kg	4 680 kg	9 500 kg
zulässige Gesamtmasse	9950 kg	14 850 kg	22 500 kg
zulässige Achslast	vorn 3900 kp hinten 6800 kp	vorn 6 000 kp hinten 10 000 kp	vorn 6 000 kp Mitte 10 000 kp hinten 6 500 kp
Platzkapazität			
Anzahl der Fahrgäste	41	61	116
Fahrgastsitze	34	45	53
Notsitze	1	1	–
Stehplätze	6	15	63

10

11

10 Der Ikarus 211 in Reiseausführung. Im Heckteil sind Zusatzeinrichtungen, wie zentrale Garderobe, Kühlschrank usw., untergebracht

11 Der Innenraum des Ikarus 211 in Reiseausführung

Betätigung ermöglicht sie ein weiches und ruckfreies Anfahren.

Getriebe
Das vom W50 her bekannte 5-Gang-Wechselgetriebe (2. bis 5. Gang synchronisiert) des VEB Getriebewerk Brandenburg ist am Motor angeflanscht und läßt sich leicht und sicher trotz mechanischer Fernübertragung schalten.
Die im Ikarus 211 verwendeten Gelenkwellen werden ebenfalls in der DDR, von dem bekannten VEB Gelenkwellenwerk Stadtilm, produziert.

Achsen
Bei der Vorderachse machte sich eine Spurverbreiterung um 200 mm erforderlich, nicht nur aus ästhetischer Sicht zur besseren Anpassung an die Fahrzeuggesamtbreite, sondern vor allem zur Vermeidung einer großen Seitenneigung bei Kurvenfahrten. Der Seitenneigung wirkt auch ein vorderer Querstabilisator entgegen.
Die Hinterachse mit der Achsübersetzung 4,64 wird in W50-Ausführung mit geringfügigen Veränderungen, dazu gehört die Drehung der Achse um 180°, bedingt durch den Heckmotor, eingebaut.

Federung
Eine der charakteristischen Eigenschaften des W50 – seine weiche Federung – kam der Produktionskooperation ebenfalls zugute. Die Halbelliptikblattfedern des VEB SHMR Roßwein konnten dadurch übernommen werden. Die Federwege werden durch Gummipuffer begrenzt, die hintere Feder ist mit einer Zusatzfeder ausgestattet. Zur Dämpfung der Schwingungen wurden doppeltwirkende Teleskopschwingungsdämpfer des VEB Renak-Werke Hartha vorn in senkrechter, hinten in schräger Anordnung verwendet. Diese Dämpfer sind nicht zuletzt durch ihre überdurchschnittlich große Lebensdauer bekannt geworden.

Räder
Ebenfalls aus der DDR sind die Scheibenräder der Dimension 6.50-20, die mit ungarischen Diagonalreifen 8.25-20 (14 PR) bestückt werden. Das Reserverad ist vorn unter dem Boden auf einem herausziehbaren Rohrgestell untergebracht.

Lenkung
In Übereinstimmung mit den anderen Typen der 200er Baureihe wird eine Kugelumlauflenkung mit hydraulischer Unterstützung, Fabrikat SIL aus der UdSSR, verwendet.

Bremsen
Die hydraulische Zweikreisbetriebsbremse mit pneumatischer Verstärkung (Duo-Servo-Innenbackenbremse) wirkt recht kräftig, so daß eine gefühlvolle Betätigung und eine gewisse Eingewöhnung erforderlich sind. Die Feststellbremse ist als Federspeicherbremse – auf die Hinterachse wirkend – ausgebildet. Außerdem steht eine Motorbremse (Auspuffdrosselklappe) mit pneumatischer Betätigung zur Verfügung.

Elektrische Anlage
Die elektrische Anlage hat eine Bord-

spannung von 24 Volt. Sie wird von 2 Batterien mit je 144 Ah und einer 1000-W-Drehstromlichtmaschine gespeist. Zur weiteren typischen Ausrüstung eines KOM gehören die Fahrgastraumbeleuchtung in Form von 4 Deckenleuchten zu je 50 W; Türraumbeleuchtung; Notsignal, d. h. 2 Klingelknöpfe am Dach und akustische Signalanlage am Fahrerplatz; die Anlaßsperre, die bei geöffneter Motorraumklappe das Anlassen des Motors vom Fahrerplatz aus verhindert; Zielschildkasten vorn oben in Fahrzeugmitte; Türkontrolleuchten, die den geschlossenen Zustand der Fahrgasttüren anzeigen.

Ausblick

Der Ikarus 211 hat sich nicht nur in der DDR gut eingeführt, sondern auch in der UVR. Weitere Länder werden ebenfalls diesen Typ importieren, vor allem solche, die sowohl W50-Fahrzeuge als auch Ikarus-KOM einsetzen. Damit kann ein wesentlicher Vorzug der Vereinfachung der Fahrzeugunterhaltung genutzt werden, da hinsichtlich der Baugruppeninstandsetzung und der Ersatzteilversorgung und überhaupt der Kenntnis der Baugruppen wesentliche Erleichterungen für die gesamte Instandhaltung bestehen. Wie bei allen anderen Erzeugnissen wird das Ikarus-Werk bestrebt sein, den Ikarus 211 weiterzuentwickeln. Dabei geht es in diesem Rahmen um die Verbesserung der Einstiegsverhältnisse mit geringeren und besser aufeinander abgestimmten Stufenhöhen, die weitere Absenkung des Geräuschpegels, Verringerung der Betätigungskräfte der Kupplung, größere Dosierbarkeit der Wirkung der Betriebsbremse, Minderung der Übertragung der Fahrbahnstöße auf die Lenkung einschließlich Erhöhung der Spurtreue bei größeren Geschwindigkeiten, günstigere Gestaltung der Einfüllmöglichkeit des Motorenöls und des Brennstoffes (mit Kanister), griffgünstigere Anordnung des Schalthebels und weitere Details, die letztlich zu einem höheren Beförderungskomfort für die Fahrgäste, zur erhöhten Zuverlässigkeit und zu besseren Arbeitsbedingungen für den Fahrer und für das Instandhaltungspersonal beitragen.

Für die Bewältigung des ständig zunehmenden Touristenverkehrs gewinnt außerdem die Sortimentserweiterung des Ikarus 211 durch die Aufnahme der Reiseausführung in das Importprogramm wachsende Bedeutung.

Fotos: Landsiedel (6, 7)
Werkfoto

12 Der Ikarus 255 Linie, der «größere Bruder» des 211

13 Der Ikarus 280 Stadt, der vom Fassungsvermögen her den größten Vertreter der 200er Baureihe darstellt

Wo einst die Rosse zogen

Ing. Ing. Herbert Schulz

Wo einst die Rosse zogen

Der Weg zum Hochleistungstraktor

1 Zugdampfmaschine

Mit der Dampfmaschine fing es an

Der Traktor ist heute ein gewohntes Bild in vielen Wirtschaftsbereichen, insbesondere aber in der Landwirtschaft. Zwischen einfachen Anfängen und dem heutigen Stand liegt eine rd. 70jährige Entwicklung. Ihr Ziel bestand anfangs darin, die Arbeitsfähigkeit von Zugtieren und Menschen zu vervielfachen, um so die landwirtschaftlichen Arbeiten leichter, besser und schneller zu erledigen.
Die Entwicklung ist schon von Anfang an in verschiedenen Ländern unterschiedlich verlaufen. Das war durch Naturverhältnisse, die wirtschaftliche und besonders die gesellschaftliche Struktur bedingt, die in den einzelnen Ländern oder Ländergruppen unterschiedlich waren und sind. Als Vorläufer der Traktoren können Einzweckmaschinen, wie der Dampfpflug, die Mechwart-Fräse (1896) sowie der von Robert Stock entwickelte dreirädrige Tragpflug (1907), angesehen werden. Die ersten fahrbaren Antriebsmaschinen für die Landwirtschaft waren Dampfmaschinen, und zwar Zugdampfmaschinen und Dampfseilpflüge, die um die Mitte des vorigen Jahrhunderts in England und später auch in Nordamerika entwickelt wurden. Die Zugdampfmaschinen waren zwar zu groß, zu schwer und nicht wendig genug, aber als maschinelles Zugmittel doch die eigentlichen Vorläufer der Traktoren (Abb. 1). Dampfseilpflüge hatten, trotz ihres schlechten Wirkungsgrads, für schwerste Bodenbearbeitung sogar noch in der Zeit, als sich der Traktor bereits durchgesetzt hatte, eine beachtliche Bedeutung erlangt. Die Dampfmaschine nutzend erfand und baute der russische Techniker F. A. Blinow bereits 1880 den ersten Kettentraktor (Abb. 2). Diese Entwicklung Blinows wird als Beginn des russischen Traktorenbaus bezeichnet. Erst 32 Jahre später brachte die amerikanische Firma Holt-Caterpillar einen mit Verbrennungsmotor angetriebenen Kettentraktor auf den Markt.

2 Dampfkettentraktor von Blinow (1880)

Einige Etappen der Traktorenentwicklung

Leichte, schnellaufende Verbrennungskraftmaschinen als Otto- und Dieselmotoren waren wie für den Kraftfahrzeugbau auch die Grundlage für die gesamte Traktorenentwicklung. Im Kraftfahrzeugbau stellten sich von vornherein klare Ziele, nämlich die Personenbeförderung und der Transport von Nutzlasten, wonach sich die Bauformen herausbildeten. Im Gegensatz dazu bestand in der Landwirtschaft die schwierige Aufgabe, eine Antriebsmaschine für sehr unterschiedliche und wechselnde Bedingungen zu schaffen. Der erste Zugtraktor – früher als Trecker und bis in die jüngste Zeit auch als Schlepper bezeichnet – entstand 1906 in Amerika. Da aber die Vorstellungen über das Nutzen der Motorkraft bei Beginn der Motorisierung in der Landwirtschaft unterschiedlich waren, bestanden besonders im Zeitraum von 1909 bis 1927 neben den primitiven Formen des Zugtraktors (Abb. 3)

3 Amerikanischer Traktor (1918), eisenbereift

4 Bodenfräse des Ungarn Köszegi, in Deutschland als »Landbaumotor« von Lanz bekannt geworden (1911)

mit mehr oder weniger Erfolg noch Dampf- und Motorseilpflüge, Tragpflüge sowie Bodenfräsmaschinen (Abb. 4). Da aber Traktoren die Vielseitigkeit der Zugmöglichkeiten der Gespanntiere überboten, fiel ab etwa 1925 die endgültige Entscheidung zugunsten des Traktors als Zugmittel für die Landwirtschaft.
Diese Entwicklung führte im wesentlichen zum Traktor großer Leistung, wohingegen Einachstraktoren, Kleintraktoren und Geräteträger (ab 1950) mehr aus dem 1925 entstandenen Motormäher entwickelt wurden. Die ersten Traktoren, die in Anlehnung an den Kraftfahrzeugbau gestaltet wurden, glichen am Anfang etwa einem Lastkraftwagen ohne Laderaum. Bahnbrechend für die Bauform künftiger Traktoren war zunächst die von den Firmen Lanz und Ford eingeführte Blockbauweise, bei der Motor, Getriebe und Hinterachse miteinander starr verbunden sind. Die ersten Radtraktoren waren eisenbereift und mit Greiferrädern versehen (vgl. Abb. 3). Später folgte Vollgummibereifung. Ab 1912 wurden auch Traktoren mit Gleiskettenlaufwerken produziert. Gegenüber dem heutigen Stand der Traktorentechnik hatten aber viele Traktoren ein hohes Masse-Leistungs-Verhältnis. Bei Radtraktoren ergaben sich Verhältnisse von rd. 70 bis 110 kg/PS und bei Gleiskettentraktoren von 90 bis 125 kg/PS. Dabei sollten durch eine hohe Eigenmasse hohe Zugkräfte übertragen werden.
Im Verlauf seiner Entwicklung wurde der Traktor von der reinen Zugmaschine zu einer Kraftzentrale für die Landwirtschaft und darüber hinaus für weitere Wirtschaftsbereiche vervollkommnet. Die wichtigsten Etappen der Entwicklung waren: 1920 erhielt der Traktor die Riemenscheibe zum Dreschmaschinenantrieb und zum Antrieb anderer Maschinen. Seit 1925 wird die so wichtig gewordene Zapfwelle als direkte Kraftübertragung zum Antrieb von Landmaschinen benutzt. Durch das Verwenden der Luftbereifung an Traktoren, sie setzte sich in den Jahren 1927 bis 1933 durch, wurden höhere Geschwindigkeiten möglich, und der landwirtschaftliche Transport wurde bis heute zu einem Hauptarbeitsgebiet des Traktors. 1937 erhielten die ersten Traktoren Kraftheber. Mit ihnen wurde es möglich, Traktoren und Landmaschinen direkt zu verbinden, die Höheneinstellung der Landmaschinen zu steuern oder zu regeln und den Ein- und Aushebevorgang maschinell durchzuführen. Durch den Anbau von Frontladern (1947) und Heckladern können Traktoren auch für Ladearbeiten verwendet werden.

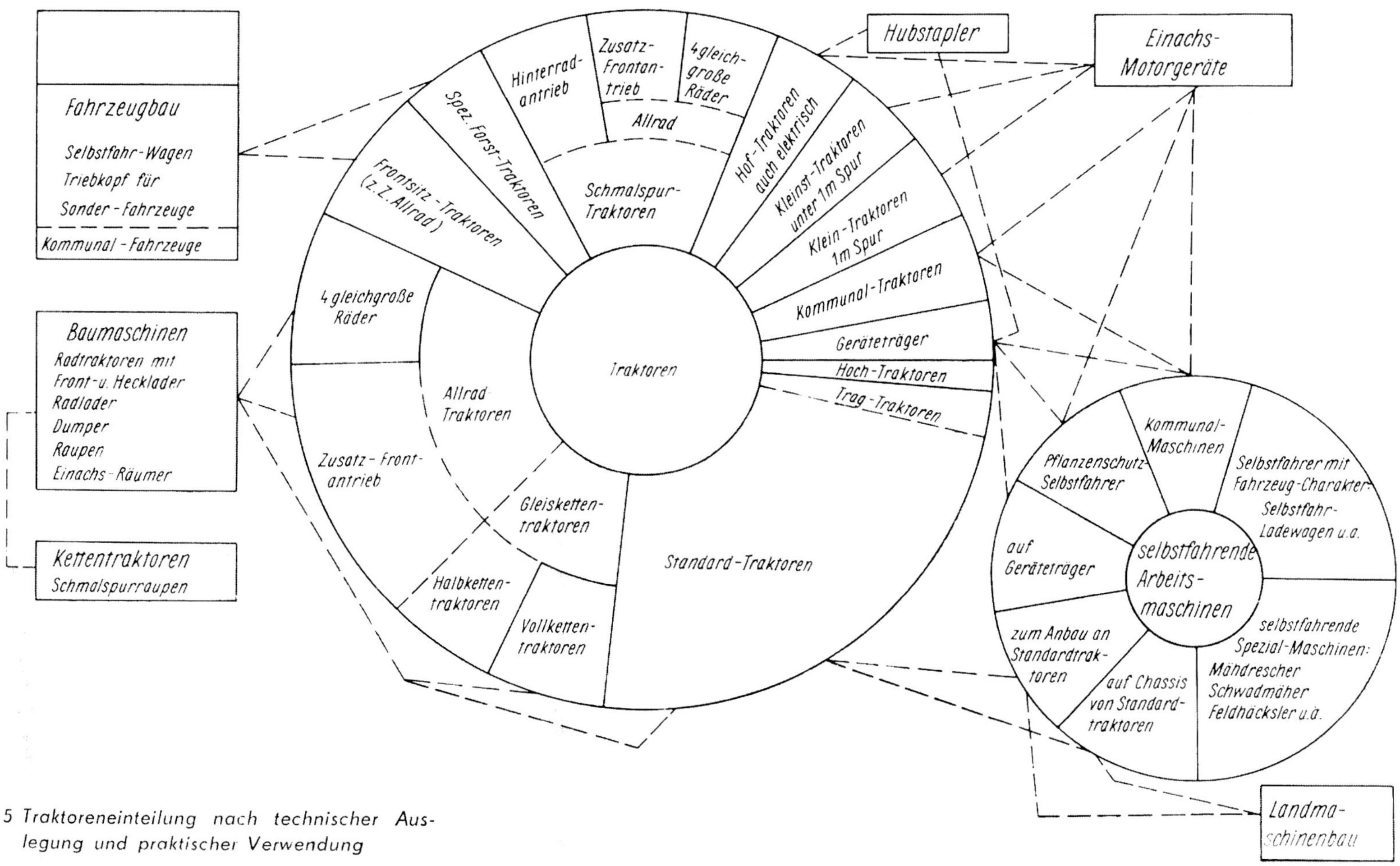

5 Traktoreneinteilung nach technischer Auslegung und praktischer Verwendung

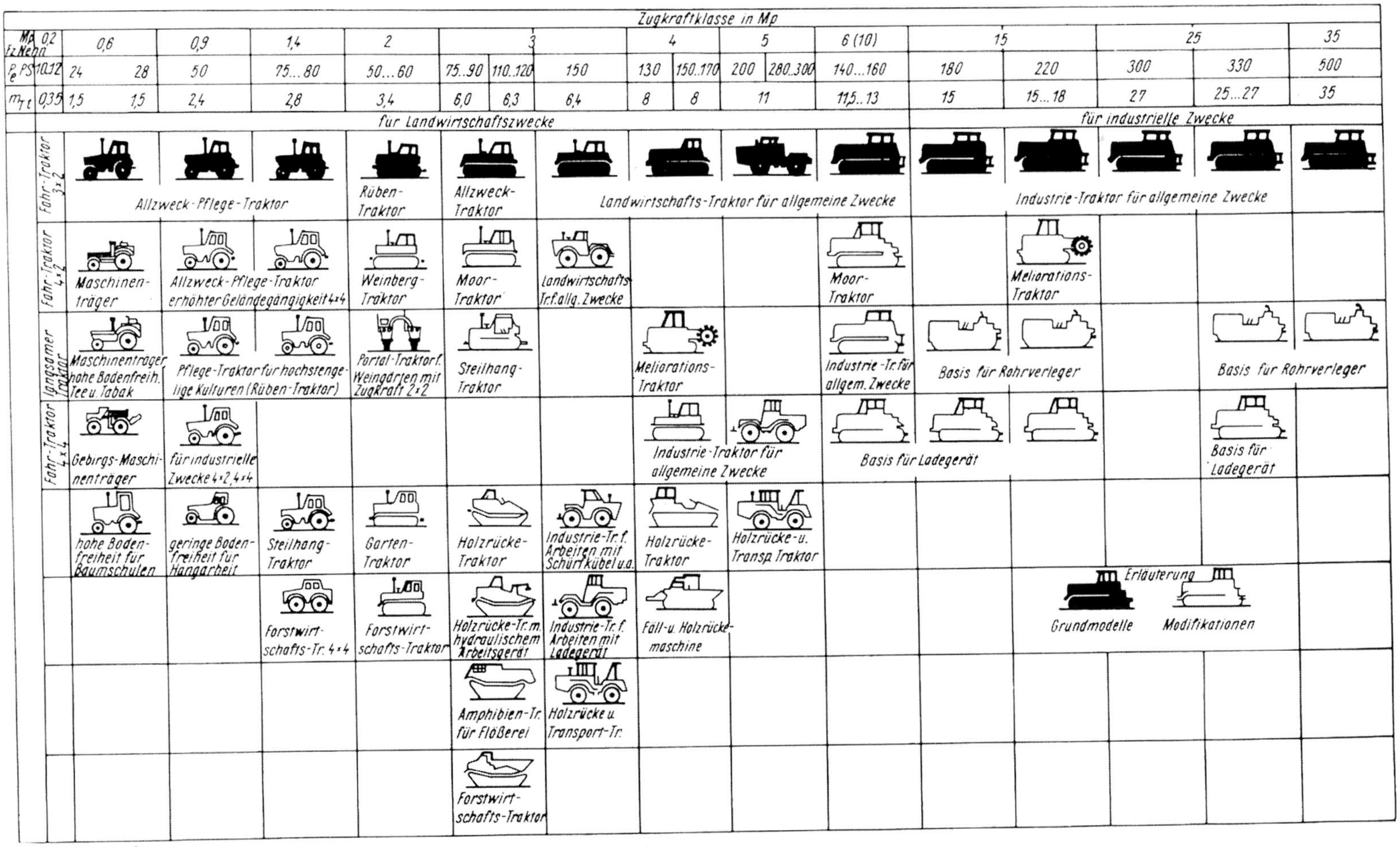

6

Aufgaben, Bauformen und Entwicklung heute

Traktoren bilden als mobile Kraftquelle zum Ziehen, Schieben, Antreiben, Heben, Tragen (Aufbauen, Unterbauen, Einbauen) und teilweisen Tragen (Aufsatteln, Anlenken, Anflanschen, Überbauen, Ankuppeln) von Landmaschinen und Transportmitteln einen Schwerpunkt der Mechanisierung in der Landwirtschaft.
Die vielfältigen Einsatzbedingungen beim Durchführen landwirtschaftlicher Arbeiten haben zu unterschiedlichen Bauformen und Größen der Traktoren geführt, die durch ihre charakteristischen Bau- und Betriebsweisen den einzelnen technologischen Verfahren Rechnung tragen. Dabei sind unter Bauform jeweils Größe, Auslegung und Anordnung der wichtigsten Grundbauelemente, wie Motor, Triebwerk, Fahrgestell, Fahrwerk und Betätigungselemente, zu verstehen (Tab. 1). Aber auch die Einsatzvarianten in anderen Wirtschaftsbereichen haben die Traktorbauformen oder die daraus entstandenen Modifikationen, wie beispielsweise Baumaschinen, Einachs-Motorgeräte, Kommunalfahrzeuge, Holzrücketraktoren oder selbstfahrende Arbeitsmaschinen, beeinflußt (Abb. 5 und 6). Alle Bauarten, die in Tabelle 1 und Abbildung 5 genannt sowie in den Abbildungen 6 bis 14 dargestellt sind, werden gegenwärtig gebaut oder sind geplant. Sie haben als Universal- oder Spezialtraktoren in verschiedenen Ländern wirtschaftlich ihre Bedeutung.
Unter Beachten der internationalen Entwicklungstendenz, hohe Motorleistungen in Traktoren zu installieren und diese leicht zu bauen, werden seit 1962 in den Ländern des RGW Traktoren nicht mehr nach ihrer Motorleistung, sondern nach ihrer Zugkraft eingeteilt. Das wurde deshalb notwendig, weil das Zugvermögen und damit die Einsatzmöglichkeiten eines modernen Traktors mit geringem Masse-Leistungs-Verhältnis nicht allein an Hand der installierten Motorleistung beurteilt werden können. Die Traktoren werden dabei in Zugkraftklassen eingeteilt, und jede Klasse ist ein Kennwert für einen bestimmten Zugkraftbereich (Tab. 2). Die Kennwerte für die Einsatzbedingungen, die einen optimalen Traktorwirkungsgrad garantieren sollen, werden mit Rücksicht auf die Weiterentwicklungen im Traktorenbau in gewissen Zeitabständen von einer speziellen Arbeitsgruppe des RGW überprüft und bei Bedarf neu festgelegt.
In den Zugkraftklassen bis 2 Mp gilt der Radtraktor (Standardtraktor) 4 × 2 (Vierradtraktor, zwei angetriebene Räder) als Grundmodell, in den Klassen 2 Mp und darüber der Radtraktor 4 × 4 (Vierradtraktor, vier Räder angetrieben) oder der

6 *Typenreihen sowjetischer Traktoren im Rahmen der Zugkraftklassen des RGW für den Zeitraum 1971 bis 1980*

7 *Zweiachstraktor als Standardtraktor dargestellt am Beispiel des sowjetischen Traktor MTS-50*

7

dementsprechende Kettentraktor (Abb. 6). In den westlichen Ländern werden die Traktoren noch nach Motorleistung und Masse eingeteilt (Tab. 3), wonach nicht beurteilt werden kann, ob die Traktoren optimale Wirkungsgrade erreichen.

Auf Grund ihrer universellen Einsatzmöglichkeiten sind Zweiachstraktoren am verbreitetsten (Abb. 7). Üblich sind hinterachsgetriebene (zwei Räder) und allradgetriebene (vier Räder) Ausführungen. Der Zweiachstraktor wird konstruktiv hinsichtlich Spurweite, Radstand, Antriebsform und Auslegung der Treibräder (Bereifung, Gitterräder, Greifer), Lenkung, Anbauvorrichtung und Maschinenantrieb (Zapfwelle) den technologischen Bedingungen in der Landwirtschaft angepaßt.

Der Gesamtaufbau erfolgt in Block-, Rahmen- oder Halbrahmenbauweise (Abb. 8). Bei der häufig anzutreffenden Blockbauweise werden die Baugruppen Motor, Getriebe- und Hinterachstrichter zu einem starren, selbsttragenden Block verbunden (Abb. 9). Die Hinterachse enthält Ausgleichgetriebe, Achstrichter und Endvorgelege. In Längsrichtung schließt sich nach vorn das Wechselgetriebe an, daran wiederum Kupplungs- und Motorgehäuse. Letzteres ruht vorn starr, pendelnd oder insgesamt abgefedert auf der Vorderachse. Bei starrer Befestigung der Vorderachse sind die Räder oft einzeln gefedert.

Bei der aus dem Kraftfahrzeugbau bekannten Rahmenbauweise werden Motor mit Kupplung und auch mit Getriebe zusammengefaßt als ein Block oder Motor mit Kupplung vom Getriebe getrennt zwischen zwei Längsträgern elastisch aufgehängt.

Bei der Halbrahmenbauweise (Abb. 7) werden Motor mit Zubehör mittels schwingungsdämpfenden Bauelementen auf einem kurzen Rahmen abgestützt, der fest am Triebwerksblock anschließt und seitliches Befestigen von Anbaugeräten zuläßt.

Die Abgrenzung vom Standardtraktor zum Allradtraktor ist nicht streng, denn immer mehr Standardtraktoren, besonders der höheren Zugkraftklassen, werden mit Zusatzfrontantrieb angeboten (Abb. 10). Die beste Ausnutzung des Allradantriebs ist bei vier gleich großen Rädern und zwei Dritteln der Traktormasse auf der Vorderachse gewährleistet. Diese »echten« All-

Tabelle 1: Ausgeführte und mögliche Traktorbauformen

Bauform	Kettentraktor	hinterradgetriebener Traktor (Bild 6)	allradangetriebener Traktor (Bilder 10 u. 11)	Einachstraktor (Bild 16)	Einradtraktor
Fahrwerkselemente	Kastenlaufwerk (Bild 13) Einzelradfahrwerk Stahlgußkette	Bereifung verschiedener Abmessung zum Arbeiten in Reihenkulturen (Schmalreifen, Hochrad) oder Erreichen maximaler Zugkräfte und Arbeiten auf weicher Fahrbahn (Niederrad, Hochrad, Breitstreifen), Greiferräder, Gitterräder		(außer Halbkette)	
Fahrgestell	Rahmen (Abb. 12), Halbrahmen (Abb. 8), Blockbauweise (Abb. 9)				–
Triebwerk	mech. Stufengetriebe, mech.-hydrostatisch, elektrisch-pneumatisch stufenlos regelbares Triebwerk			mech. Stufengetriebe	
Lenkung	Lenkgetriebe Lenkkupplung	Achsschenkellenkung, Einzelradbremsung, Lenkkupplung, Knicklenkung		Sterzenlenkung Kupplungslenkung Achsschenkellenkung	von Hand
Aggregatbildung Traktor-, Landmaschine	Heck-Dreipunktanbau, Zugpendel, Anhängekupplung, Zapfwelle	Heck-, Front-Dreipunktanbau, Zwischenachsanbau, Zugpendel, Anhängekupplung, Zapfwelle		Spezielle Anbauvorrichtungen	
Einsatzvarianten	(Abb. 6)	Geräteträger (Abb. 14), Stallarbeitsmaschine u. a. (Abb. 5)			

8

9

10

radtraktoren nehmen von Jahr zu Jahr an Bedeutung zu (Abb. 11).
Frontsitztraktoren sind bisher in Anlehnung an Nutzfahrzeuge gestaltet und haben für kommunale Zwecke und als Allradtraktoren besonders in einigen westlichen Industrieländern mit Hangeinsatz eine gewisse Bedeutung erlangt.
Bei mehr druckempfindlichen oder nachgiebigen Fahrbahnen wird in der Landwirtschaft, insbesondere in der Sowjetunion, der Kettentraktor eingesetzt (vgl. Abb. 6), der durch die Breite seiner plattenförmigen Kettenglieder und die Länge des auf der Fahrbahn aufliegenden Teils der Kette eine nur geringe spezifische Bodenbelastung aufweist. Anstelle von Rädern, die beim Radtraktor über den Erdboden gerollt oder getrieben werden müssen, legt der Kettentraktor seine eigenen Kettengleise, die mit Schienenbändern verglichen werden können, und rollt darüber (daher auch die Bezeichnung Gleiskettentraktor). Daraus ergibt sich, daß der Rollwiderstand trotz ungünstiger Fahrbahnverhältnisse im Vergleich zu Radtraktoren relativ niedrig ist. Verbreitet werden Kettentraktoren für Erdbauarten in der Bauwirtschaft eingesetzt (Abb. 12).
Die Baugruppen Motor und Getriebe weisen die gleichen Konstruktionsmerkmale wie beim Radtraktor auf. Das Lenken wird durch Ausgleichlenkgetriebe oder durch Kupplungslenkbremsen erreicht (vgl. Tab. 1). Beide Lenksysteme finden in Kettentraktoren Anwendung und besitzen Vor- und Nachteile.
Neben den beiden Hauptbauformen Zweiachsrad- und Kettentraktoren werden für die hochspezialisierte Landwirtschaft ständig neue Traktorenkonstruktionen (vgl. Abb. 6) geschaffen. Die Grundbaugruppen Motor, Triebwerk, Hydraulik u. a. bleiben zumeist unverändert, dagegen weichen Gesamtaufbau und Fahrwerk ab. Bekannte Spezialtraktoren der Landwirtschaft sind beispielsweise Geräteträger (Abb. 13), Maschinenträger, Stufentraktoren für Hanglagen, Schmalspurtraktoren, Hochtraktoren sowie solche für Industrie-, Gartenbau- und Kommunalzwecke, Kleinsttraktoren als Zweiachs- und Einachstraktoren (Abb. 14).

Technischer Stand der Baugruppen

Motoren

In Vierrad- und Gleiskettentraktoren werden z. Z. praktisch nur Viertakt-Dieselmo-

Tabelle 2: Traktorenklassen zum Einstufen der Traktoren in das Maschinensystem für die Komplexmechanisierung der Land- und Forstwirtschaft im RGW (vgl. auch Abb. 7)

Klassen nach dem Entwurf des RGW	1	2	3	4	5	6	7	8	9	10	11	12
Nennzugkraft Mp	0,1	0,2	0,4	0,6	0,9	1,2	1,4	1,6	2,0	3,0	4,0	6,0
Zugklassen-Nr. gemäß TGL 33-500001		1		2	3		4		5	6	7	8
Nennzugkraft Mp		0,2		0,6	0,9		1,4		2,0	3,0	4,0	6,0
Vorstellung über einzusetzende Klassen in der Landwirtschaft der DDR				×	×		×		×	×		×

8 Traktor 8011 Zetor Kristall als Vertreter der Halbrahmenbauweise
9 Sowjetischer Traktor T-25 in Blockbauweise
10 Traktor wie in Abbildung 7 mit zusätzlichem Frontantrieb (Bezeichnung MTS-52)
11 Allradangetriebener Traktor K-700 mit Knicklenkung, angetrieben durch einen 8-Zylinder-V-Motor mit 220 PS mit Abgasturboaufladung

11

toren eingebaut. Luft- und Wasserkühlung bestehen nebeneinander. In der Nutzungsdauer ist zwischen beiden Systemen kein allgemeingültiger Unterschied mehr. Durchgesetzt hat sich zu rd. 95 % die direkte Einspritzung. Damit sind die Motoren im Verbrauch sparsamer geworden und liegen nunmehr bei einem spezifischen Verbrauch von 170 bis 195 g/PSh, das bedeutet, sie nutzen die Energie des Kraftstoffs zu etwa 33 bis 38 % aus. Die Hubraumleistung wurde innerhalb der letzten 10 bis 12 Jahre von 10 bis 13 PS auf 14 bis 18 PS je Liter Hubraum gesteigert. Die Nenndrehzahl der Traktormotoren liegt meistens so, daß eine mittlere Kolbengeschwindigkeit von 10 m/s kaum überschritten wird. Am häufigsten liegt sie zwischen 8 und 9,5 m/s und ist damit in den letzten 15 Jahren um mehr als 2 m/s gesteigert worden.

Das Verhältnis zwischen dem höchsten Drehmoment und dem Drehmoment bei Nenndrehzahl – in Prozent ausgedrückt – bezeichnet man als Drehmomentanstieg. Er hat großen Einfluß auf die Fahr- und Arbeitseigenschaften der Traktoren, denn durch den Momentenanstieg kann bei steigender Belastung oftmals das Schalten vermieden werden. Angestrebt werden Anstiege > 15 %, wobei die meisten Motoren Anstiege von 8 bis 12 % erreichen, die bei 60 bis 80 % der Nenndrehzahl auftreten.

Triebwerke

Über 70 % der Traktortypen haben Getriebe mit acht und mehr Gängen. Für die zahlreichen Getriebebauarten gibt es keine einheitlichen Bezeichnungen. Mechanische Wechselgetriebe (Abb. 15) werden auch gegenwärtig noch am häufigsten benutzt. Von einfachen Schubrädergetrieben bis zu formschlüssigen Kupplungen und Synchronisationseinrichtungen werden international im Traktorenbau je nach Typ und Verwendungszweck noch alle Lösungsmöglichkeiten genutzt. Bei fast allen leistungsstarken Traktoren werden unter Last schaltbare Wechselgetriebe angeboten, die eine stufenweise Geschwindigkeitsveränderung ohne Unterbrechung des Kraftflusses zulassen. Dabei muß man sich vor Augen halten, daß eine Unterbrechung des Kraftflusses im Gelände sofort zum Stillstand des Traktors führt. Wiederanfahren kostet Zeit und mehr Kraftstoff. Dem wird durch unter Last schaltbare Getriebe begegnet.

Derzeit sind sowohl hochentwickelte, teilautomatisierte mechanische Stufenge-

Tabelle 3: Einteilung der Traktoren in westeuropäischen Ländern nach Motorleistung, Traktormasse und Bereifung

Traktorgrößenklassen	kleine Traktoren	leichte Traktoren	mittlere Traktoren	mittlere bis große Traktoren	schwere und große Traktoren
Motorleistung	bis 25 PS	25···35 PS	35···50 PS	50···70 PS	70 PS und mehr
Grundmasse einschließlich Kraftheber in kg	min. 750	min. 1300	min. 1900	min. 2500	min. 3500
Gesamtmasse einschließlich Zusatzmassen in kg für schweren Zug	1700···2500	2500···3000	3500···4000	4000···5000	min. 6000
Bereifung:					
Treibräder Breite	8···9″	9···11″	10···13″	11···14″	13···18″
Lenkräder maximal	5.00-16	6.00-16	7.50-16 $^{1}/_{20}$	7.50-20	7.50-20
geeignet für	einschariges Pflügen	ein- bis zweischariges Pflügen	zweischariges Pflügen	dreischariges Pflügen	mehrschariges Pflügen

triebe als auch mechanische und hydraulische stufenlose Getriebe bekannt und in Serienproduktion.

Lenkungen

Gelenkt werden Traktoren durch Schwenken der Vorderräder, aber auch durch Knicken der Achsen zueinander oder durch einseitiges Rückhalten einer Gleiskette. Die Vorderradlenkung wird bevorzugt verwendet. Als Achsschenkellenkungen werden sie als Normal- und als Einzelradlenkungen ausgeführt. Um die Betätigungskräfte am Lenkrad insbesondere bei großen Traktoren möglichst klein (< 12 kp) zu halten, werden in zunehmendem Maße hydraulische Antriebe zur Lenkungsbetätigung oder als Lenkhilfe zu deren Unterstützung verwendet.
Bei Traktoren mit gleichgroßen Rädern wird zunehmend die Knicklenkung verwendet, bei der die Achsen um einen vertikalen Drehpunkt hydraulisch gegeneinander verschwenkt werden (Kraftlenkung). Die Allradlenkung gestattet einen sehr geringen Wenderadius, wird aber meistens nur bei Sonderausführungen angewendet.
Viele Traktoren verfügen über Einzelradbremsen, mit denen durch Abbremsen des kurveninneren Hinterrades über einen zweigeteilten Bremsfußhebel besonders kleine Wenderadien möglich sind.
Kettenfahrzeuge werden allgemein dadurch gelenkt, daß beiden Gleisketten unterschiedliche Geschwindigkeiten aufgezwungen werden. In Traktoren wird das durch Ausgleich-Lenkgetriebe, Doppel-Ausgleichgetriebe oder durch Kupplungs-Bremslenkungen erreicht.

Hydraulik und Kraftheber

Mit der Entwicklung des Traktors vom reinen Zugmittel zum vielseitigen Antriebs- und Trägeraggregat für Landmaschinen hat die hydrostatische Leistungsübertragung im Traktorenbau, mehr als allgemein im Fahrzeugbau, ständig an Bedeutung gewonnen (Abb. 16). Die Ursachen dafür liegen in den überwiegend vorteilhaften Eigenschaften dieser Übertragungsart. Auf Grund dieser Vorteile und trotz ihres relativ niedrigen Wirkungsgrades haben sich seit 1937 besonders hydraulische

12

13

14

12 Gleiskettentraktor mit Frontlader bei Erdarbeiten

13 Geräteträger GT 124 des VEB Traktorenwerkes Schönebeck mit Ladepritsche

14 Tschechoslowakischer Einachstraktor TJ 6,5 für Gartenbau, Feldgemüsebau und innerbetriebliche Transporte mit 6,5 PS

15 Vollständiger mechanischer Triebwerkblock mit eingebautem hydraulischen Kraftheber und mit Planetenendgetrieben

16 Schema der hydraulischen Anlage an einem modernen Traktor (John Deere)
1 Haupt-Ölpumpe; 2 Ölausgleichbehälter; 3 Hauptwegeventil für den hydrostatischen Antrieb der Vorderräder 4; 5 Ölkühler; 6 Steuerventil zum Vorderradantrieb; 7 Ventil zum Kuppeln des Vorderradantriebs; 8 Hoch- und Niederdruck-Steuerventil; 9 Ein- und Anschaltventil zum Frontantrieb; 10 Servolenkung; 11 Öldruckbremsventile; 12 Ventil zum Steuern der unabhängigen Zapfwelle; 13 Hochdruck-Niederdruck-Durchlaß; 14 Ölfilter; 15 Förderpumpe für die Hauptpumpe 16 und die Bremsenbetätigung; 17 Filtersieb vor der Ölpumpe; 18 Arbeitszylinder für den Dreipunktanbau; 19 Wegeventil zum Betätigen des Krafthebers; 20 Scheibenbremse; 21 Kupplung der unabhängigen Zapfwelle; 22 hydraulisch betätigte Hubkupplung; 23 freier Hydromotor; 24 freier Arbeitszylinder

Kraftheber für das Heben, Halten und Senken von Anbaulasten gegenüber mechanischen, pneumatischen und elektrischen Krafthebern durchgesetzt. Viele Jahre arbeiteten diese Anlagen mit Drükken um 50 und 60 kp/cm^2; heute sind durch Zahnradpumpen erzeugte Drücke um 170 kp/cm^2 keine Seltenheit, wodurch die Leistungsfähigkeit von Krafthebern, bei hoher Zuverlässigkeit, beträchtlich gesteigert wurde. Im Traktorenbau bezeichnet man als Kraftheber die Hubvorrichtungen für Landmaschinen einschließlich ihres Antriebs (vgl. Abb. 15). Als Hubvorrichtung und Verbindungselement mit Landmaschinen hat sich international das als Dreipunktgestänge bezeichnete Viergelenkgetriebe durchgesetzt (Abb. 17). Dieser Dreipunktanbau, in Verbindung mit den hydraulischen Bauelementen, gestattet das Verstärken der Treibachslasten der Traktoren, indem nur soviel Drucköl auf die Hubzylinder gegeben wird, daß Landmaschinen oder Anhänger nicht angehoben, sondern zum Teil auf das Traktorheck abgestützt werden. Durch die erhöhte Treibachsbelastung wird das Zugvermögen gesteigert. Kraftheber einschließlich der Hydraulikbauelemente wurden soweit vervollkommnet, daß sie in Verbindung mit Landmaschinen als vollwertige Regelsysteme wirken. Verwendet werden international, insbesondere bei der Bodenbearbeitung, die Lageregelung, die Zugkraftregelung und als Kombination daraus die Mischregelung sowie die Tast-

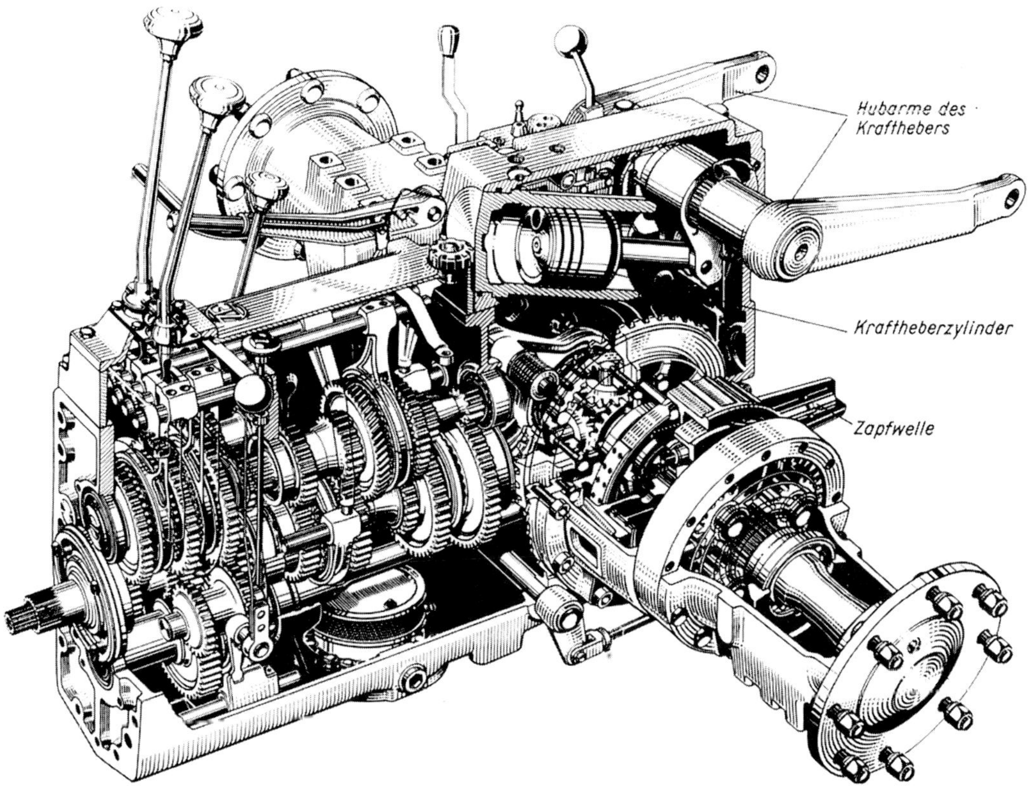

15

regelung. Die Lageregelung ist nur zur Tiefenführung brauchbar, wenn der Ackerboden eben ist. Auf welligen Böden bewirkt sie, daß z. B. die Arbeitstiefe eines Pfluges von den Nickbewegungen des Traktors bestimmt wird.

Die Zugkraftregelung regelt den Kraftheber in Arbeitsstellung so, daß immer ein vorwählbarer Zugwiderstand eingehalten wird. Bei zunehmendem Zugwiderstand leitet sie einen Hubvorgang ein und umgekehrt. Sie gewährleistet auf ebenen und welligen Böden z. B. eine gleichbleibende Arbeitstiefe eines Pfluges, solange der spezifische Bodenwiderstand konstant ist. Das Zugvermögen eines Traktors wird damit nicht überfordert; auf Flächen mit stark wechselnden Bodeneigenschaften kann es aber zu so großen Schwankungen der Bearbeitungstiefe kommen, die ackerbaulich unvertretbar sind. Um nun die bei dieser Regelung dauernden Korrekturen zu vermeiden, werden beide Regelungen kombiniert und als Mischregelung angeboten, bei der im Prinzip die Reaktion des Krafthebers auf Zugwiderstandsimpulse durch den gegenläufigen Lageregeleffekt gemindert wird. Neben Hydraulikzylindern für den Kraftheberantrieb werden auch Hydromotoren für den drehenden Antrieb von Landmaschinen (vgl. Abb. 16) oder deren Baugruppen verwendet, wobei die Entwicklung auf diesem Gebiet erst begonnen hat.

Vom Standpunkt der mechanisierten Landwirtschaft ist der Traktor selbst zwar die bewegliche Kraftzentrale, jedoch in dieser Eigenschaft vorerst nur ein sehr universelles Arbeitsmittel, das für sich allein noch keinen Gebrauchswert besitzt. Erst in Verbindung mit Arbeitsgeräten, einer Landmaschine oder einem Anhänger, entsteht ein arbeitsfähiges Aggregat. Alle Einrichtungen am Traktor, mit deren Hilfe Landmaschinen oder Anhänger angekuppelt und erforderlichenfalls angetrieben werden können, zählen zu den Baugruppen der Aggregatbildung. Sie sind überwiegend am Traktorheck angebracht. Die Vielfalt der Landmaschinen- und Anhängerausführungen erfordern am Traktor verschiedenartige Koppeleinrichtungen. Soweit sie am Traktorheck angeordnet sind, ist ihre Lage zur Fahrbahn und zum Maschinenantrieb, der Zapfwelle, international weitgehend standardisiert. Neben dem Dreipunktanbau als wichtigste Koppelvorrichtung werden die Anhängekupplung, die Anhängeschiene, das Zugpendel, die Hubkupplung und zunehmend Geräte-Schnellkupplungen (vgl. Abb. 17) verwendet.

Die durch Koppelvorrichtungen angebauten, aufgesattelten oder angehängten Arbeitsmaschinen (Abb. 18) können durch den Traktormotor über eine Gelenkwelle von der Zapfwelle (vgl. Abb. 15 und 17) angetrieben werden, die ihren Namen daher hat, daß ein Teil der Motorleistung auf dem Übertragungsweg zur Treibachse dafür »abgezapft« wird. Nach der Art der Antriebsabzweigungen im Triebwerk unterscheidet man Getriebezapfwellen, Motorzapfwellen und Wegzapfwellen. Diese

16

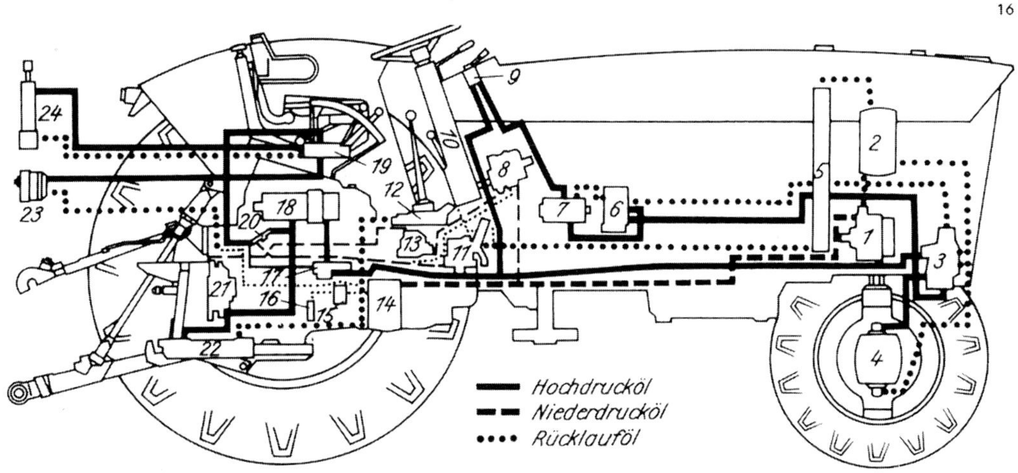

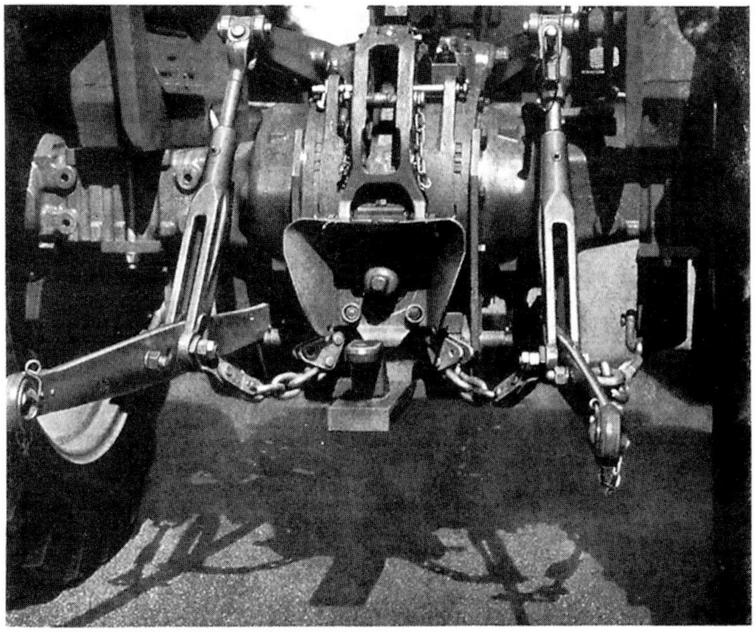

17

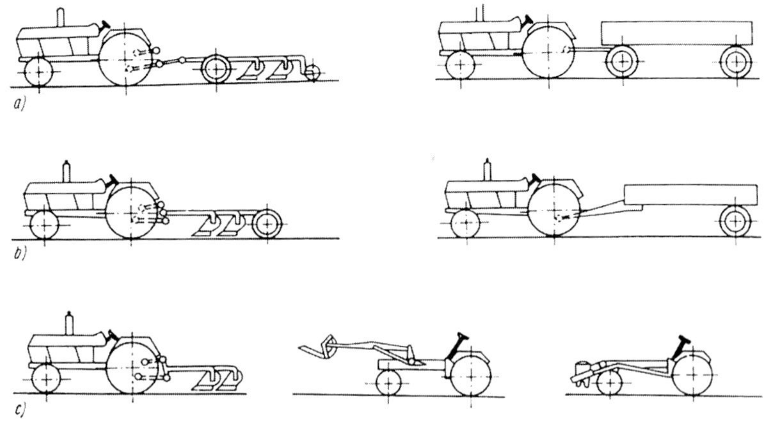

18

17 *Heck eines modernen Traktors mit Dreipunktanbau, Zugpendel sowie Zapfwelle (verdeckt durch Schutzkappe)*

18 *Verbindung von Traktoren mit Landmaschinen und Geräten*
a) Anhängegeräte; b) Aufsattelgeräte; c) Anbaumaschinen und -geräte

19 *Verschiedene Zapfwellen-Antriebsarten*
a) Motorzapfwelle mit zwei Kupplungen; b) Motorzapfwelle mit Doppelkupplung; c) Getriebezapfwelle; d) Wegzapfwelle
1 Antriebswelle; 2 Wechselgetriebe; 3 Zahnrad für Zapfwelle; 4 Zapfwelle; 5 Zapfwellen-Ende; 6 Klauen-Kupplung; 7 Fahr-Kupplung; 8 zweite Kupplung; 9 Haupt-Kupplung; 10 Hohlwelle; 11 verschiebbares Zahnrad; 12 Vorgelegewelle; 13 Zahnrad auf Antriebswelle des Wechselgetriebes

20 *Möglicher perspektivischer Frontsitztraktor mit Allradantrieb und Einrichtungen zur Aggregatbildung am Bug und Heck*

Namen ergeben sich aus der Art der Antriebsabzweigung im Triebwerk (Abb. 19). Außer Getriebezapfwellen, die nur noch an alten Traktoren zu finden sind, genügen die beiden letzteren als Zapfwellenschaltungen an modernen Traktoren allen Anforderungen. Motorzapfwellen werden direkt vom Motor und unabhängig von der Fahrkupplung über eine gesonderte Kupplung oder eine Doppelkupplung angetrieben. Ihre Drehzahl ist von der Motordrehzahl abhängig. Muß die Zapfwellendrehzahl der durch Gangwahl veränderlichen Fahrgeschwindigkeit des Traktors angepaßt sein (Triebachsanhänger, Sä- und Düngerstreuelemente), wird der Antrieb hinter dem Wechselgetriebe abgezweigt (Abb. 21 d) und als Wegzapfwelle bezeichnet. Zum Erhöhen der Leistungsübertragung über die Zapfwelle, die der verlustärmste Weg der Energieübertragung vom Traktor auf angetriebene Maschinen darstellt, wurde in den letzten Jahren die Zapfwellendrehzahl international bei Traktoren über 50 PS von 540 U/min veränderlich auf 1000 U/min angehoben. Das brachte ein Steigern der Leistungsübertragung über die Zapfwelle von bisher 45 PS auf maximal 100 PS, bedingt aber das Verändern des Zapfwellenprofils von Keil- und Evolentenverzahnung. Während die Keilverzahnung sechs Zähne hat, verfügt die Evolentenverzahnung über 21 kleinere Zähne, bei denen – bei gleichem Außendurchmesser – die tragende Fläche an den Flanken sowie der Kerndurchmesser größer sind, so daß eine erhöhte Leistung übertragen werden kann.

Alle übrigen Baugruppen und Anlagen, wie z. B. die Bremse oder die elektrische Anlage, sind denen von Nutzkraftwagen vergleichbar, wobei aber erst in den letzten Jahren im Vergleich zum Kraftfahrzeugbau ergometrische Bedingungen beachtet wurden, so daß der Gesundheit der Traktoristen Rechnung getragen wird.

Mögliche Entwicklungstendenzen

Allgemein wird eingeschätzt, daß Traktoren über Jahre hinaus für den mobilen Antrieb in der Landwirtschaft, insbesondere für die Bodenbearbeitung und weitere schwere Zugarbeiten, ihre Berechtigung haben werden. Der Trend zur Leistungssteigerung unter vermehrtem Einsatz von Aufladung hält gegenwärtig an, wobei Traktoren bis 500 PS zu erwarten sind. Während der Traktor über Jahre nahezu alle Maschinen und Geräte antreiben und ziehen mußte, läßt sich dieser Trend zur Leistungssteigerung durch die Konzentration des Einsatzes auf schwerste Arbeiten begründen. Das betrifft insbesondere die Bodenbearbeitung, die bei zunehmender Flächengröße weiter intensiviert werden muß, da das Hauptproduktionsmittel Boden seinem Umfang nach nicht vermehrbar ist. Hinzu kommt eine erhöhte Arbeitsproduktivität, denn die Arbeitskräfteanzahl in der Landwirtschaft zeigt international eine sinkende Tendenz. Versorgte in der DDR 1970 z. B. ein Genossenschaftsbauer 23 Menschen mit Grundnahrungsmittel, werden es 1975 bereits 32 Menschen sein. In den sozialistischen Ländern werden dabei Traktoren

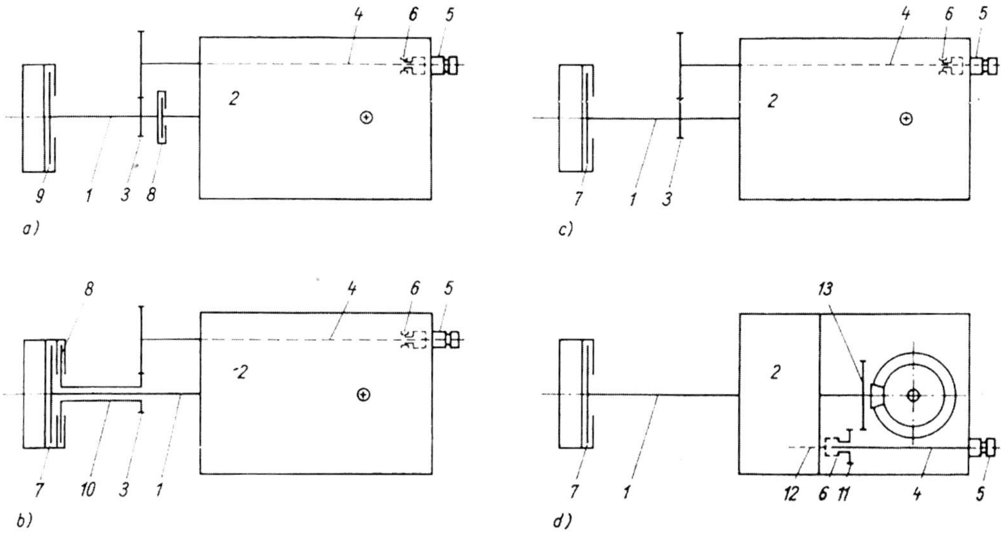

19

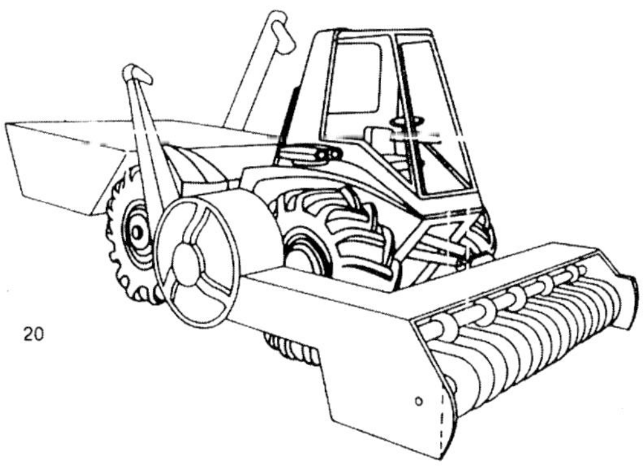

20

immer mehr den anzutreibenden Maschinen angepaßt und in Maschinensystemen eingebunden sein, die die Grundlage industriemäßiger Produktionsmethoden in der Landwirtschaft sein werden.
In der Literatur und auf internationalen Messen vorgestellte Konstruktionen lassen die Vermutung zu, daß Frontsitztraktoren (Abb. 20) mit Allradantrieb und Einrichtungen zur Aggregatbildung an Bug und Heck Anwendungschancen haben. Weitere Entwicklungen des Allradantriebs mit und ohne Knicklenkung könnten der Voll- oder Teilantrieb für selbstfahrende Landmaschinen oder Bestellkombines sein.
Für den internationalen und insbesondere für den sowjetischen Traktorenbau sind zwei Hauptwege für die Vervollkommnung der Traktorenkonstruktionen und ihres technischen Niveaus kennzeichnend. Der erste Weg besteht im Modernisieren vorhandener Modelle, für das die Kontinuität einer hohen Qualität der Traktorenfertigung eine Hauptvoraussetzung ist. Der zweite Weg ist die Entwicklung neuer Traktorbauformen oder -typengrößen, hervorgerufen entweder durch wesentliches Verändern bekannter technologischer Verfahren der Landwirtschaft oder durch die Notwendigkeit, völlig neue Arbeiten zu mechanisieren.
Bei den Traktorantrieben dürfte der Dieselmotor als Hubkolbenmotor in den kommenden Jahrzehnten durch kein anderes Antriebssystem abzulösen sein, zumal der Rotationskolbenmotor besonders auf energetischem Gebiet noch keine Vorteile erkennen läßt. Der gegenwärtig hohe Stand der Motorentechnik wurde durch jahrzehntelange Forschungen erreicht. Das Ergebnis sind hohe Zuverlässigkeit und lange Nutzungsdauer, so daß Laufzeiten bis zu 6000 Stunden bei Traktormotoren bis zur ersten Grundüberholung erreicht werden. Hier wäre also Gutes durch Besseres zu verdrängen, das mindestens in folgenden Punkten dem Hubkolbenmotor überlegen sein müßte: Geringeres Bauvolumen und geringere Masse, höheren Wirkungsgrad, billiger in der Herstellung, größere Zuverlässigkeit und Nutzungsdauer sowie geringere Umweltbeeinflussung. Die Motoren, die mit den herkömmlichen Kraftstoffen arbeiten, sollen durch Verbessern des Ladungswechsels, der Gemischaufbereitung, der Gemischverteilung, der Strömungsvorgänge im Verbrennungsraum und des Verbrennungsablaufs so perfektioniert werden, daß sie gegenüber dem heutigen Stand eine Verbrauchssenkung auf 65 bis 70 % erreichen sollen.
Das Ablösen der Otto- und Dieselmotoren in den kommenden zwei Jahrzehnten durch den Heißgasmotor wird als möglich erachtet, denn er bietet folgende Vorteile:

- zeitunabhängige Verbrennung durch eine äußere Wärmezufuhr, so daß sehr geringe Schadstoffe in den Abgasen vorhanden sind;
- Vielstoffeigenschaft der Motoren, und der Staub der Verbrennungsluft hat keinen Einfluß auf den Verschleiß im Motor (Verringern des Aufwands an Filtertechnik);
- Geräuscharmut, Schwingungsfreiheit und gute Verbrauchswerte bei Teillast sowie eine hohe Drehzahl- und Drehmomentelastizität.

Der Trend zu stärkeren Motoren wird sich vermutlich also etwa wie bisher entwickeln, was aber die Konstruktion der Getriebe anbetrifft, so zeigt sich schon heute, daß hydrostatische Getriebe kommen werden. Mit diesen Getrieben ist die stufenlose Geschwindigkeitsregulierung und eine bisher nicht gekannte Freizügigkeit in den Traktorbauformen als Anpassung an landwirtschaftliche Forderungen gegeben.
Zum weiteren Steigern der Traktorwirkungsgrade und der Traktorausnutzung werden noch viele Verbesserungen zu erwarten sein, wie automatische Lenkungen oder Lenkungen mit Kopierautomatik, automatische Kopplungseinrichtungen für Arbeitsgeräte und -maschinen, wobei auch bewährte Elemente des Kraftfahrzeugbaus, wie z. B. Gürtelreifen, Luftdruckregelanlagen für die Bereifung, mehr Fahrkomfort sowie Sicherheit durch Sicherheitskabinen oder Sicherheitsrahmen bei Traktoren zum Standard gehören werden.

H.S.-Ing. Herbert Schulz

Alles in Einem

Selbstfahrer in der Landwirtschaft

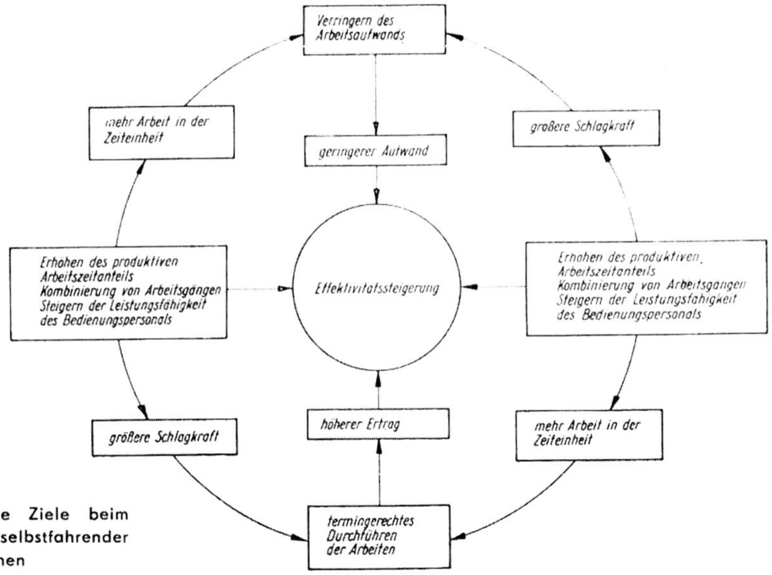

1 Ökonomische Ziele beim Verwenden selbstfahrender Landmaschinen

Gegenwärtig vollziehen sich in der Landwirtschaft, insbesondere in den sozialistischen Ländern, gewaltige Umwälzungen in Richtung auf industriemäßige Methoden beim Erzeugen landwirtschaftlicher Produkte. Ziel dieser Methoden ist es, die Produktion zu steigern und den Arbeitsaufwand zu verringern. Eines der Mittel, um dieses Ziel zu erreichen, ist das Verwenden von Landmaschinen mit eigenem Fahrantrieb, den Selbstfahrern (Abb. 1). Neu sind sie allerdings nicht. Sie sind fast genau so alt wie der Traktor, mit dem bislang die Landmaschinen angetrieben wurden. Ja, man kann sagen, bis weit nach 1920 war noch nicht entschieden, ob die Mechanisierung der Landwirtschaft auf der Basis selbstfahrender Landmaschinen und Geräte oder des Traktors vor sich gehen würde. Besondere Bedeutung hatten zu dieser Zeit die selbstfahrenden Pflüge (Abb. 2 und 3). Dank seiner Vielseitigkeit war aber der Traktor das entscheidende Mittel, mit dem für Jahrzehnte in Verbindung mit gezogenen oder angebauten Landmaschinen die schwere körperliche Arbeit in der Landwirtschaft erleichtert und höhere Flächen- und Mengenleistungen erreicht wurden.

Das charakteristische Merkmal selbstfahrender Landmaschinen besteht darin, daß sie alle Baugruppen einer Arbeitsmaschine haben, wie z. B. Motor, Übertra-

2 Deutzer Pfluglokomotive (1908) System Brey

3 Kehrpflug „Toro" (1926) der Toro Motorpflug AG, Braunschweig

gungselemente, Fördereinrichtungen, Arbeitselemente und Steuer- und Regeleinrichtungen, die mit den zum Fortbewegen notwendigen Baugruppen ein einheitliches Ganzes bilden. Da aber heute im großen Umfang Lkw für landwirtschaftliche Arbeiten, beispielsweise zum Düngerstreuen, eingesetzt werden, selbstfahrende Landmaschinen auch durch Verbinden von Landmaschinen mit Traktoren oder Fahrgestellen entstehen, muß man den Begriff „Selbstfahrer in der Landwirtschaft" heute bereits wesentlich weiter fassen (Abb. 8). Zumindest aus der Vielgestaltigkeit, die sich hinter dem Begriff „Selbstfahrer" verbirgt, läßt sich schon die Bedeutung derartiger Maschinen erkennen.
Während die Entwicklungen selbstfahrender Landmaschinen zu Beginn der Motorisierung der Landwirtschaft (vgl. Abb. 2 und 3), bis auf den Motortragpflug von Robert Stock, nur Randerscheinungen blieben, begann in den vierziger Jahren praktisch der Durchbruch. Zunächst entstanden für die Getreideernte die Mähdrescher. Maßgebend dafür war der hohe Arbeitskräftebedarf auf den riesigen Getreideflächen der UdSSR und in Nordamerika. Jahrelang blieben die Mähdrescher die einzigen Selbstfahrer in der Landwirtschaft, denn bei Landmaschinen handelt es sich ja immer um Spezialmaschinen mit nur geringer jährlicher Nutzungsdauer.
Aus der Sowjetunion ist aus jenen Jahren besonders der Mähdrescher S-4 (ab 1947 gebaut) zu nennen, also jener Typ, der auch der DDR ab 1951 in einigen tausend Exemplaren als Hilfe übergeben wurde, um die Versorgung zu sichern und die sozialistische Landwirtschaft zu stärken.
Um den Nachteil der aufwendigen und kampagnegebundenen Selbstfahrer und der dadurch eintretenden kostspieligen Nutzung zu beseitigen, begann Anfang der sechziger Jahre die Entwicklung sogenannter Maschinenträger oder auch Triebsätze. Das Ziel dieser Entwicklung war es, auf Rahmen oder Achsen von Selbstfahrern verschiedene Landmaschinen, insbesondere für die Ernte, aufzubauen und damit Motor, Fahrwerk u. a. jährlich länger zu nutzen. Diese Entwicklung konnte sich nicht umfassend durchsetzen. Als Gründe hierfür sind zu nennen: Es mußten zum einen zu große Kompromisse bei der Gestaltung der Landmaschinen geschlossen werden, und zum anderen überschneiden sich in Mitteleuropa die Erntekampagnen für die hauptsächlichen landwirtschaftlichen Erzeugnisse so stark, daß eine längere Nutzungsdauer eines Maschinenträgers nicht möglich ist. Heute sind alle selbstfahrenden Erntemaschinen in Maschinensysteme eingebunden. Sie stellen sogar in der Regel die wichtigsten Maschinen, sogenannte Schlüsselmaschinen, in diesen Systemen dar. Ihre Größe wird mitbestimmt von der Effektivität eines Erntesystems, so daß sich diese Maschinen in ihrer Größe

4

5

4 Mähhäcksler E 280 des VEB Kombinat Fortschritt Landmaschinen
5 Schwadmäher E 301 beim Schwadmähen als Vorbereitung für den Schwaddrusch
6 DDR-Mähdrescher E 512 mit Maisschneidwerk

BMG
257

7

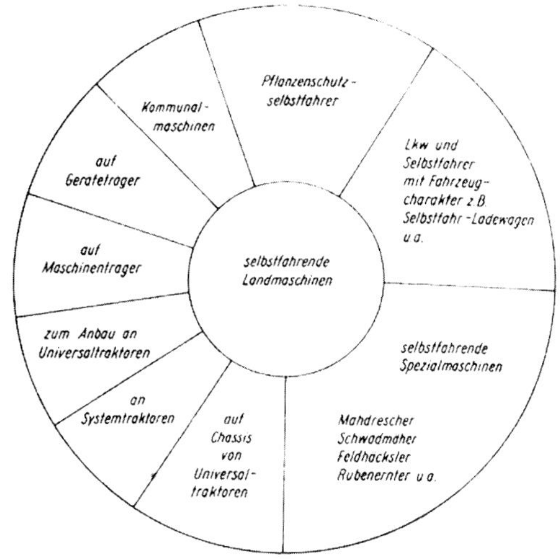

8 Technische und einsatztechnische Verwandtschaft selbstfahrender Landmaschinen

und im Leistungsanspruch sehr unterschiedlich entwickelt haben. Sie könnten also nicht mehr mit einem Maschinenträger betrieben werden. Maschinenträger werden heute noch in der Sowjetunion, z. B. für Mähdrescher, Maisernter und mit Ladepritsche, gebaut (Abb. 14). Vereinzelt oder in kleinen Serien gebaut, gibt es Maschinenträger auch in Schweden oder England.
In diesem Zusammenhang muß man unbedingt den aus dem Traktor entstandenen Geräteträger nennen. Der Name ist eigentlich nicht ganz gerechtfertigt, denn der Geräteträger kann nicht nur „Geräte tragen", sondern im gleichen Maß Maschinen antreiben und aufnehmen (Abb. 9). So entstand dann auch eine Kategorie der Selbstfahrer, die in der DDR mit den Geräteträgern RS 09 und GT 124 große Tradition hatte; in der Sowjetunion und in der BRD werden heute noch Geräteträger produziert.
Ähnliche Aufgaben wie Geräteträger haben die neu entstandenen Systemtraktoren (Abb. 5). Diese Traktoren verfügen über drei echte Anbauräume zum Verbinden mit Landmaschinen; so entsteht eine selbstfahrende Arbeitsmaschine. Während in sozialistischen Ländern die Mechanisierung der pflanzlichen Produktion in große Produktionseinheiten mit direkt selbstfahrenden Landmaschinen betrieben wird, sieht man in kapitalistischen Ländern bei kleineren Betrieben in dieser Art der Motorisierung eine Möglichkeit der Mechanisierung.
In der Hauptsache wurden bisher selbstfahrende Landmaschinen für das Ernten der Feldfrüchte entwickelt; aber auch im Bereich des Pflanzenschutzes und des Transports sind bereits solche Maschinen anzutreffen. Es gibt international schon mehr Selbstfahrer, als gemeinhin angenommen wird. Als wesentlichste Arbeiten, für die sie entwickelt wurden, können genannt werden: Maispflücken und -häckseln (Abb. 6), Getreidemähdrusch (Abb. 13), Schwadmähen (Abb. 5), Mähladen und -häckseln von Grüngut (Abb. 4) und Getreide, Selbstladen und Transportieren von Grüngut und Getreide (Abb. 10), Pflanzenschutz (Abb. 16), Köpfladen und Rodeladen bei Rüben (Abb. 7), Ernte von Baumwolle, Kartoffelernte und Transport verschiedener Güter auch bei Aufnahme von Containern.

9

Die selbstfahrenden Landmaschinen sind mit die Grundlage der industriemäßigen Produktion in sozialistischen Landwirtschaftsbetrieben. Diese industriemäßige Produktion bedingt neue Einsatzverfahren und ganze Maschinensysteme. Um z. B. die Getreidekörner in der Landwirtschaft unserer Republik zu ernten, kann das in Abbildung 12 angegebene Maschinensystem eingesetzt werden. Es ist dabei heute so, daß nicht mit Einzelmaschinen gearbeitet wird, sondern die Feldgrößen ermöglichen und fordern den Komplexeinsatz einer Vielzahl derartiger Maschinen. Im dargestellten Maschinensystem der Getreideernte stellen die Mähdrescher E 512 (Abb. 13) und bei besonderen Bedingungen auch die Schwadmäher E 301 (Abb. 5) Schlüsselmaschinen dar. Ähnlich sind die Maschinensysteme und Ver-

10

11

7 In Kooperation zwischen der Sowjetunion, der DDR und der VR Bulgarien entwickelter selbstfahrender Rübenrodelader KS-6

9 Sowjetischer Geräteträger T 16 mit Stäube- und Sprühmaschine für den Pflanzenschutz

10 Selbstfahrender Universaltransporter von Fendt Agrobil S (Selbstladewagen)

11 Lkw- oder maschinenträgerähnliches Fahrgestell zur Schädlingsbekämpfung und mit verändertem Aufbau zum Düngerstreuen (USA)

fahren für die Ernte anderer landwirtschaftlicher Produkte gestaltet. So existiert inzwischen auch ein Maschinensystem zum Strohbergen in der Landwirtschaft, das unmittelbar nach dem Maschinensystem zur Getreidekörnerernte eingesetzt wird. Obwohl die Anlagekosten für Selbstfahrer und komplette Maschinensysteme sehr hoch sind, sinken doch die spezifischen Kosten je landwirtschaftliche Erzeugniseinheit, natürlich gute Organisation sowie Handhabung und richtige Pflege und Instandsetzung der Maschinen vorausgesetzt.

Neben dem Senken der spezifischen Kosten haben Selbstfahrer gegenüber traktraktorgezogenen Landmaschinen folgende Vorteile:

– Der Fahrleistungsbedarf ist aufgrund der geringen Gesamtmasse gegenüber Traktor und Landmaschine niedriger, dadurch verringert sich der Kraftstoffverbrauch.
– Die Verluste beim Übertragen der Energie vom Motor auf die Arbeitsmaschine sind wegen der geringeren Anzahl von Übertragungsgliedern niedriger. Auch hieraus ergibt sich eine Einsparung an Kraftstoff.
– Durch Einmannbedienung und Einsparung von Arbeitskräften werden niedrigere Lohnkosten und eine höhere Arbeitsproduktivität erreicht.
– Die Selbstfahrer sind kürzer als Traktoren und Anhängemaschinen gebaut und damit wendiger, was die Manövrierfähigkeit erhöht und die Wendezeiten senkt.
– Die Anzahl der Fahrspuren auf dem Feld wird verringert, und durch Erntegut werden das Fortbewegungsvermögen und nicht zuletzt die Ergonomie verbessert.

Diesen Vorteilen stehen folgende Nachteile entgegen:

– höhere Gesamtinvestitionen,
– schlechtere Ausnutzung des Motors und der Triebwerk- und Fahrwerkbaugruppen, die sonst beim Traktor ganzjährig genutzt werden.

Obwohl jede selbstfahrende Landmaschine jeweils für spezielle Arbeiten ausgelegt ist, sind doch alle Selbstfahrer ähnlich aufgebaut. Dabei sind die Rah-

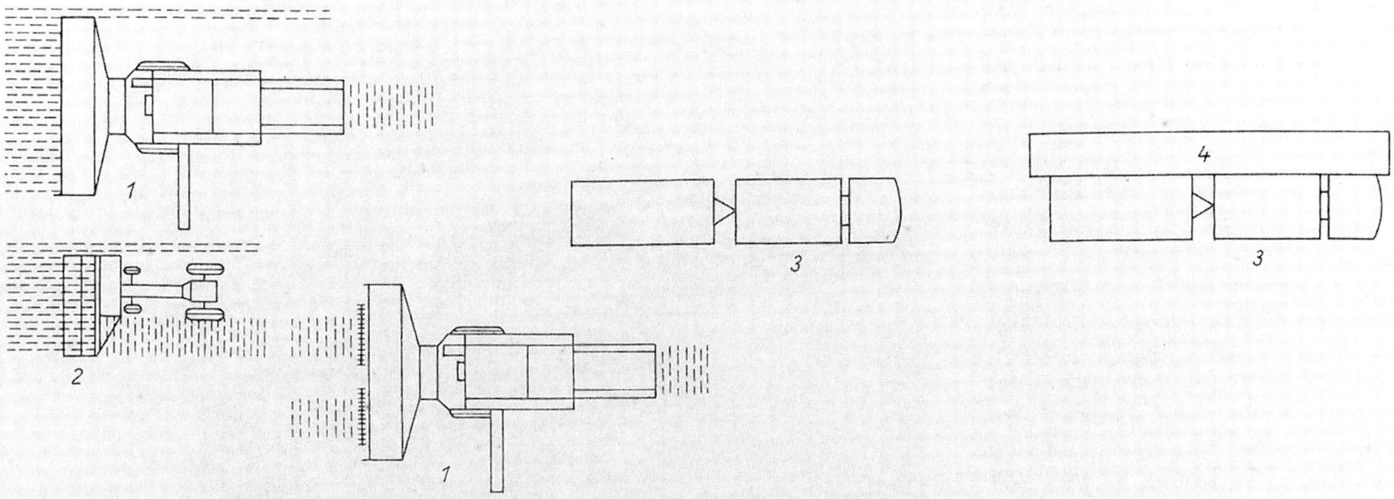

12

13

12 In der DDR angewendetes Maschinensystem zum Bergen von Getreidekörnern
1 Mäh- oder Schwaddrusch (s. Abb. 13); 2 Schwadmähen mit Schwadmäher (s. Abb. 5); 3 Körnertransport mit Landwirtschafts-Lkw oder Traktor (s. Abb. 13) und Kippanhänger; 4 Körnereinlagern im Speicher

13 Selbstfahrende Landmaschine „Mähdrescher"

14 Sowjetischer Maschinenträger Ssch 150 im Rüstzustand mit Ladepritsche für Transportaufgaben

15 Systemtraktor MB trac 65/70 von Daimler-Benz mit Maschinenanbauräumen an Bug, Heck und Überflur

16 Selbstfahrende Lkw-ähnliche Maschine für den Pflanzenschutz (Italien)

menbauweise und die selbsttragende Bauweise zu unterscheiden. Beide Bauweisen finden gleichermaßen Anwendung. In selbsttragender Bauweise ist z. B. der Groß-Mähdrescher E-512 des VEB Kombinat Fortschritt Landmaschinen gestaltet (vgl. Abb. 13), während die selbstfahrenden Feldhäcksler E 280 und Schwadmäher E 301 des gleichen Kombinats Maschinen mit Rahmen sind.

Der Fahr- und Maschinenantrieb umfaßt die Baugruppen Motor, Kupplungen, schaltbare Stufen- oder stufenlose Getriebe, Treibachse und Ausgleich- und Endgetriebe.

Der Dieselmotor, und dabei fast ausschließlich der Motor mit direkter Kraftstoffeinspritzung, stellt das bei Selbstfahrern vorherrschende Antriebsaggregat dar. Damit Arbeitsorgane und Fahrwerk unabhängig voneinander arbeiten können, haben selbstfahrende Landmaschinen stets zwei voneinander getrennte Kupplungen. Die Fahrgeschwindigkeit muß zu verändern sein, ohne daß dabei die Drehzahlen der Landmaschinenbaugruppen beeinflußt werden. Um z. B. mit einem Mähdrescher stets die optimale Mengenleistung zu erreichen, ist der Maschine immer eine möglichst konstante Erntegutmenge zuzuführen. Das erfordert meistens ein Verändern der Fahrgeschwindigkeit wegen der nie konstanten Bestandsdichte des Getreides. Die Arbeitselemente dagegen (Schneid-, Förder-, Dresch- und Reinigungseinrichtungen) müssen mit konstanter Drehzahl arbeiten. Diese unterschiedlichen Anforderungen an die einzelnen Antriebe erfordern in der Regel einen nicht geringen Aufwand an Steuer- und Regeleinrichtungen. Am besten werden diese Aufgaben mit stufenlosen Antrieben erfüllt. Dafür bieten sich

14

15

16

fast ausnahmslos hydraulische und mechanische Lösungen an. Überwiegend werden heute mechanische Antriebe in Form von Keilriemenvariatoren für Maschinen- und Fahrantrieb genutzt.

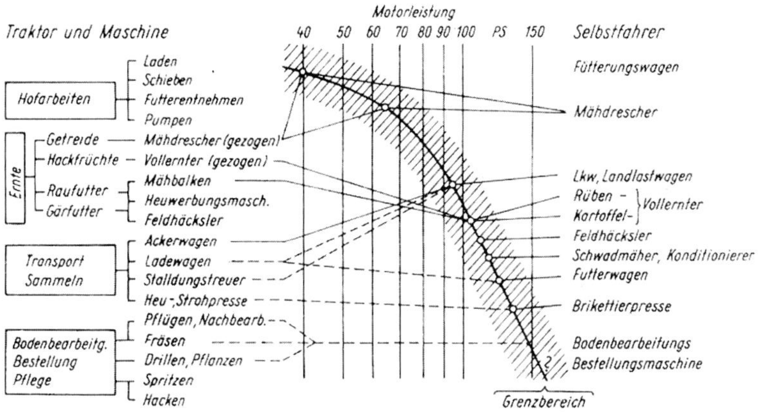

17 Einschätzung der Entwicklung (Arbeitsbereich und Leistung) von Selbstfahrern im Vergleich zu Traktoren mit gezogenen Landmaschinen in der BRD

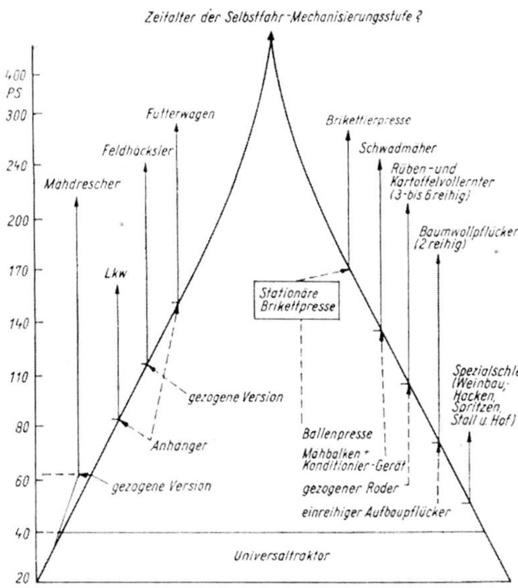

18 Entwicklungsvorstellung zu selbstfahrenden Landmaschinen in kapitalistischen Ländern

In zunehmendem Maß findet man auch hydrostatische Fahrantriebe.

Die Bremsen an selbstfahrenden Landmaschinen gleichen in der Ausführung denen von Lkw und Traktoren, sind aber in der Regel nur an der vorderen Treibachse vorhanden, da die hintere Achse meist die gelenkte Achse ist, die üblicherweise nicht gebremst wird.

Nicht unerwähnt bleiben darf, daß an selbstfahrenden Landmaschinen sehr vielfältige Aufgaben der Automatisierung heute gestellt und gelöst werden, z. B. Arbeitshöheneinstellung, Führen am Bestand oder an einer Reihe, Drehzahlregulierung, Regeln des Durchsatzes und der Mengenregelung, der Fahrgeschwindigkeitseinstellung, aber auch der Verlustermittlung. So sind sie nicht nur Maschinen, sondern verfügen über alle Elemente, die Automaten kennzeichnen.

Die eigentliche Entwicklung von selbstfahrenden Landmaschinen als Ergebnis des wissenschaftlich-technischen Fortschritts und zum Durchführen der industriemäßigen Produktion in der sozialistischen Landwirtschaft währt jetzt etwa ein Vierteljahrhundert. In dieser Zeit haben sich die Selbstfahrer zu Schlüsselmaschinen bei einer Reihe von landwirtschaftlichen Verfahren entwickelt; damit haben sie entscheidende Bedeutung in der Landwirtschaft erreicht. In der DDR z. B. werden damit immerhin etwa 80 % der Grundnahrungsmittel für die Bevölkerung geerntet und befördert.

Offenbar ist auch, daß das Anwachsen des Umfangs der landwirtschaftlichen Produktion hinsichtlich seines kalorischen Werts von der Energiemenge abhängt, die zu seiner Erzeugung notwendig ist. Der größte Anteil der Energie entfällt bisher auf die Arbeit, die in der heutigen Landwirtschaft vorwiegend bereits von mobilen Maschinen, d. h. Traktoren, selbstfahrenden Landmaschinen und Lkw, durchgeführt wird.

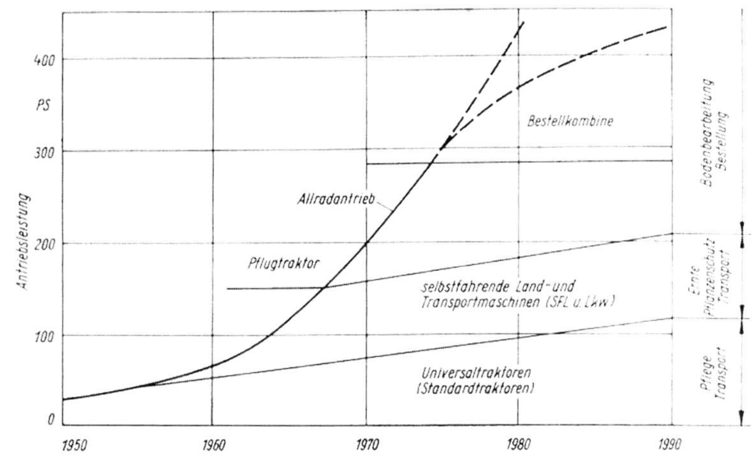

19 Entwicklung der mobilen Antriebe (Selbstfahrer und Traktoren) am Beispiel der sowjetischen Landwirtschaft bis 1990

Nach bisherigen prognostischen Einschätzungen wird sich offenbar der künftige Zeitraum, besonders nach 1980, durch die immer größere Benutzung selbstfahrender Einzweckmaschinen und der Automobiltechnik auszeichnen. Feststehen dürfte, daß der bisherige Universaltraktor, trotz höherer Leistungsinstallation, an Bedeutung verlieren wird. Während in den USA die Entwicklung des Selbstfahrers offensichtlich nach Erfahrungen und erforderlicher Leistung prognostiziert wird, wobei ab einer Leistung von 400 PS allein die Selbstfahrer dominieren (Abb. 18), sieht man die leistungsbezogene Entwicklung der Selbstfahrer in der BRD, wie sie Abbildung 17 zeigt. Eine für die Sowjetunion gegebene Einschätzung sieht die Entwicklung der selbstfahrenden Landmaschinen im Verband mit der Weiterentwicklung von Traktoren und der Kombination von Grundverfahren (Abb. 19) vor. Damit werden Selbstfahrer für die Ernte, für den Transport, aber auch für die Bodenbearbeitung und Bestellung zunehmende Bedeutung erlangen. Mit Sicherheit kann man sagen, die Selbstfahrer bestimmen in den nächsten Jahren mit, wie die Landwirtschaft in sozialistischen Ländern die industriemäßige Produktion durchsetzt und wie die Produktion gesteigert und die Versorgung der Bevölkerung mit Grundnahrungsmitteln erhöht wird.

HEINRICH KARL

Die Elefanten unter den Traktoren

Großtraktoren im Bild

Seit mehr als 50 Jahren werden Traktoren in der Landwirtschaft als Arbeitsmaschinen verwendet. Damit verbunden wurden die Arbeit leichter, die Arbeitszeit kürzer und die Arbeitsgüte besser. Diese Aufgaben gelten natürlich heute noch, denn besonders Effektivität und Qualität bestimmen mit, wieviel die Landwirtschaft besonders an Nahrungsmitteln produzieren kann.

Die Besonderheit der landwirtschaftlichen Produktion liegt vor allem darin, daß der Boden, gleichermaßen als Produktionsmittel und -gegenstand, für das Wachstum der Pflanzen aufbereitet werden muß. Etwa ein Zehntel des Festlandsockels der Erde wird ackerbaulich genutzt. Zwei Zehntel sind Dauergrünland. Sieben Zehntel der Erdoberfläche sind Wald, Busch und Unland. Für das Bearbeiten der ackerbaulich genutzten Flächen wirken Menschen mit Tieren und Maschinen. Die wichtigsten Maschinen sind dabei Traktoren, weil mit ihnen die schwersten Arbeiten, das Pflügen (Abb. 1) und die Bestellung, ausgeführt werden. Diese Arbeiten sind deshalb so schwer, weil riesige Erdmassen dabei zu bewegen sind.

Was allein bei der Bodenbearbeitung für Erdbewegungen notwendig sind, sei einmal am Beispiel unserer Republik dargestellt. Bei uns sind rund 4,6 Mill. ha Ackerland »unter dem Pflug«. Damit sind rd. 16 Mrd. m^3 Boden zu bewegen; einschließlich der Bestellarbeiten werden es etwa 24 Mrd. m^3 Boden sein. Darüber hinaus sind viele Arbeiten, wie Ernten (Abb. 2), Transporte u. a., auszuführen. Dafür werden überwiegend noch Traktoren eingesetzt, deren Weltbestand nach Schätzungen etwa 17 Mill. Stück beträgt.

Vor der Verwendung von Traktoren als Antriebe in der Landwirtschaft wurde alles mit menschlicher und tierischer Kraft bewältigt. Ein Blick zurück auf das Verwenden von Traktoren in der Landwirtschaft zeigt, daß die Traktorenleistung stetig zugenommen hat. Über Jahre hatten Traktorenhersteller ihren Erzeugnissen als »Tierersatz« auch Tiernamen gegeben. So wurden Namen bekannt wie Dieselroß, Stier, Panther, Tiger und Dieselelefant. Die mit diesen Namen verbundenen Sinnbilder von Kraft und Stärke deuten offensichtlich auch den Trend zur höheren Produktivität bei der landwirtschaftlichen Arbeit mit Traktoren an. Das ist auch an den verstärkt in der Landwirtschaft verwendeten Geräte- und Maschinenkombinationen zu erkennen. Diese Kombinationen können vielfältiger Natur sein und betreffen gegenwärtig überwiegend die Bodenbearbeitung und die Bestellung. Hierfür werden große Antriebsleistungen benötigt. Traktoren großer Leistung werden darüber hinaus für Schwertransporte, Bodenfräsen, Feldhäckseln und das Antreiben gezogener Vollernter verwendet. Gegenwärtig vollziehen sich in der Landwirtschaft vieler Länder technische und organisatorische Veränderungen mit dem Ziel der Erzeugnissteigerung und Verringern des Arbeitsaufwands. Bei diesen Aufgaben werden selbstfahrende Landmaschinen und große Traktoren die Maschinen oder Geräte antreiben. Gemeinsam ist sicher beiden, daß es so große Maschinen sind, in denen eine

1 Allradangetriebener Traktor mit Allradlenkung beim mehrfurchigen Pflügen (Kramer, BRD)

2

2 Allradtraktor Typ 7520 von John Deere (USA) mit Knicklenkung und Zwillingsbereifung an allen Rädern

3 Sowjetischer Gleiskettentraktor D-522 mit Planierschild

4 Großtraktor beim gleichzeitigen Mähen und Laden mit Selbstladewagen (Schilter, Schweiz)

5 Sowjetischer Standardtraktor »Belorus« bei Forstarbeiten

6 Standardtraktor ZT 300 mit kleinen angetriebenen Vorderrädern (VEB Traktorenwerk Schönebeck)

7 Standardtraktor von Fiat mit vergrößerten Fronttriebrädern

8 Sowjetischer Allradtraktor K-700 mit Knicklenkung, von dem im Leningrader Kirow-Werk bereits weit über 100000 Stück hergestellt wurden

9 Allradtraktor MB-trac 95/105 von Daimler-Benz für Zweiwegefahrt mit Vorderradlenkung

große Anzahl von technologischen Verfahren und Operationen gleichzeitig ablaufen.
Zu konstatieren wäre: Die Traktoren werden größer, aber, bezogen auf die gegenwärtige Ackerfläche, werden es weniger. Das wird international so eingeschätzt. Wird aber davon ausgegangen, daß etwa eine doppelt so große Fläche wie bisher auf der Erde für die menschliche Ernährung für anbauwürdig gehalten wird, so ist wohl auch mit der absoluten Zunahme von selbstfahrenden Landmaschinen, Traktoren und besonders gigantischen Traktoren zu rechnen.
Was bezeichnet man nun heute eigentlich als Traktorgiganten oder -elefanten und welche Leistungsgröße haben sie? Will man diese Fragen beantworten, so ist davon auszugehen, daß in der Landwirtschaft sicher immer unterschiedlich große Traktoren benötigt werden und daß diese Traktoren als Geländefahrzeuge konzeptionell unterschiedlich aufgebaut sind. Die Leistungsgröße eines Traktors ist in Abhängigkeit von der Konzeption dort, wo die Grenze der Leistungsübertragung seines Fahrwerks liegt bzw. dort, wo noch Bodendruckschäden vermieden werden. Entscheidend ist also, was abhängig von Motorleistung, Bauart und besonders Fahrwerksauslegung mit geringen Verlusten als Zugkraft auf dem Boden abgestützt werden kann. Zu beachten wird dabei sein, daß ein Traktor in Zukunft weniger »reine« Zugarbeiten auszuführen hat, sondern daß er mehr zum Tragen, Antreiben und Kombinieren genutzt wird. Abhängig von der Fahrwerksauslegung kann heute mit einiger Sicherheit gesagt werden, daß die Standardtraktoren (Abb. 5), bei denen nur die hinteren Räder antreiben, ihre Leistungsgrenze bei 80 bis 90 kW Motorleistung haben. In dieser Kategorie wären sie also die Giganten. Die Superlative Gigant und Elefant sind natürlich aus dem Vergleich mit den

3

4

5

6

7

8

9

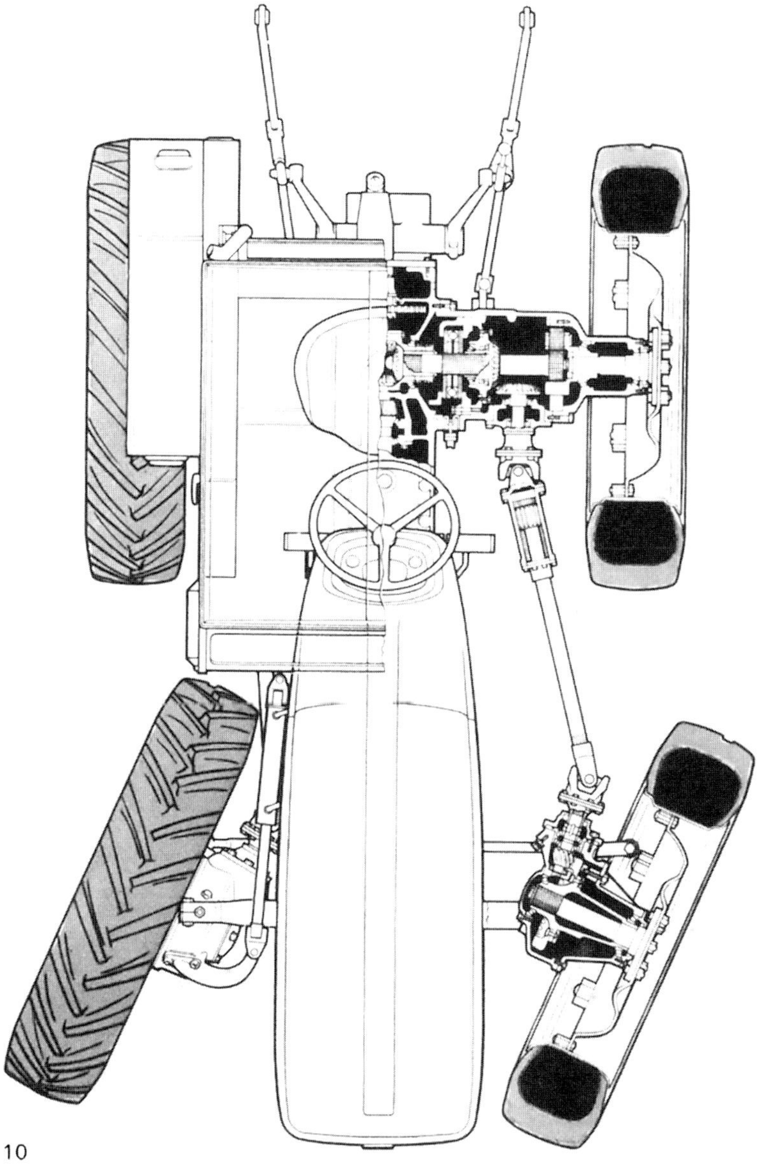

10

11

12

bisherigen Traktorgrößen zu wählen, denn was wir heute als Gigant ansehen, mag morgen ein kleiner oder mittlerer Traktor sein. Oberhalb des genannten Leistungsbereichs kann man heute durchaus von Großtraktoren sprechen.

Bei größeren Leistungen ist es aber unumgänglich, daß Traktoren mit zusätzlichem Frontantrieb (Abb. 6 und 7), mit gleich großen Rädern und sogar zwillingsbereift (Abb. 2, 8 und 9), mit Gleiskettenfahrwerken (Abb. 3) oder mit drei und mehr angetriebenen Achsen zu verwenden sind. Auch die Kombination von Traktoren in Tandem- und Katamaranform wird versucht. Das hängt mindestens damit zusammen, daß die Masse eines Traktors z. B. mit der dritten Potenz seiner Länge steigt, die Kontaktfläche zwischen Reifen und Boden aber nur mit dem Quadrat. Mit zunehmender Masse bei Traktorgiganten gibt es daher das Problem, daß die Reifen überproportional größer oder zahlreicher werden müssen.

Die Weiterentwicklung der Technik in der Feldwirtschaft wird in vielen Ländern stark in Richtung Leistungsgröße oder gar Übergröße betrieben. Dabei ist festzustellen, daß die Entwicklung der Traktorenleistung verschiedener Länder trotzdem noch auseinanderklafft. Bei Großtraktoren ist dabei das sowjetische und amerikanische Styling vorherrschend. Insgesamt sind aber beim Bau von Großtraktoren noch keine einheitlichen Richtungen zu finden. Dafür sind offensichtlich die Probleme der Entwicklung derartiger Maschinen, in Verbindung mit der Entwicklung der Landtechnik, zu vielschichtig.

Nach den bisher bekannten Ausführungen von Großtraktoren folgt man vielfach der Entwicklung der traditionellen Traktorentechnik. Es gibt folgende Bauarten:

– Standardtraktoren mit Hinterradantrieb, aber zumindest in Halbrahmenbauweise (vgl. Abb. 1).

10 Antrieb einer zusätzlich angetriebenen Vorderachse, dargestellt am Beispiel eines Leyland-Traktors (Großbritannien)

11 Rumänischer Allradtraktor mit einer Leistung von 143 kW aus den Traktorenwerken in Brașow

12 Allradtraktor mit ebenfalls 143 kW von Skoda-Liaz (ČSSR)

13 Größter sowjetischer Allradtraktor K-701 mit 220 kW Leistung

14 Kramer-Allradtraktor mit Allradlenkung in der Ausführung als Forsttraktor und für Zweiwegefahrt

13

Allradantriebstraktoren mit kleineren Vorderrädern. Diese aus dem Standardtraktor entstandenen Traktoren stützen zur Zugkrafterzeugung bis zu 46 % der Gesamtmasse auf der Vorderachse ab.
Bekannt sind mittlerweile auch die Schwerfälligkeit und mangelnde Anpassung bei Traktoren über 110 kW und mehr mit Arbeitsgeräten. Eine mangelnde Manövrierfähigkeit kann ein Hindernis für die Wirtschaftlichkeit sein. Traktoren mit den kleineren angetriebenen Rädern vorn haben in der Regel diese Nachteile nicht. Bei etwas größeren Rädern (vgl. Abb. 6) wirkt dabei noch ein sogenannter Multipass-Effekt, indem diese Räder den Ackerboden verdichten und die Hinterräder dadurch auch große Zugkräfte in dieser Spur erzeugen können. Es wird hiermit, gleiche Traktormasse vorausgesetzt, nahezu die gleiche Zugkraft erzeugt wie mit gleich großen Rädern. Für den zusätzlichen Antrieb der Vorderachse gibt es viele Modifikationen, eine Lösung davon zeigt Abbildung 10.
Allradtraktoren mit gleich großen Rädern und Vorderradlenkung (Abb. 11). Die großen Räder begrenzen den Lenkeinschlag und verringern die Manövrierfähigkeit. Ihr Anteil ist gering.
Allradtraktoren mit gleich großen Rädern und Knicklenkung (Abb. 12 und 13). Diese Bauart wird besonders bei fast allen großen Radtraktoren in der Sowjetunion angewendet. Die Knicklenkung ermöglicht einen kleinen Wenderadius, ist aber hinsichtlich der Stabilität nicht problemlos.
Allradtraktoren mit gleich großen Rädern und Allradlenkung (Abb. 14).

14

15

15 Allradtraktor Unimog U 120 von Daimler-Benz in Lkw-ähnlicher Ausführung

16 Blick in die Fahrerkabine des Traktors MB-trac (Abb. 9) für Zweiwegefahrt (zentraler Drehkranz für Sitz, Lenkrad, Bedienhebel und Kontrollinstrumente)

17 Bei den Traktorgiganten wird schon vielfach Lkw-Komfort in den Fahrerkabinen verwirklicht

18 Schema der Klimatisierung von Fahrerkabinen für Großtraktoren

- Frontsitztraktoren mit Allradantrieb (Abb. 15).
- Traktoren mit Mittelkabine und Anbauräumen vorn, hinten und hinter der Kabine (Abb. 19).

Zur Zeit unterscheiden sich die Traktorgiganten neben den Bauarten besonders durch ihre Lenkungssysteme. Verwendet werden Vorderrad-, Allrad- und Knicklenkung und ergänzend der gleichsinnige Lenkeinschlag aller Räder (Hundegang), der besonders bei Hangeinsatz vorteilig ist (Abb. 20).

Nach der Tendenz der Bauartentwicklungen großer Traktoren scheint die Zukunft Trakto-

16

17

ren mit gleich großen Rädern vorn und hinten zu gehören, die entweder Allrad- oder Knicklenkung haben und für Zweiwegefahrt ausgelegt sind. Dadurch entfällt z. B. das Wenden an den Feldenden. Diese Konzeption hat aber – ähnlich wie beim Übergang vom Hinterrad- zum Allradantrieb konventioneller Traktoren – einen Sprung der auf die Leistung bezogenen Kosten zur Folge.

18

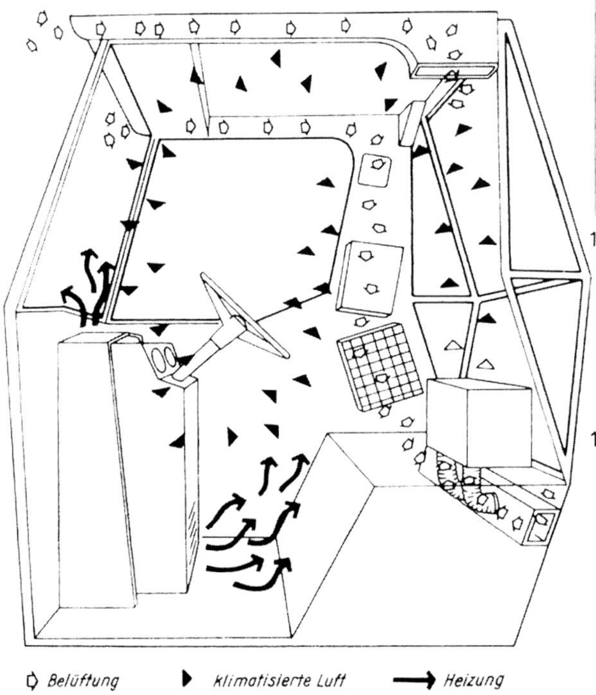

19a

19a/b Allradtraktor, an dem mehrere Landmaschinen und Geräte gleichzeitig angebaut werden können

19b

Die Größe der Traktoren erfordert zum rationellen Auslasten dieser Fahrzeuge zunehmenden Fahrkomfort, der auch fast ausnahmslos verwirklicht wird. Zu nennen wären gute Sichtverhältnisse, Geräuschkapselung, vibrationsfreies Anbringen der Fahrerkabine, ergonomisch günstige Sitz- und Bedienhebelanordnung sowie Instrumentierung (Abb. 16 und 17) und die Klimatisierung der Fahrerkabinen (Abb. 18). Dieser Aufwand erscheint zum richtigen Auslasten derartig großer Fahrzeuge notwendig und entspricht gegenwärtig dem Fahrkomfort von Lkw.

Die Entwicklung von Großtraktoren kann aber wohl nicht allein aus der Sicht der Landwirtschaft gesehen werden, obwohl auch hier Großtraktoren die Antriebselemente von selbstfahrenden Landmaschinen sein könnten, denn von der Bauform und

20

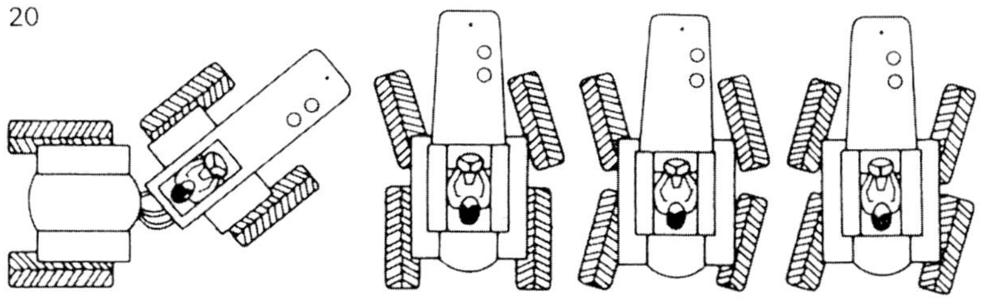

20 Lenkungsmöglichkeiten von Großtraktoren mit gleich großen Rädern
a Knicklenkung; b Vorderradlenkung; c Allradlenkung; d Allradlenkung mit der Möglichkeit des gleichsinnigen Lenkausschlags aller Räder

21 Gleiskettentraktor mit Bodenmeißeln und Schiebeschild für Bauzwecke von Caterpillar (USA) (200 kW Motorleistung)

22 Sowjetischer Allradtraktor K-701 in der Ausführung als Lader (Typbezeichnung K-702 – vgl. Abb. 13)

Verwendung her scheint sich die Verwandtschaft mit Baumaschinen, Planiermaschinen und Ladern zu vergrößern (Abb. 21 und 22). Die Prognosen aus der UdSSR, der ČSSR und den USA sagen ein weiteres Steigern der Traktorleistungen voraus. Verwirklicht wurden bereits Traktoren von 220 kW (vgl. Abb. 22), und man spricht von 290, ja sogar 440 kW, wobei diese Leistungen in den nächsten Jahren sicherlich aus aufgeladenen Hubkolbenmotoren gewonnen werden. Weitere Traktorentwicklungen werden in Richtung höherer Traktorwirkungsgrade und Traktorausnutzung zu erwarten sein, beispielsweise durch automatisches Führen oder Lenkungen mit Kopierautomatik, automatische Kopplungseinrichtungen für Arbeitsgeräte und -maschinen, wobei Verbesserungen an Bereifungen, Komfort und Sicherheit den Standard darstellen werden.
Bekannt ist, daß mit der Zunahme der angetriebenen Räder das Masse-Leistungs-Verhältnis von Traktoren abnehmen kann. Das wird sicher mit den im Beitrag genannten Fahrwerksauslegungen voll ausgenutzt. Bei einer Leistung von 220 kW werden aber bei Allradtraktoren mindestens 11 t Fahrzeugmasse zum Übertragen dieser Leistung benötigt, damit liegt die Grenze bei 50 kg/kW. Darüber werden aus energetischen und aus bodenbelastenden Problemen Drei- und Mehrachsantriebe notwendig sein. Damit stellt sich die Frage, wie sehen nun die Traktorgiganten der Zukunft aus?

21

22